高等职业教育计算机系列教材

# 信息技术基础

## （Windows 10+Office 2019）

（第 2 版）

俞立峰　韩建良　宋雯斐　主　编
陈　暄　徐春霞　何帅慧
　　　　王丽丽　杨世杰　副主编



電子工業出版社
Publishing House of Electronics Industry
北京 · BEIJING

## 内 容 简 介

本书结合最新的计算机科学技术知识，充分考虑大学生的知识结构和学习特点，内容上注重计算机基础知识的介绍和学生动手能力的培养。

本书为高职高专院校信息技术基础课教材，重点介绍了计算机基础知识、Windows 10 操作系统基础、文字处理软件 Word 2019、电子表格软件 Excel 2019、演示文稿软件 PowerPoint 2019、计算机网络和 Internet 应用等内容，各项目内容通过设置任务逐步展开，有利于适应高职项目化教学要求，符合学生的学习特点。在项目的选取中，注重通过强化学生解决问题的能力，逐步提高应用操作技能。

本书可作为高等院校计算机公共基础课程的教材，也可作为参加计算机基础知识和浙江省计算机等级考试一级考试人员的培训教材。



**图书在版编目（CIP）数据**

信息技术基础 : Windows 10+Office 2019 / 俞立峰，韩建良，宋雯斐主编. -- 2版. -- 北京 : 电子工业出版社，2024. 9. -- ISBN 978-7-121-48630-2

Ⅰ. TP316.7；TP317.1

中国国家版本馆 CIP 数据核字第 2024B84N86 号

责任编辑：徐建军　　　文字编辑：徐　萍
印　　刷：三河市良远印务有限公司
装　　订：三河市良远印务有限公司
出版发行：电子工业出版社
　　　　　北京市海淀区万寿路 173 信箱　邮编 100036
开　　本：787×1 092　1/16　印张：17.75　字数：454.4 千字
版　　次：2020 年 9 月第 1 版
　　　　　2024 年 9 月第 2 版
印　　次：2024 年 9 月第 1 次印刷
印　　数：4 000 册　　定价：59.80 元

凡所购买电子工业出版社图书有缺损问题，请向购买书店调换。若书店售缺，请与本社发行部联系，联系及邮购电话：（010）88254888，88258888。

质量投诉请发邮件至 zlts@phei.com.cn，盗版侵权举报请发邮件至 dbqq@phei.com.cn。

本书咨询联系方式：（010）88254570，xujj@phei.com.cn。

# 前言
# Preface

信息技术基础课程是高校学生的必修课程，它为学生了解信息技术的发展趋势、熟悉计算机操作环境及工作平台、具备使用常用工具软件处理日常事务和培养学生必要的信息素养等奠定了良好的基础。

计算机信息技术的飞速发展，促使高校的计算机教学不断地改革和跟进，特别是对于高职教育，教育理论、教育体系及教育思想正在不断探索之中。目前市场上许多教材在内容选取及教学模式组织上已经不能适应高职教育的需要。为促进计算机教学的顺利开展，适应教学实际的需要和培养学生应用能力的要求，根据《浙江省高校计算机等级考试大纲（2019 版）》的要求，我们着手编写了本教材。全书紧密围绕计算机等级考试新大纲的要求组织内容，对计算机信息技术基础教材从内容及组织模式上进行了不同程度的调整，使之更加符合当前高职教育的教学需要。希望对参加计算机等级考试的考生有所帮助。

本书从教学实际需求出发，根据《高等职业教育专科信息技术课程标准（2021 版）》的要求，围绕高等职业教育专科各专业对信息技术学科核心素养的培养需求，吸纳信息技术领域的前沿技术，通过理实一体化教学，提升学生应用信息技术解决问题的综合能力，使学生成为德、智、体、美、劳全面发展的高素质技术技能人才。

根据《浙江省教育厅关于切实做好党的二十大精神进教材工作的通知》等文件要求，本书深入学习贯彻党的二十大精神，在每一个项目前通过“能力目标”等 3 项的形式，让学生学习新一代信息技术、人工智能技术等，对我国建设现代化产业体系有一定的了解，充分认识到我国发展独立性、自主性、安全性的重要性，激发爱国情怀、努力成为现代化建设人才。

本书由浙江工业职业技术学院的俞立峰、宋雯斐和绍兴市大数据发展管理局的韩建良担任主编，陈暄、徐春霞、何帅慧、王丽丽、杨世杰担任副主编。项目 1 由王丽丽编写，项目 2 由韩建良、杨世杰编写，项目 3 由何帅慧编写，项目 4 由徐春霞编写，项目 5、6 由陈暄、宋雯斐编写，附录 A 由俞立峰编写，全书由俞立峰主审。在编写的过程中，得到了同事的帮助和审阅，提出了许多宝贵的意见，特别是绍兴市越城区金匠职业技术培训学校提供了编写的素材，在此表示衷心的感谢！

为了方便教师教学，本书配有电子教学课件及相关资源，请有此需要的教师登录华信教育资源网注册后免费下载，如有问题可在网站留言板留言或与电子工业出版社联系（E-mail：hxedu@phei.com.cn），也可以与作者联系（14380209@qq.com）。

由于编者的水平有限，书中难免有不妥和疏漏之处，恳请专家、教师和读者多提宝贵意见，以帮助我们以后对教材进行修订。

编　者

# 目录
Contents

# 项目1 计算机基础知识

## 能力目标

习近平总书记在党的二十大报告中指出，“加快发展数字经济，促进数字经济和实体经济深度融合”。新一代信息技术与各产业结合形成数字化生产力和数字经济，是现代化经济体系发展的重要方向。大数据、云计算、人工智能等新一代数字技术是当代创新最活跃、应用最广泛、带动力最强的科技领域，给产业发展、日常生活、社会治理带来深刻影响。因此学好计算机基础知识，了解当前世界前沿的信息技术，增强民族使命感，提高民族自豪感具有重要的意义。

随着计算机技术的高速发展和广泛应用，计算机已成为人类生产劳动和日常生活中必不可少的重要工具之一。基本的计算机操作技能已成为现代人知识结构中不可或缺的重要组成部分。掌握一定的计算机操作技能已成为现代社会对所有劳动者的基本要求。

## 素养目标

1. 理解“科技是第一生产力、人才是第一资源、创新是第一动力”。
2. 培养有责任心的工作态度和团队协作意识。

## 教学目标

1. 了解计算机的发展历程及第一台计算机的诞生过程、特点和应用。
2. 掌握微型计算机的组成结构，了解微型计算机系统各部件的主要功能和特点；掌握硬件系统和软件系统的特点与区别。
3. 掌握计算机的单位和进制之间的转换，了解计算机编码的信息技术。
4. 了解计算机的相关新技术。

# 1.1 计算机基础知识概述

## 项目要求

胡小仙同学收到了华中大学的录取通知书，他选择了计算机相关的专业学习。胡小仙同学读高中的时候就会使用计算机进行简单操作，但是他本人并不清楚计算机的发展过程与历史，也不清楚计算机的特点与分类。本次任务要求胡小仙同学在课前查找资料并独立完成下列题目。

（1）第一台计算机诞生于____年。使用的主要电子元器件是_________。

（2）根据计算机所采用的物理器件，可以将计算机的发展分为_________、_________、________、________、________5 个阶段。

（3）按照用途，可以将计算机分为________和________。

## 相关知识

计算机（Computer）俗称电脑，是一种用于高速计算的电子计算机器，可以进行数值计算，也可以进行逻辑计算，还具有存储记忆功能，是能够按照程序运行，自动、高速处理海量数据的现代化智能电子设备。计算机由硬件系统和软件系统组成，没有安装任何软件的计算机称为裸机。

## 项目实施

### 1.1.1 了解计算机的诞生

1946 年 2 月 14 日，由美国军方定制的世界上第一台电子计算机“电子数字积分计算机”（Electronic Numerical Integrator And Computer，ENIAC）在美国宾夕法尼亚大学问世。ENIAC（埃尼阿克）如图 1-1 所示，是美国奥伯丁武器试验场为了满足计算弹道需要而研制的。这台计算机使用了 17468 根电子管，大小为 80ft×8ft，重达 28t，功耗为 150kW，其运算速度为每秒 5000 次加法运算，造价约为 487000 美元。ENIAC 的问世具有划时代的意义，代表电子计算机时代的到来。

图 1-1 ENIAC

同一时期，宾夕法尼亚大学的电气工程师约翰·莫奇利和普雷斯波·艾克特在美国奥伯丁武器试验场的弹道研究实验室研制了 EDVAC（Electronic Discrete Variable Automatic Computer，离散变量自动电子计算机）。冯·诺伊曼以技术顾问身份加入，总结和详细说明了 EDVAC 的逻辑设计，于 1945 年 6 月发表了一份长达 101 页的报告，这就是著名的《关于 EDVAC 的报告草案》，报告提出的体系结构一直沿用至今，即冯·诺伊曼结构。

可以说，EDVAC 是第一台现代意义上的通用计算机。和 ENIAC 不同，EDVAC 首次使用了二进制，而不是十进制。整台计算机共使用了约 6000 根电子管和约 12000 根二极管，功率为 56kW，占地面积 45.5m$^2$，重 7850kg，使用时需要 30 名技术人员同时操作。

EDVAC 由 5 个基本部分组成：运算器、控制器、存储器、输入装置和输出装置。

这种体系结构一直沿用至今，现在使用的计算机，其基本工作原理仍然是存储程序和程序控制，所以一般被称为冯 • 诺依曼结构计算机。鉴于冯 • 诺依曼在发明电子计算机中所起到的关键性作用，他被西方人誉为“计算机之父”。

## 1.1.2　了解计算机的发展过程

从第一台电子计算机 ENIAC 诞生至今，计算机技术成为发展最快的现代技术。根据计算机所采用的物理器件，可以将计算机的发展划分为以下 5 个阶段。

**1. 第一代计算机（1946—1957 年）**

第一代计算机的基本特征是采用电子管作为逻辑元件，数据表示主要是定点数，用机器语言或汇编语言编写程序。由于当时电子技术的限制，运算速度仅为每秒几千次，内存容量仅几千字节。第一代计算机体积庞大、造价高，主要用于军事和科学研究。其典型代表有 ENIAC、EDVAC、EDSAC 等。

**2. 第二代计算机（1958—1964 年）**

第二代计算机的基本特征是以晶体管作为基本电子元器件，内存所使用的元器件大多是使用磁性材料制成的磁芯存储器，运算速度每秒可达几十万次，内存容量扩大到几万字节。第二代计算机体积小、成本低，可靠性大大提高，除了进行科学计算，还用于数据处理和事务处理。其典型代表有 UNIVACⅡ、IBM 7000 等。

**3. 第三代计算机（1965—1969 年）**

第三代计算机的基本特征是采用小规模集成电路（Small Scale Integration，SSI）和中规模集成电路（Middle Scale Integration，MSI）作为基本电子元器件。运算速度可达每秒几十万次到几百万次。存储器进一步发展，体积越来越小，价格越来越低，而软件也逐步完善。计算机开始广泛应用在各个领域。其典型代表有 IBM 360、Honey WELL 6000 等。

**4. 第四代计算机（1971 年至今）**

第四代计算机的基本特征是采用大规模集成电路（Large Scale Integration，LSI）和超大规模集成电路（Very Large Scale Integration，VLSI）作为基本电子元器件。运算速度最高可达每秒几十万亿次浮点运算。操作系统不断完善，应用软件已成为现代工业的一部分。其典型代表有 VAX 11、IBM PC 系列等。

**5. 第五代计算机（1981 年至今）**

第五代计算机采用超大规模集成电路和其他新型物理元件作为电子元器件，具有推论、联想、智能会话等功能，并能直接处理声音、文字、图像等信息，是一种更接近人脑的人工智能计算机。第五代计算机将会突破冯 • 诺依曼计算机的体系结构，以智能为特点，继续向巨型化、微型化和网络化的方向发展。

随着科学技术的发展，计算机已被广泛应用于各个领域，在人们的生活和工作中起着重要作用。下面介绍计算机的特点、应用和分类。

## 1.1.3 认识计算机的特点

计算机之所以具有如此强大的功能，是由它的特点所决定的。计算机主要有以下 5 个特点。

**1. 运算速度快**

计算机内部由电路组成，可以高速准确地完成各种算术运算。当今计算机系统的运算速度已达到每秒万亿次，微型计算机也可达每秒亿次以上，使大量复杂的科学计算问题得以解决。例如，卫星轨道的计算、大型水坝的计算、24h 天气的计算在以往需要几年甚至几十年，而在现代社会，使用计算机只需几分钟就可完成。

**2. 计算精确度高**

科学技术的发展，特别是尖端科学技术的发展，需要高度精确的计算。计算机控制的导弹之所以能准确地击中预定的目标，与计算机的精确计算是分不开的。一般计算机可以有十几位甚至几十位（二进制）有效数字，计算精度可由千分之几到百万分之几，是任何计算工具所望尘莫及的。

**3. 逻辑运算能力强**

计算机不仅能进行精确计算，还具有逻辑运算功能，能对信息进行比较和判断。计算机能把参加运算的数据、程序及中间结果和最后结果保存起来，并能根据判断的结果自动执行下一条指令，以供用户随时调用。

**4. 存储容量大**

计算机内部的存储器具有记忆特性，可以存储大量信息，不仅包括各类数据信息，还包括加工这些数据的程序。

**5. 自动化程度高**

由于计算机具有存储记忆能力和逻辑判断能力，因此可以将预先编好的程序组存入计算机内存，在程序控制下，计算机可以连续、自动地工作，不需要人的干预。

## 1.1.4 认识计算机的应用

在诞生的初期，计算机主要应用于科研与军事领域，负责的工作内容主要针对大型的高科技研发活动。近年来，随着社会的发展与科技的进步，计算机的性能不断提高，在社会的各个领域都得到了广泛的应用。

**1. 科学计算**

科学计算以数值计算为主要内容，要求计算速度快、精确度高、差错率低，主要应用于天文、水利、气象、地质、医疗、军事、航空航天、生物工程等科学研究领域，如卫星轨道计算、数值天气预报、力学计算等。

**2. 数据处理**

数据处理以数据的收集、分类、统计、分析、综合、检索、传递为主要内容，主要应用于政府、金融、保险、商业、情报、地质、企业等领域，如银行业务处理、股市行情分析、商业销售业务、情报检索、电子数据交换、地震资料处理、人口普查、企业管理等。

**3. 办公自动化**

办公自动化以办公事务处理为主要内容，主要应用于政府机关、企业、学校、医院等一切有办公机构的地方，如起草公文、报告、信函，报表制作，文件的收发、备份、存档、查找，活动的时间安排，大事记的记录，人员动向，简单的计算、统计，内部和外部的交往等。

**4. 自动控制**

过程控制是利用计算机及时采集检测数据，按最优值迅速地对控制对象进行自动调节或自动控制。采用计算机进行过程控制，不仅可以大大提高控制的自动化水平，而且可以提高控制的及时性和准确性，从而改善劳动条件、提高产品质量及合格率。因此，计算机过程控制已在机械、冶金、石油、化工、纺织、水电、航天等领域得到广泛的应用。

**5. 计算机辅助**

计算机辅助以在工程设计、生产制造等领域辅助进行数值计算、数据处理、自动绘图、活动模拟等为主要内容，主要用于工程设计、教学和生产领域，如辅助设计（CAD）、辅助制造（CAM）、辅助教学（CAI）、辅助工程（CAE）、辅助检测（CAT）等。特别是近年来的 CIMS，集成了 CAD、CAM、MIS，应用到工厂中实现了生产自动化。

**6. 人工智能**

人工智能以模拟人的智能活动、逻辑推理和知识学习为主要内容，主要应用于机器人的研究、专家系统等领域，如自然语言理解、定理的机器证明、自动翻译、图像识别、声音识别、环境适应、电脑医生等。

**7. 多媒体应用**

随着电子技术特别是通信和计算机技术的发展，文本、音频、视频、动画、图形和图像等各种媒体综合构成了“多媒体”。它在医疗、教育、商业、银行、保险、行政管理、军事和出版等领域发展很快。

另外，计算机在电子商务、电子政务等应用领域也得到快速的发展。网上办公、网上购物已不再是陌生的话题。这些应用极大地方便了人们的工作和生活，一种崭新的生活、工作模式正在兴起。

## 1.1.5 认识计算机的分类

计算机及其相关技术的迅速发展带动计算机类型也不断分化，形成了不同种类的计算机。计算机按照结构原理可分为模拟计算机、数字计算机和混合式计算机，按用途可分为专用计算机和通用计算机。较为普遍的是按照计算机的运算速度、字长、存储容量等综合性能指标，可分为巨型机、大型机、中型机、小型机、微型机。

但是，随着技术的进步，各种型号的计算机性能指标都在不断地改进和提高，过去一台大型机的性能可能还比不上今天一台微型计算机。按照巨、大、中、小、微的标准来划分计算机的类型也有其时间的局限性，因此计算机的类别划分很难有一个精确的标准。这里根据计算机的综合性能指标，结合计算机应用领域的分布将其分为如下 5 大类。

**1. 高性能计算机**

高性能计算机也就是俗称的超级计算机，或者以前所说的巨型机。目前国际上对高性能计算机最为权威的测评是世界计算机排名（即 TOP500），通过该测评的是目前世界上运算速度和处理能力均堪称一流的计算机。

“天河二号”是由国防科学技术大学研制的超级计算机系统，以峰值计算速度每秒 5.49 亿亿次、持续计算速度每秒 3.39 亿亿次双精度浮点运算的优异性能位居榜首，成为 2013 年全球最快超级计算机。2016 年 6 月 20 日，新一期全球超级计算机 500 强榜单公布，使用中国自主芯片制造的“神威·太湖之光”（见图 1-2）取代“天河二号”登上榜首。2017 年 6 月 19 日，全球超级计算机 500 强榜单公布，“天河二号”以每秒 3.39 亿亿次的浮点运算速度排名第二。

图 1-2 “神威·太湖之光”计算机

### 2. 微型计算机

大规模集成电路及超大规模集成电路的发展是微型计算机得以产生的前提。通过集成电路技术将计算机的核心部件运算器和控制器集成在一块大规模或超大规模集成电路芯片上，统称中央处理器（Central Processing Unit，CPU）。中央处理器是微型计算机的核心部件，是微型计算机的心脏。目前，微型计算机已广泛应用于办公、学习、娱乐等社会生活的方方面面，是发展最快、应用最为普及的计算机。我们日常使用的台式计算机、笔记本计算机、掌上型计算机等都是微型计算机。

### 3. 工作站

工作站是一种高档的微型计算机，通常配有高分辨率的大屏幕显示器及容量很大的内存储器和外存储器，主要面向专业应用领域，具备强大的数据运算与图形、图像处理能力。工作站主要是为满足工程设计、动画制作、科学研究、软件开发、金融管理、信息服务、模拟仿真等专业领域而设计开发的高性能微型计算机。需要指出的是，这里所说的工作站不同于计算机网络系统中的工作站概念，计算机网络系统中的工作站仅是网络中的任一台普通微型机或终端，只是网络中的任一用户节点。

### 4. 服务器

服务器是指在网络环境下为网上多个用户提供共享信息资源和各种服务的一种高性能计算机，在服务器上需要安装网络操作系统、网络协议和各种网络服务软件。服务器主要为网络用户提供文件、数据库、应用及通信方面的服务。

### 5. 嵌入式计算机

嵌入式计算机是指嵌入到对象体系中，实现对象体系智能化控制的专用计算机系统。嵌入式计算机是以应用为中心，以计算机技术为基础，并且软硬件可裁剪，适用于应用系统对功能、可靠性、成本、体积、功耗有严格要求的专用计算机系统。它一般由嵌入式微处理器、外围硬件设备、嵌入式操作系统及用户的应用程序四部分组成，用于实现对其他设备的控制、监视或管理等功能。例如，我们日常生活中使用的电冰箱、全自动洗衣机、空调、电饭煲、数码产品等，都采用了嵌入式计算机技术。

# 1.2　计算机系统组成

## 项目要求

胡小仙同学到华中大学计算机学院学习一段时间以后，发现学习计算机的相关知识需要一台计算机作为工具，听大二的学长说，自己采购配件组装的计算机比品牌的计算机性价比高。胡小仙同学并不了解计算机的硬件结构，于是他找了很多相关资料，决定自己组装一台性价比高的计算机。通过本次任务的学习，完成表 1-1 所示的计算机配置单并写出心得体会。

表 1-1　计算机配置清单

| 名　称 | 型　号 | 单　价 | 质　保 |
|---|---|---|---|
| 处理器（CPU） | | | |
| 主　板 | | | |
| 内　存 | | | |
| 硬　盘 | | | |
| 显　卡 | | | |
| 显 示 器 | | | |
| 光　驱 | | | |
| 电　源 | | | |
| 键　盘 | | | |
| 鼠　标 | | | |
| 机　箱 | | | |
| 合　计 | | | |

## 相关知识

完整的计算机系统包括硬件系统和软件系统。硬件系统和软件系统相互依赖，不可分割。硬件系统是计算机的“躯干”，是物质基础；而软件系统则是建立在这个“躯干”上的“灵魂”。

计算机的硬件系统由五大部分组成：运算器、控制器、存储器、输入设备、输出设备。计算机的软件可分为系统软件和应用软件两大类。

## 项目实施

### 1.2.1　认识计算机的基本结构

在一台计算机中，硬件和软件两者缺一不可，硬件包括中央处理器、内存储器和外部设备等；软件是计算机的运行程序和相应的文档，如图 1-3 所示。计算机软/硬件之间是一种相互依靠、相辅相成的关系。

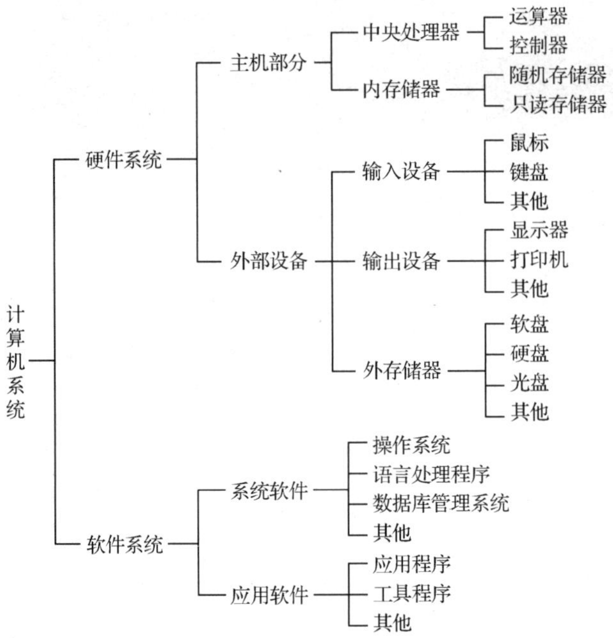


图 1-3　计算机系统组成

尽管各种计算机在性能和用途等方面有所不同，但是其基本结构都遵循冯·诺依曼体系结构。该结构是现代计算机的基础，现在大多数计算机仍是冯·诺依曼体系的组织结构，只是做了一些改进而已，并没有从根本上突破该结构的束缚。冯·诺依曼也因此被人们称为“计算机之父”。然而，由于传统冯·诺依曼计算机体系结构天然所具有的局限性，从根本上限制了计算机的发展。

冯·诺依曼提出的计算机体系结构将计算机分为运算器、控制器、存储器、输入设备、输出设备五部分，如图 1-4 所示。

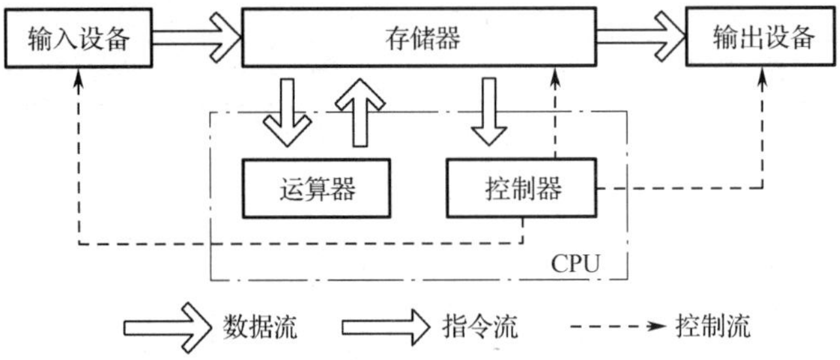


图 1-4　冯·诺依曼体系结构

根据冯·诺依曼体系结构构成的计算机，必须具有如下功能：把需要的程序和数据送至计算机中；必须具有长期记忆程序、数据、中间结果及最终运算结果的能力；能够完成各种算术、逻辑运算和数据传送等数据加工处理的能力；能够根据需要控制程序走向，并能根据指令控制机器的各部件协调操作；能够按照要求将处理结果输出给用户。

### 1.2.2　了解计算机的工作原理

计算机的基本原理是存储程序和程序控制，计算机根据人们预定的安排，自动地进行数据的快速计算和加工处理。人们预定的安排是通过一连串指令（操作者的命令）来表达的，这个指令序列就称为程序。一个指令规定计算机执行一个基本操作。一个程序规定计算机完成一个完整的任务。指令由操作码和地址码组成，一种计算机所能识别的一组不同指令的集合，称为该种计算机的指令集合或指令系统。

计算机在运行时，先从内存中取出第一条指令，通过控制器的译码，按指令的要求，从存储器中取出数据进行指定的运算和逻辑操作等加工，然后再按地址把结果送到内存中去；接下来，取出第二条指令，在控制器的指挥下完成规定操作；依此进行下去，直至遇到停止指令。其工作过程就是不断地取指令和执行指令的过程，最后将计算的结果放入指令指定的存储器地址中。计算机工作过程中所涉及的计算机硬件有内存储器、指令寄存器、指令译码器、计算器、控制器、运算器和输入/输出设备等。

### 1.2.3 掌握计算机的硬件组成

计算机硬件（computer hardware）是指计算机系统中由电子、机械和光电元件等组成的各种物理装置的总称。这些物理装置按系统结构的要求构成一个有机整体，为计算机软件运行提供物质基础。简而言之，计算机硬件的功能是输入并存储程序和数据，以及执行程序，把数据加工成可以利用的形式。从外观上来看，计算机由主机箱和外部设备组成。主机箱内主要包括 CPU、内存、主板、硬盘驱动器、光盘驱动器、各种扩展卡、连接线、电源等；外部设备包括鼠标、键盘等。

#### 1. CPU

中央处理器制作在一块集成电路芯片上，也称微处理器（Micro Processor Unit，MPU）。计算机利用中央处理器处理数据，利用存储器来存储数据。CPU 是计算机硬件的核心，主要包括运算器和控制器两大部分，控制着整个计算机系统的工作。

运算器又称算术逻辑单元（Arithmetic Logic Unit，ALU）。操作时，控制器从存储器中取出数据，运算器进行算术运算或逻辑运算，并把处理后的结果送回存储器。

控制器的主要作用是使整个计算机能够自动地运行。执行程序时，控制器从主存中取出相应的指令数据，然后向其他功能部件发出指令所需的控制信号，完成相应的操作，再从主存中取出下一条指令执行，如此循环，直到程序完成。

目前全球生产 CPU 的厂家主要有 Intel 公司和 AMD 公司。Intel 公司领导着 CPU 的世界潮流，从 386、486、Pentium 系列、Celeron 系列、酷睿系列、至强到现在的 i3、i5、i7、i9，始终推动着微处理器的更新换代。Intel 公司的 CPU 不仅性能出色，而且在稳定性、功耗方面都十分理想，在 CPU 市场大约占据了 80%的份额。2017 年 1 月，Intel 公司发布了酷睿系列第 7 代产品，具有代表性的 i7-7700K 采用了全新的 Kaby Lake 架构，制作工艺为 14nm，主频为 4.5GHz。CPU 的外观如图 1-5 所示。

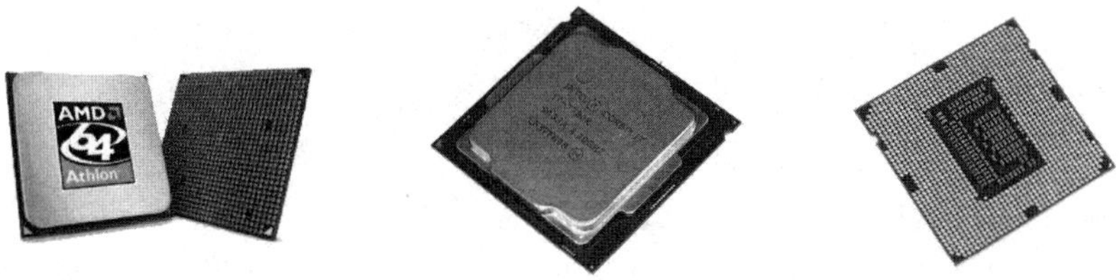


图 1-5　CPU 的外观

CPU 是整个计算机系统的核心，它的性能基本决定了计算机的性能。CPU 的主要性能指标有以下几个。

（1）主频

主频，也就是 CPU 的时钟频率，简单地说就是 CPU 的工作频率。例如，我们常说的 i5 3.6GHz，这个 3.6GHz（3600MHz）就是 CPU 的主频。一般来说，1 个时钟周期内完成的指令数是固定的，所以主频越高，CPU 的速度也就越快。主频=外频×倍频。

（2）外频

外频，即 CPU 的外部时钟频率，主板及 CPU 标准外频主要有 66MHz、100MHz、133MHz 几种。此外，主板可调的外频越多、越高越好，特别是对于超频者比较有用。这里所说的外频指的是 CPU 与主板连接的速度，这个概念是建立在数字脉冲信号振荡速度基础之上的。

（3）缓存

缓存是指可以进行高速数据交换的存储器，它优先于内存与 CPU 交换数据，因此速度极快，所以又称高速缓存。与处理器相关的缓存一般分为两种：L1 缓存，也称内部缓存；L2 缓存，也称外部缓存。

（4）CPU 的位和字长

位是计算机处理二进制数的基本单位，1 个“0”或者 1 个“1”代表 1 位。字长是指 CPU 在单位时间内能一次处理的二进制的位数。例如，32 位的 CPU 能在单位时间内处理字长为 32 位的二进制数据。

（5）多线程

同时多线程（Simultaneous Multithreading，SMT）可通过复制处理器上的结构状态，让同一个处理器上的多个线程同步执行并共享处理器的执行资源，可最大限度地实现宽发射、有序的超标量处理，提高处理器运算部件的利用率，缓和由于数据相关或 Cache 未命中带来的访问内存延时。

（6）多核心

多核心，也指单芯片多处理器（Chip Multiprocessors，CMP），是由美国斯坦福大学提出的，其思想是将大规模并行处理器中的 SMP（对称多处理器）集成到同一芯片内，各个处理器并行执行不同的进程。

**2. 存储器**

存储器（memory）是计算机系统中的记忆设备，用来存放程序和数据。计算机中的全部信息，包括输入的原始数据、计算机程序、中间运行结果和最终运行结果都保存在存储器中。它根据控制器指定的位置存入和取出信息。存储器分为内存储器和外存储器两大类。

（1）内存储器

内存储器分为随机读/写存储器（Random Access Memory，RAM）、只读存储器（Read Only Memory，ROM）和高速缓冲存储器（Cache）三类。其中，Cache 被集成封装在 CPU 中。缓存的结构和大小对 CPU 速度的影响非常大，CPU 内缓存的运行频率极高，一般是和处理器同频运作，工作效率远远大于系统内存和硬盘，分一级缓存、二级缓存和三级缓存，是 CPU 的重要指标之一，一般容量只能做到几 MB。

只读存储器（ROM）所存的数据一般是装入整机前事先写好的，整机工作过程中只能读出，所存数据稳定，断电后也不会改变。其结构较简单，读出较方便，因而常用于存储各种固定程序和数据。计算机启动用的 BIOS 芯片、手机中固件程序用的芯片等都是 ROM 的应用。

随机存储器（RAM）是计算机系统必不可少的基本部件。CPU 需要的数据信息要从 RAM 读出来，CPU 运行的结果也要暂时存储到 RAM 中，CPU 与各种外部设备联系，也要通过 RAM 才能进行，RAM 在计算机中的任务就是“记忆”。它的主要优点是速度快，缺点是不适合长久保留信息。RAM 中的数据可以由用户进行修改，关闭计算机电源，RAM 中存储的数据将全部消失。我们平常所说的内存容量就是 RAM 的容量。现在常规个人计算机的内存容量都比较大，一般有 2GB、4GB、8GB、16GB 等。内存的主要生产厂商分布在美国、日本、韩国和我国台湾，品牌很多，主要有 Kingston（金士顿）、Hitachi（日立）、Samsung（三星）、Hyundai（韩国现代）等。内存的外观结构如图 1-6 所示。

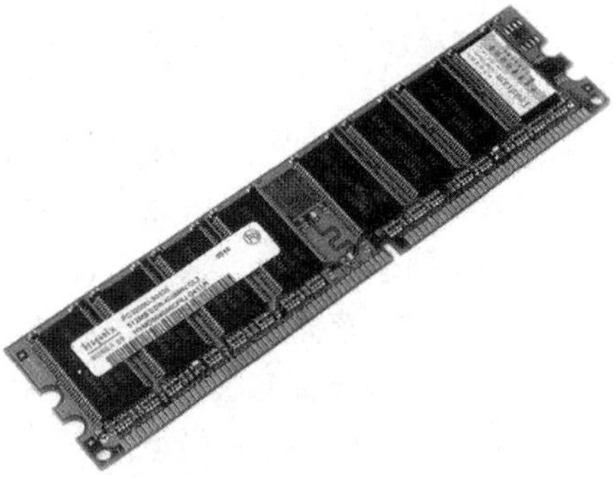

图 1-6　内存的外观结构

（2）外存储器

外存储器是指除计算机内存及 CPU 缓存以外的存储器，此类存储器一般断电后仍能保存数据。常见的外存储器有硬盘、软盘、光盘、U 盘等。

软盘最大的优点是携带方便，缺点是存取速度慢，容量太小，只有 1.44MB，所以随着新一代闪速（flash）存储器，也就是 U 盘的出现而被淘汰。

硬盘是计算机主要的存储媒介之一，由一个或多个铝制或玻璃制的碟片组成。碟片外覆盖有铁磁性材料。硬盘有机械硬盘（HDD 传统硬盘）（见图 1-7）、固态硬盘（SSD 盘，新式硬盘）（见图 1-8）、混合硬盘（Hybrid Hard Disk，HHD，一块基于传统机械硬盘诞生出来的新硬盘）。SSD 采用闪存颗粒来存储，HDD 采用磁性碟片来存储，混合硬盘是把磁性硬盘和闪存集成到一起的一种硬盘。绝大多数硬盘都是固定硬盘，被永久性地密封固定在硬盘驱动器中。

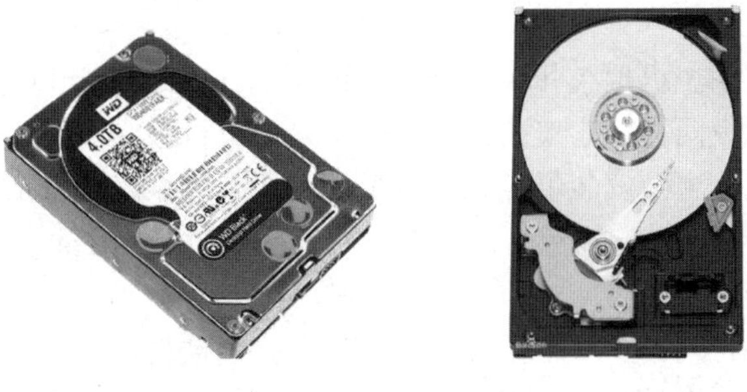


图 1-7　机械硬盘

图 1-8　SSD 固态硬盘

作为计算机系统的数据存储器，容量是硬盘最主要的参数。目前市面上出售的机械硬盘的容量一般为 500GB、1TB 或者更大。新型的固态硬盘的容量一般为 120GB、250GB 或者更大。常见的硬盘品牌有西部数据（WD）、希捷（Seagate）、IBM、三星（Samsung）、日立（Hitachi）等。

光盘是以光信息作为存储的载体并用来存储数据的一种物品，外观如图 1-9 所示。光盘分为不可擦写光盘（如 CD-ROM、DVD-ROM 等）和可擦写光盘（如 CD-RW、DVD-RAM 等）。光盘具有存储信息量大、携带方便、可以长久保存等优点，应用范围相当广泛，也是多媒体计算机必不可少的存储介质。光盘一般用光驱来读取信息，光驱外观如图 1-10 所示。

新一代存储设备 U 盘是目前使用最多的外存储设备。U 盘就是闪存盘，是一种采用 USB 接口的无须物理驱动器的微型高容量移动存储产品，它采用的存储介质为闪存（flash memory）。U 盘不需要额外的驱动器，它将驱动器及存储介质合二为一，只要插入计算机的 USB 接口就可独立地存储、读/写数据。U 盘体积很小，仅大拇指般大小，重量极轻，约为 20g，特别适合随身携带。U 盘中无任何机械式装置，抗震性能极强。另外，U 盘还具有防潮防磁，耐高、低温（−40～+70℃）等特性，安全可靠性很好。现在主流 U 盘的容量一般为 16GB、32GB、64GB 甚至更大。U 盘外观如图 1-11 所示。

图 1-9　光盘

图 1-10　光驱

图 1-11　U 盘

### 3. 主板

计算机机箱主板又叫主机板（mainboard）、系统板（systemboard）或母板（motherboard），分为商用主板和工业主板两种。它安装在机箱内，是计算机最基本的也是最重要的部件之一。主板一般为矩形电路板，上面安装了组成计算机的主要电路系统，包括 BIOS 芯片、I/O 控制芯片、键和面板控制开关接口、指示灯插接件、扩充插槽、主板及插卡的直流电源供电接插件等。主板外观结构如图 1-12 所示。

主板采用了开放式结构。主板上大都有 6～15 个扩展插槽，供 PC 外围设备的控制卡（适配器）插接。通过更换这些插卡，可以对计算机的相应子系统进行局部升级，使厂家和用户在配置机型时有更大的灵活性。总之，主板在整个计算机系统中扮演着举足轻重的角色。可以说，主板的类型和档次决定着整个微机系统的类型和档次，主板的性能影响着整个计算机系统的性能。

一个主板上最重要的部分可以说就是主板的芯片组了，主流芯片组主要分为支持 Intel 公司 CPU 芯片组和支持 AMD 公司 CPU 芯片组两种。主板的芯片组一般由北桥芯片和南桥芯片组成，两者共同组成主板的芯片组。北桥芯片主要负责实现与 CPU、内存、AGP 接口之间的数据传输，同时还通过特定的数据通道和南桥芯片相连接。北桥芯片的封装模式最初使用 BGA 封装模式。Intel 公司的北桥芯片已经转变为 FC-PGA 封装模式，不过为 AMD 处理器设计的主板北桥芯片依然使用传统的 BGA 封装模式。相比北桥芯片，南桥芯片主要负责和 IDE 设备、PCI 设备、声音设备、网络设备及其他的 I/O 设备的沟通，到目前只有传统的 BGA 封装模式这一种。

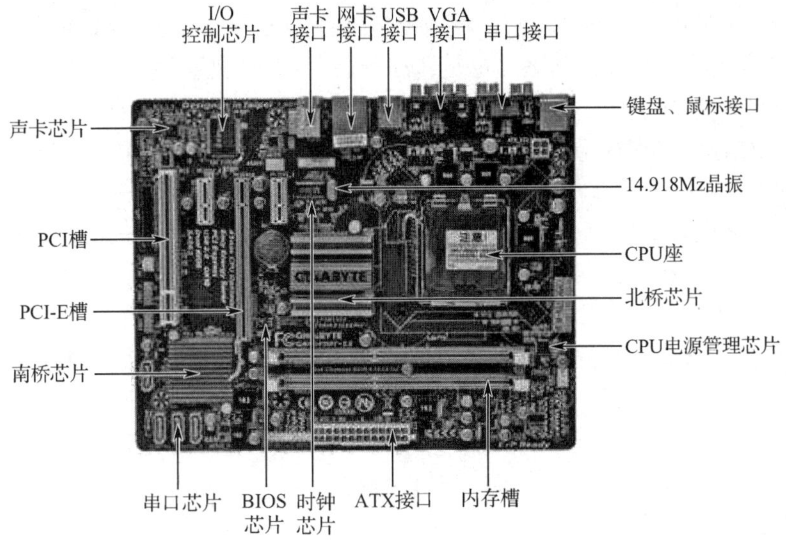


图 1-12　主板外观结构

4. **输入设备**

输入设备（input device）即向计算机输入数据和信息的设备，是计算机与用户或其他设备通信的桥梁。输入设备是用户和计算机系统之间进行信息交换的主要装置之一。键盘如图 1-13 所示，鼠标如图 1-14 所示，摄像头如图 1-15 所示，扫描仪如图 1-16 所示，手写输入板如图 1-17 所示。游戏杆、语音输入装置等都属于输入设备。输入设备是人或外部与计算机进行交互的一种装置，用于把原始数据和处理这些数据的程序输入计算机中。计算机能够接收各种各样的数据，既可以是数值型数据，也可以是各种非数值型数据，如图形、图像、声音等都可以通过不同类型的输入设备输入计算机中，进行存储、处理和输出。

图 1-13　键盘

图 1-14　鼠标

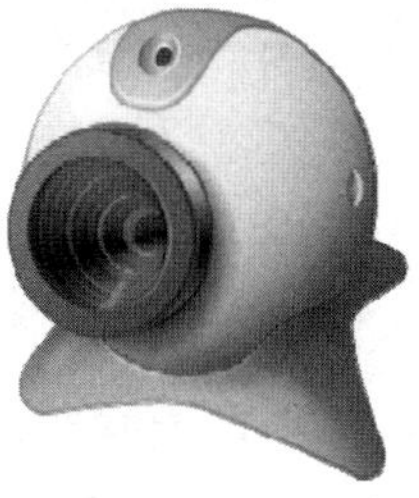

图 1-15　摄像头

图 1-16　扫描仪

图 1-17　手写输入板

鼠标是 1964 年由加州大学伯克利分校博士道格拉斯·恩格尔巴特（Douglas Engelbart）发明的。鼠标是计算机的一种输入设备，也是计算机显示系统纵横坐标定位的指示器，因形似老鼠而得名“鼠标”。它的标准称呼应该是“鼠标器”，英文名为“Mouse”。鼠标按其工作原理的不同分为机械鼠标和光电鼠标。鼠标的使用是为了使计算机的操作更加简便快捷，来代替键盘上烦琐的指令。

1868 年，“打字机之父”——美国人克里斯托夫·拉森·肖尔斯（Christopher Latham Sholes）获得打字机模型专利并取得经营权经营，又于几年后设计出现代打字机的实用形式，首次规范了键盘，即“QWERTY”键盘。

键盘是用于操作设备运行的一种指令和数据输入装置，也指经过系统安排操作一台机器或设备的一组功能键（如打字机、计算机键盘）。键盘是最常用也是主要的输入设备，通过键盘可以将英文字母、数字、标点符号等输入计算机中，从而向计算机发出命令、输入数据等。按工作原理，键盘分为机械式按键和电容式按键两种。

**5. 输出设备**

输出设备（output device）是计算机硬件系统的终端设备，用于接收计算机数据的输出显示、打印、声音、控制外围设备操作等，也把各种计算结果（数据或信息）以数字、字符、图像、声音等形式表现出来。常见的输出设备有显示器、打印机、绘图仪、影像输出系统、语音输出系统、磁记录设备等。

显示器（display）通常称为监视器，是计算机的 I/O 设备，即输入/输出设备。它是一种将一定的电子文件通过特定的传输设备显示到屏幕上，再反射到人眼的显示工具。根据制造材料的不同，显示器可分为阴极射线管显示器（CRT）（见图 1-18）、等离子显示器（PDP）、液晶显示器（LCD）（见图 1-19）等。

打印机（printer）（见图 1-20）是计算机的输出设备之一，用于将计算机处理结果打印在相关介质上。衡量打印机好坏的指标有 3 项：打印分辨率、打印速度和噪声。打印机的种类很多，按打印元件对纸是否有击打动作，分为击打式打印机与非击打式打印机；按所采用的技术，分为柱形、球形、喷墨式、热敏式、激光式、静电式、磁式、发光二极管式等。

图 1-18　CRT 显示器

图 1-19　LCD 显示器

图 1-20　打印机

## 1.2.4　了解计算机的软件结构

计算机软件（computer software）简称软件，是指计算机系统中的程序及其文档。程序是计算机任务的处理对象规则的描述，是按照一定顺序执行的、能够完成某一任务的指令集合；而文档则是为了便于了解程序所需的说明性材料。计算机软件总体分为系统软件和应用软件两大类。

**1. 系统软件**

系统软件负责管理计算机系统中各种独立的硬件，使它们可以协调工作。系统软件使得计算机使用者和其他软件将计算机当作一个整体，而不需要顾及底层每个硬件是如何工作的。

一般来讲，系统软件包括操作系统和一系列基本的工具（如编译器、数据库管理、存储器格式化、文件系统管理、用户身份验证、驱动管理、网络连接等方面的工具），具体包括以下4类：

① 各种服务性程序，如诊断程序、排错程序、练习程序等；

② 语言程序，如汇编程序、编译程序、解释程序；

③ 操作系统；

④ 数据库管理系统。

**2. 应用软件**

应用软件是为了某种特定的用途而被开发的软件。它可以是一个特定的程序，比如一个图像浏览器；可以是一组功能联系紧密、可以互相协作的程序集合，如微软的Office软件等。比较常见的应用软件如表1-2所示。

**表1-2　常见应用软件**

| 软件种类 | 举　例 |
|---|---|
| 办公软件 | Microsoft Office、WPS Office |
| 程序设计 | Visual C++、Java、Delphi |
| 多媒体播放和处理 | Windows media player、暴风影音、会声会影 |
| 图形处理与设计 | Photoshop、3ds Max、AutoCAD |
| 网络通信 | 腾讯QQ、微信、微博 |
| 网站开发 | Dreamweaver、Flash |
| 计算机病毒防护 | 360杀毒、金山卫士 |

## 1.3　计算机信息与编码技术

### 项目要求

胡小仙同学通过自己选购配件组装了一台计算机。计算机运行一个多月，胡小仙同学安装了各种软件，开始使用计算机进行学习。在学习的过程中，胡小仙同学知道利用计算机技术可以采集、存储和处理各种信息，也可以将这些信息转成用户可以识别的文字、声音或者视频输出。让胡小仙同学感到疑惑的是，这些信息在计算机内部是如何表示的呢？该如何对信息进行量化呢？本任务要求胡小仙同学认识计算机中的数据及其单位，了解进制转换，认识二进制数的运算，并了解计算机中的字符编码规则。

### 相关知识

在计算机科学中，数据是指所有能输入计算机并被计算机程序处理的符号和介质的总称，是用于输入计算机进行处理，具有一定意义的数字、字母、符号和模拟量等的通称。现在计算机存储和处理的对象十分广泛，表示这些对象的数据也随之变得越来越复杂。

计算机中的信息用二进制表示，常用的数据单位有位、字节和字。位是计算机中最小的数据单位，存放 1 位二进制数，即 0 或 1。字节是计算机中表示存储容量的最常用基本单位，1 个字符占 1 字节，1 个汉字占 2 字节。

## 项目实施

### 1.3.1 认识计算机的数据和单位

**1. 计算机的数据**

数据（data）是指对客观事件进行记录并可以鉴别的符号，是对客观事物的性质、状态及相互关系等进行记载的物理符号或这些物理符号的组合。它是可识别的、抽象的符号。它不仅指狭义上的数字，还可以是具有一定意义的文字、字母、数字符号的组合、图形、图像、视频、音频等，也是客观事物的属性、数量、位置及其相互关系的抽象表示。例如，“0、1、2、…”、“阴、雨、下降、气温”、“学生的档案记录、货物的运输情况”等都是数据。数据经过加工后就成为信息。

**2. 计算机的单位**

在计算机内存储和运算数据时，通常要涉及的数据单位有以下 3 种。

（1）位（bit，简称 b）

位又称比特，是计算机表示信息的数据编码中的最小数据单位，即 1 位二进制数。1 位二进制数用“0”或“1”来表示。

（2）字节（Byte，简称 B）

字节是计算机存储信息的最基本单位。1 字节用 8 位二进制数表示。通常计算机以字节为单位来计算存储容量。例如，计算机内存容量和磁盘的存储容量等都是以字节为单位表示的。

存储空间容量的单位除了用字节表示以外，还可以用千字节（KB）、兆字节（MB）、吉字节（GB）和太字节（TB）等表示。它们之间的换算关系如下：

$1KB=2^{10}B=1024B$　　$1MB=2^{10}KB=1024KB=2^{20}B$

$1GB=2^{10}MB=1024MB=2^{30}B$　　$1TB=2^{10}GB=1024GB=2^{40}B$

（3）字（word）

字由若干字节组成（一般为字节的整数倍），如 16 位、32 位和 64 位等。它是计算机进行数据处理和运算的单位，它包含的位的个数称为字长。不同档次的计算机有不同的字长，字长是计算机的一个重要性能指标。

### 1.3.2 掌握计算机的数制与转换

**1. 计算机的数制**

（1）数制

在日常生活中，我们总是用若干数位的组合来表示一个数，如果从 0 开始进行加 1 计数，以期得到各种数值，就存在由低位向高位进位的问题，这种按一定进位计数的数制就是进位制，简称数制。

（2）数码

数码是数制中表示基本数值大小的不同数字符号。例如，十进制有 10 个数码：0、1、2、3、4、5、6、7、8、9。

（3）基数

基数是数制所使用数码的个数。例如，二进制的基数为 2，十进制的基数为 10。

（4）位权

在一个数中，数码处于不同的数位上，它所代表的数值是不同的。例如，在十进制数 111 中，个位上的 1 表示 $10^0$，而十位上的 1 表示 $10^1$，百位上的 1 表示 $10^2$。在进位制中，每个数码所表示的数值等于该数码本身的值乘以一个与它所在数位有关的常数，这个常数就称为该位的位权，简称权。常用的进制有如下几种。

（1）十进制（D）

十进制是人们日常生活中最熟悉的进位计数制。在十进制中，数用 0、1、2、3、4、5、6、7、8、9 这 10 个符号来描述。计数规则是逢十进一，基数为 10，位权为以 10 为底的幂。

（2）二进制（B）

二进制是计算机系统中采用的进位计数制。在二进制数中，用 0 和 1 两个符号来描述。计数规则是逢二进一，借一当二，基数为 2，位权为以 2 为底的幂。

（3）八进制（O）

八进制数用 0、1、2、3、4、5、6、7 这 8 个符号来描述。计数规则是逢八进一，基数为 8，位权为以 8 为底的幂。

（4）十六进制（H）

十六进制是人们在计算机指令代码和数据的书写中经常使用的数制。在十六进制中，用 0、1、…、9 和 A、B、…、F（或 a、b、…、f）这 16 个符号来描述。计数规则是逢十六进一，基数为 16，位权为以 16 为底的幂。

**2. 计算机进制转换**

人们习惯采用十进制数，而计算机采用的是二进制数，这就涉及十进制数与二进制数之间的转换问题。

（1）二进制数转换为十进制数

整数二进制用数值乘以 2 的幂次依次相加，小数二进制用数值乘以 2 的负幂次然后依次相加。

**例 1-1**：将二进制数 110 转换为十进制数。

首先补齐位数，00000110，首位为 0，则为正整数，那么将二进制数中的三位数分别与下式对应的值相乘后再相加，得到的值为换算为十进制数的结果：

$$N=a_{n-1}2^{n-1}+a_{n-2}2^{n-2}+\cdots+a_1 2^1+a_0 2^0+\cdots+a_{-m}2^{-m}$$

$$\frac{1\ \ 1\ \ 0}{2^2\ 2^1\ 2^0}$$

$$(110)_2=1\times2^2+1\times2^1+0\times2^0=4+2+0=(6)_{10}$$

**例 1-2**：将二进制数 0.110 转换为十进制数。

$$\frac{0.\ \ 1\ \ \ 1\ \ \ 0}{2^0\ 2^{-1}\ 2^{-2}\ 2^{-3}}$$

$$(0.110)_2=1\times2^{-1}+1\times2^{-2}+0\times2^{-3}=0.5+0.25+0=(0.75)_{10}$$

（2）十进制数转换为二进制数

十进制整数转换为二进制整数采用“除 2 取余，逆序排列”法。具体做法是：用 2 整除十进制整数，可以得到一个商和余数；再用 2 去除商，又会得到一个商和余数；如此进行，直到商为 0 时为止；然后把先得到的余数作为二进制数的低位有效位，后得到的余数作为二进制数的高位有效位，依次排列起来。十进制小数部分转换成二进制数，采用“乘以 2 取整数，先整数为高位，后整数为低位”的方式。

**例 1-3**：将十进制数 236.125 转换为二进制数。

步骤一：先转换整数部分。

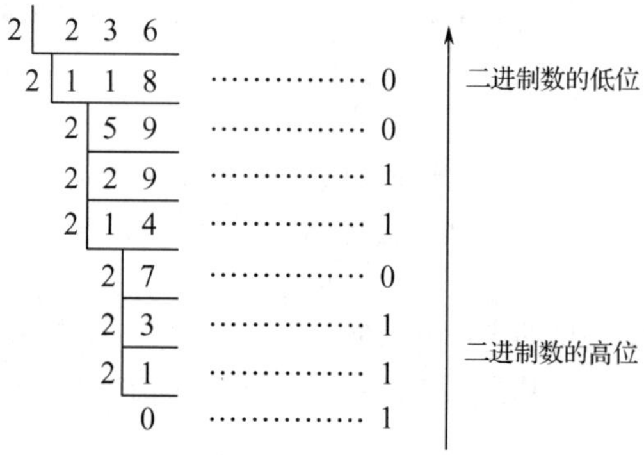


由以上提出，$(236)_{10}=(11101100)_2$。

步骤二：再转换小数部分。

0.125×2=0.25　　　　整数……0→千分位

0.25×2=0.5　　　　　整数……0→百分位

0.5×2=1　　　　　　整数……1→十分位

由以上得出，$(0.125)_{10}=(0.001)_2$。

将整数和小数部分组合，得出$(236.125)_{10}=(11101100.001)_2$。

常用计数制对照表如表 1-3 所示。

**表 1-3　常用计数制对照**

| 十进制数 | 二进制数 | 八进制数 | 十六进制数 | 十进制数 | 二进制数 | 八进制数 | 十六进制数 |
|---|---|---|---|---|---|---|---|
| 0 | 0 | 0 | 0 | 8 | 1000 | 10 | 8 |
| 1 | 1 | 1 | 1 | 9 | 1001 | 11 | 9 |
| 2 | 10 | 2 | 2 | 10 | 1010 | 12 | A |
| 3 | 11 | 3 | 3 | 11 | 1011 | 13 | B |
| 4 | 100 | 4 | 4 | 12 | 1100 | 14 | C |
| 5 | 101 | 5 | 5 | 13 | 1101 | 15 | D |
| 6 | 110 | 6 | 6 | 14 | 1110 | 16 | E |
| 7 | 111 | 7 | 7 | 15 | 1111 | 17 | F |

## 1.3.3　了解计算机的编码规则

编码是信息从一种形式或格式转换为另一种形式的过程，也称计算机编程语言的代码，简称编码。编码用预先规定的方法将文字、数字或其他对象编成数码，或将信息、数据转换成规定的电脉冲信号。编码是信息从一种形式或格式转换为另一种形式或格式的过程。计算机只识别“0”和“1”，因此，在计算机中对数字、字符及汉字都要用二进制数的各种组合形式来表示，这就是二进制的编码系统。

**1. 数值数据的编码**

数值数据指日常生活中所说的数或数据，它有正负和大小之分，还有整数和分数之分。数值数据在计算机中是用二进制代码表示的。我们把一个数在计算机内部表示成的二进制数形式，称为机器数，原来的数称为这个机器数的真值。机器数有不同的表示方法，常用的有原码、反码和补码等。

**2. 非数值数据的编码**

非数值数据是指除数值数据之外的字符，如各种符号、数字、字母和汉字等。同样，它们也是用二进制代码来表示的。

（1）字符编码

在计算机中使用最广泛的字符编码是 ASCII 码（American Standard Code for Information Interchange，美国国家信息交换标准码）。ASCII 码被国际化标准组织确定为世界通用的国际标准，如表 1-4 所示。

表 1-4　ASCII 字符编码

| $d_3d_2d_1d_0$ | $d_6d_5d_4$ | | | | | | | |
|---|---|---|---|---|---|---|---|---|
| | 000 | 001 | 010 | 011 | 100 | 101 | 110 | 111 |
| 0000 | NUL | DLE | SP | 0 | @ | P | ' | p |
| 0001 | SOH | DC1 | ! | 1 | A | Q | a | q |
| 0010 | STX | DC2 | " | 2 | B | R | b | r |
| 0011 | ETX | DC3 | # | 3 | C | S | c | s |
| 0100 | EOT | DC4 | $ | 4 | D | T | d | t |
| 0101 | ENQ | NAK | % | 5 | E | U | e | u |
| 0110 | ACK | SYN | & | 6 | F | V | f | v |
| 0111 | BEL | ETB | ' | 7 | G | W | g | w |
| 1000 | BS | CAN | ( | 8 | H | X | h | x |
| 1001 | HT | EM | ) | 9 | I | Y | i | y |
| 1010 | LF | SUB | * | : | J | Z | j | z |
| 1011 | VT | ESC | + | ; | K | [ | k | { |
| 1100 | FF | FS | , | < | L | \ | l | ¦ |
| 1101 | CR | GS | - | = | M | ] | m | } |
| 1110 | SO | RS | . | > | N | ^ | n | ～ |
| 1111 | SI | US | / | ? | O | - | o | DEL |

从表 1-4 中可以看出，每个字符用 7 位二进制码表示，1 个字符在计算机内用 8 位表示，基本 ASCII 码的最高位为 0，扩充 ASCII 码的最高位为 1。基本 ASCII 码共有 128 个字符，其中 95 个编码对应着计算机终端输入并可以显示的字符，如英文大小写字母各 26 个、0～9 的数字和标点符号等，另外 33 个字符是控制码，控制着计算机某些外围设备的工作特性和软件运行情况。

如果需要确定字母、数字及各种符号的 ASCII 码值，可在表 1-4 中查出其所在的位置，根据字符所在行的高 3 位（$d_6d_5d_4$）和列的低 4 位（$d_3d_2d_1d_0$）编码查出。

例如，字符 A 的 ASCII 码是 1000001，用十六进制数表示为 41H，用十进制数表示为 65D。

（2）二-十进制的数字编码

我们日常生活中习惯使用十进制数，为了使计算机能识别和存储十进制数，并能直接用十进制数形式进行运算，就需要对十进制数进行编码，即用 0 和 1 的不同组合形式来表示十进制数的各个数位上的数字，进而表示一个十进制数。

将十进制数表示为二进制编码的形式，称为十进制数的二进制编码，简称二-十进制编码或 BCD（Binary-Coded Decimal）码。

最常用的二-十进制的数字编码是 8421 码，其表示方法是每位十进制数用 4 位二进制数表示，从左到右分别为 8、4、2、1 权码，4 位二进制数有 16 种编码，只取 0000～1001 十种组合方法，表示十进制数中的 0～9。表 1-5 列举了 BCD 码与十进制数、二进制数的对应关系。

**表 1-5　BCD 码与十进制数、二进制数的对应关系**

| BCD 码 | 十 进 制 数 | 二 进 制 数 | BCD 码 | 十 进 制 数 | 二 进 制 数 |
|---|---|---|---|---|---|
| 0000 | 0 | 0 | 1000 | 8 | 1000 |
| 0001 | 1 | 1 | 1001 | 9 | 1001 |
| 0010 | 2 | 10 | 0001 0000 | 10 | 1010 |
| 0011 | 3 | 11 | 0001 0001 | 11 | 1011 |
| 0100 | 4 | 100 | 0001 0010 | 12 | 1100 |
| 0101 | 5 | 101 | 0001 0011 | 13 | 1101 |
| 0110 | 6 | 110 | 0001 0100 | 14 | 1110 |
| 0111 | 7 | 111 | 0001 0101 | 15 | 1111 |

（3）汉字编码

与西文字符不同，汉字的字符很多，所以汉字编码远比西文字符编码复杂。汉字编码主要用于解决汉字输入、处理和输出的问题。根据对汉字的输入、处理和输出的不同要求，汉字的编码主要分为 4 类：汉字输入码、汉字内部码、汉字字形码和汉字交换码。

① 外码（汉字输入码）：外码也叫输入码，是用来将汉字输入计算机中的一组键盘符号。常用的输入码有拼音码、五笔字型码、自然码、表形码、认知码、区位码和电报码等。一种好的编码应有编码规则简单、易学好记、操作方便、重码率低、输入速度快等优点，个人可根据需要进行选择。

② 机内码（汉字内部码）：根据国标码的规定，每个汉字都有确定的二进制代码，在微机内部汉字代码都用机内码，在磁盘上记录汉字代码也使用机内码。

③ 汉字字形码：字形码是汉字的输出码，输出汉字时都采用图形方式，无论汉字的笔画多少，每个汉字都可以写在同样大小的方块中。通常用 16×16 点阵来显示汉字。

④ 国标码（汉字交换码）：计算机内部处理的信息，都是用二进制代码表示的，汉字也不例外。而二进制代码使用起来不方便，于是需要采用信息交换码。中国国家标准总局 1981 年制定了中华人民共和国国家标准 GB 2312—1980《信息交换用汉字编码字符集——基本集》，即国标码（自 2017 年 3 月起，该标准转为推荐性标准，编号改为 GB/T 2312—1980）。

区位码是国标码的另一种表现形式，把国标 GB 2312—1980 中的汉字、图形符号组成一个 94×94 的方阵，分为 94 个“区”，每区包含 94 个“位”，其中“区”的序号为 01～94，“位”的序号也是 01～94。94 个区中的位置总数为 94×94=8836 个，其中，7445 个汉字和图形字符中的每一个占一个位置后，还剩下 1391 个空位，这 1391 个位置空下来保留备用。国标码规定，每个字符由 2 字节代码组成。每字节最高位为 0，其余 7 位用于组成各种不同的码值。

如图 1-21 所示，从汉字编码的转换角度显示了几种编码之间的关系，编码之间的变换都需要各自的转换程序来实现。

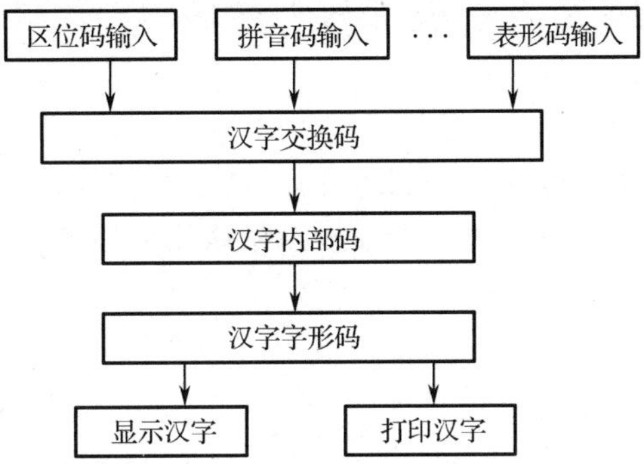


图 1-21 几种编码之间的关系

# 1.4 计算机新技术

## 项目要求

胡小仙同学经过一段时间的学习，对计算机的相关知识有了一定的了解。对于未来计算机的发展与应用，胡小仙同学很感兴趣，听计算机老师说，现在计算机领域有一些新的技术正在影响着我们的生活，本次任务要求胡小仙同学认识和了解什么是云计算，什么是大数据，什么是互联网+。

## 相关知识

从第一台计算机产生至今的半个多世纪里，计算机的应用不断拓展，计算机类型不断分化，这就决定了计算机的发展也朝着不同的方向延伸。当今计算机技术正向着巨型化、微型化、网络化和智能化方向发展，在互联网技术飞速发展的今天，互联网逐渐成为人们快速获取、发布和传递信息的重要渠道，它渐渐地渗透到社会政治、经济、生活等各个领域。一些新的技术已经融入我们的生活之中，如云计算、大数据、互联网+等。未来还会有一些新的技术融入计算机的发展中。

## 项目实施

## 1.4.1 认识云计算

### 1. 云计算的定义

云计算（cloud computing）是基于互联网的相关服务的增加、使用和交付模式，通常涉及通过互联网来提供动态、易扩展且经常是虚拟化的资源。

（原文：Cloud computing is a style of computing in which dynamically scalable and often virtualized resources are provided as a service over the Internet.）

美国国家标准与技术研究院（NIST）定义：云计算是一种按使用量付费的模式，这种模式提供可用的、便捷的、按需的网络访问，进入可配置的计算资源共享池（资源包括网络、服务器、存储、应用软件、服务），这些资源能够被快速提供，只需投入很少的管理工作，或与服务供应商进行很少的交互。

**2. 云计算的特点**

云计算使计算分布在大量的分布式计算机上，而非本地计算机或远程服务器中，企业数据中心的运行将与互联网更相似。这使得企业能够将资源切换到需要的应用上，根据需求访问计算机和存储系统。

（1）超大规模

“云”具有相当的规模，Google 云计算已经拥有 100 多万台服务器，Amazon、IBM、微软、Yahoo！等公司的“云”均拥有几十万台服务器。企业私有云一般拥有数百上千台服务器。“云”能赋予用户前所未有的计算能力。

（2）虚拟化

云计算支持用户在任意位置、使用各种终端获取应用服务。所请求的资源来自“云”，而不是固定的有形的实体。应用在“云”中某处运行，但实际上用户无须了解、也不用担心应用运行的具体位置。只需要一台笔记本电脑或者一部手机，就可以通过网络服务来实现我们需要的一切，甚至包括超级计算这样的任务。

（3）高可靠性

“云”使用了数据多副本容错、计算节点同构可互换等措施来保障服务的高可靠性，使用云计算比使用本地计算机可靠。

（4）通用性

云计算不针对特定的应用，在“云”的支撑下可以构造出千变万化的应用，同一个“云”可以同时支撑不同的应用运行。

（5）高可扩展性

“云”的规模可以动态伸缩，满足应用和用户规模增长的需要。

（6）按需服务

“云”是一个庞大的资源池，可按需购买，可以像自来水、电、天然气那样计费。

（7）极其廉价

由于“云”的特殊容错措施，可以采用极其廉价的节点来构成云。“云”的自动化集中式管理使大量企业无须负担日益高昂的数据中心管理成本，“云”的通用性使资源的利用率较传统系统大幅提升，因此用户可以充分享受“云”的低成本优势，经常只要花费几百美元、几天时间就能完成以前需要数万美元、数月时间才能完成的任务。

**3. 云计算的应用**

（1）云物联

“物联网就是物物相连的互联网。”这句话有两层意思：第一，物联网的核心和基础仍然是互联网，是在互联网基础上延伸和扩展的网络；第二，其用户端延伸和扩展到了任何物品与物品之间进行信息交换和通信。

（2）云安全

云安全（cloud security）是一个从“云计算”演变而来的新名词。云安全的策略构想是：使用者越多，每个使用者就越安全。因为如此庞大的用户群足以覆盖互联网的每个角落，只要某个网站被挂马或某个新木马病毒出现，就会立刻被截获。

云安全通过网状的大量客户端对网络中软件行为的异常监测，获取互联网中木马、恶意程序的最新信息，推送到Server端进行自动分析和处理，再把病毒和木马的解决方案分发到每个客户端。

（3）云存储

云存储是在云计算概念上延伸和发展出来的一个新的概念，是指通过集群应用、网格技术或分布式文件系统等功能，将网络中大量不同类型的存储设备通过应用软件集合起来协同工作，共同对外提供数据存储和业务访问功能的一个系统。当云计算系统运算和处理的核心是大量数据的存储和管理时，云计算系统中就需要配置大量的存储设备，那么云计算系统就转变成一个云存储系统，所以云存储是一个以数据存储和管理为核心的云计算系统。

（4）云游戏

云游戏是以云计算为基础的游戏方式，在云游戏的运行模式下，所有游戏都在服务器端运行，并将渲染完的游戏画面压缩后通过网络传送给用户。在客户端，用户的游戏设备不需要任何高端处理器和显卡，只需要具有基本的视频解压能力就可以了。就现今来说，云游戏还没有成为家用机和掌机界的联网模式，因为至今X360仍然在使用LIVE，PS是PlayStation Network，Wii是Wi-Fi。但是几年或十几年后，云计算取代这些东西成为其网络发展的终极方向的可能性非常大。

（5）云计算

从技术上看，大数据与云计算的关系就像一枚硬币的正反面一样密不可分。大数据必然无法用单台计算机进行处理，必须采用分布式计算架构。它的特色在于对海量数据的挖掘，但它必须依托云计算的分布式处理、分布式数据库、云存储和虚拟化技术。

## 1.4.2 认识大数据

**1. 大数据的定义**

大数据（big data）指无法在一定时间范围内用常规软件工具进行捕捉、管理和处理的数据集合，是需要新处理模式才能具有更强的决策力、洞察发现力和流程优化能力的海量、高增长率和多样化的信息资产。

麦肯锡全球研究所给出的大数据定义是：一种规模大到在获取、存储、管理、分析方面大大超出了传统数据库软件工具能力范围的数据集合，具有海量的数据规模、快速的数据流转、多样的数据类型和价值密度低四大特征。

**2. 大数据的特点**

（1）数据体量（volume）巨大

截至目前，人类生产的所有印刷材料的数据量是200PB（1PB=210TB），而历史上全人类说过的所有话的数据量大约是5EB（1EB=210PB）。当前，典型个人计算机硬盘的容量为TB量级，而一些大企业的数据量已经接近EB量级。

（2）数据类型繁多（variety）

这种类型的多样性也让数据被分为结构化数据和非结构化数据。相对于以往便于存储的以文本为主的结构化数据，非结构化数据越来越多，包括网络日志、音频、视频、图片、地理位置信息等，这些多类型的数据对数据的处理能力提出了更高要求。

（3）价值（value）密度低

价值密度的高低与数据总量的大小成反比。以视频为例，一部长 1h 的视频，在不间断的监控中，有用数据可能仅有一两秒。如何通过强大的机器算法更迅速地完成数据的价值“提纯”成为目前大数据背景下亟待解决的难题。

（4）处理速度快（velocity）

这是大数据区别于传统数据挖掘的最显著特征。根据 IDC 的“数字宇宙”报告，预计到 2025 年，全球数据使用量将达到 163ZB。在如此海量的数据面前，处理数据的效率就是企业的生命。

**3. 大数据的应用**

大数据应用是利用大数据分析的结果为用户提供辅助决策，发掘潜在价值的过程。大数据的类型大致可分为以下 3 类。

（1）传统企业数据（traditional enterprise data）

它包括 CRM systems 的消费者数据、传统的 ERP 数据、库存数据及账目数据等。

（2）机器和传感器数据（machine-generated/sensor data）

它包括呼叫记录（call detail records）、智能仪表、工业设备传感器、设备日志（通常是 digital exhaust）、交易数据等。

（3）社交数据（social data）

它包括用户行为记录、反馈数据等，如 Twitter、Facebook 等社交媒体平台。

大数据的应用表现在以下几个方面。

（1）企业内部大数据应用

目前，大数据的主要来源和应用都是来自企业内部，商业智能（Business Intelligence，BI）和 OLAP 可以说是大数据应用的前辈。企业内部大数据的应用可以从多个方面提升企业的生产效率和竞争力。

（2）物联网大数据应用

物联网不仅是大数据的重要来源，还是大数据应用的主要市场。在物联网中，现实世界的每个物体都可以是数据的生产者和消费者，由于物体种类繁多，物联网的应用也层出不穷。

（3）在线社交网络大数据的应用

在线社交网络是一种在信息网络上由社会个体集合及个体之间的连接关系构成的社会性结构。在线社交网络大数据主要来自即时消息、在线社交、微博和共享空间 4 类应用。由于在线社交网络大数据代表了人的各类活动，因此对此类数据的分析得到了更多关注。在线社交网络大数据分析是从网络结构、群体互动和信息传播 3 个维度，通过基于数学、信息学、社会学、管理学等多个学科的融合理论和方法，为理解人类社会中存在的各种关系提供的一种可计算的分析方法。目前，在线社交网络大数据的应用包括网络舆情分析、网络情报收集与分析、社会化营销、政府决策支持、在线教育等。

（4）医疗健康大数据应用

医疗健康数据是持续、高增长的复杂数据，蕴含的信息价值也丰富多样，对其进行有效的存储、处理、查询和分析，可以开发出其潜在价值。对于医疗健康大数据的应用，将会深远影响人类的健康。

（5）群智感知

随着技术的发展，智能手机和平板电脑等移动设备集成了越来越多的传感器，计算和感知能力也越发强大。在移动设备被广泛使用的背景下，群智感知开始成为移动计算领域的应用热点。大量用户使用移动智能设备作为基本节点，通过蓝牙、无线网络和移动互联网等方式进行协作，分发感知任务，收集、利用感知数据，最终完成大规模的、复杂的社会感知任务。群智感知对参与者的要求很低，用户并不需要相关的专业知识或技能，只需拥有一台移动智能设备。

（6）智能电网

智能电网是指将现代信息技术融入传统能源网络构成新的电网，通过用户的用电习惯等信息，优化电能的生产、供给和消耗，是大数据在电力系统中的应用。

## 1.4.3 认识人工智能

### 1. 什么是人工智能

计算机的智能定义，最早出现在 1950 年，是由图灵博士提出来的。他在《计算机器与智能》这篇论文中讨论了关于验证机器是否有智能的方法。这个方法就是后来的计算机界人士熟知的图灵测试。让一台计算机和一个人同时坐在幕后，然后让另一个人在台前去与两者分别交流，如图 1-22 所示，如果判别不出哪一边是人，哪一边是计算机，这时候我们就可以说机器已经产生了智能，即机器智能。

图 1-22 图灵测试

人工智能（Artificial Intelligence，AI），顾名思义就是计算机产生了人类的习性，计算机可以解决以往只有人才能解决的问题。人工智能是研究、开发用于模拟、延伸和扩展人的智能的理论、方法、技术及应用系统的一门新的技术科学。研究目的是促使智能机器会听（语音识别、机器翻译等）、会看（图像识别、文字识别等）、会说（语音合成、人机对话等）、会思考（人机对弈、定理证明等）、会学习（机器学习、知识表示等）、会行动（机器人、自动驾驶汽车等）。

人工智能分为计算智能、感知智能、认知智能 3 个阶段。首先是计算智能，机器人开始像人类一样会计算，传递信息，如神经网络、遗传算法等；然后是感知智能，感知包括视觉、语音、语言，机器开始看懂和听懂，做出判断，采取一些行动，如可以听懂语音的音箱等；最后是认知智能，机器能够像人一样思考，主动采取行动，如完全独立驾驶的无人驾驶汽车、自主行动的机器人等。

**2. 人工智能的五大核心技术**

人工智能的五大核心技术是计算机视觉、机器学习、自然语言处理、机器人和语音识别。

（1）计算机视觉

计算机视觉是指计算机从图像中识别出物体、场景和活动的能力。计算机视觉技术运用由图像处理操作与其他技术组成的序列，来将图像分析任务分解为便于管理的小块任务。例如，一些技术能够从图像中检测到物体的边缘及纹理，分类技术可被用作确定识别到的特征是否能够代表系统已知的一类物体。

（2）机器学习

机器学习是指计算机系统无须遵照显式的程序指令，而只依靠数据来提升自身性能的功能。其核心在于，机器学习是从数据中自动发现模式，模式一旦被发现便可用于预测。例如，给予机器学习系统一个关于交易时间、商家、地点、价格及交易是否正当等信用卡交易信息的数据库，系统就会学习到可用来预测信用卡欺诈的模式。处理的交易数据越多，预测就会越准确。

（3）自然语言处理

自然语言处理是指计算机拥有的如人类一般的文本处理的能力。例如，从文本中提取意义，甚至从那些可读的、风格自然、语法正确的文本中自主解读出含义。一个自然语言处理系统并不了解人类处理文本的方式，但是它可以用非常复杂与成熟的手段巧妙处理文本。例如，自动识别一份文档中所有被提及的人与地点；识别文档的核心议题；在一堆仅人类可读的合同中，将各种条款与条件提取出来并制作成表。以上这些任务通过传统的文本处理软件根本不可能完成，后者仅针对简单的文本匹配与模式进行操作。

（4）机器人

将机器视觉、自动规划等认知技术整合至极小却高性能的传感器、制动器及设计巧妙的硬件中，这就催生了新一代的机器人，它有能力与人类一起工作，能在各种未知环境中灵活处理不同的任务。例如，无人机、扫地机器人、医疗机器人等。

（5）语音识别

语音识别主要是关注自动且准确地转录人类语音的技术。该技术必须面对一些与自然语言处理类似的问题，在处理不同口音、背景噪声、区分同音异形/异义词（“buy”和“by”听起来是一样的）方面存在一些困难，同时需要具有跟上正常语速的工作速度。语音识别系统先使用一些与自然语言处理系统相同的技术，再辅以其他技术，如描述声音和其出现在特定序列与语言中概率的声学模型等。语音识别的主要应用包括医疗听写、语音书写、计算机系统声控、电话客服等。

**3. 人工智能与大数据相辅相成**

近几年，人工智能技术在各行各业的应用已随处可见。在生产制造业中，自动视觉检测、机器参数调整、产量优化、维护预测等技术的应用极大地提高了生产效率。服务型机器人在翻译、会计、客服等领域得到了大量应用，使得服务业正在发生重要变革。此外，金融、医疗等领域，也因人工智能技术的加入而变得更加繁荣。从某种意义上来说，人工智能为这个时代的经济发展提供了一种新的能量。人工智能的飞速发展离不开大数据的支持。而在大数据的发展过程中，人工智能的加入也使得更多类型、更大体量的数据能够得到迅速处理与分析。

大数据与人工智能相辅相成。

① 大数据的积累为人工智能发展提供了资源支持。大数据主要包括采集与预处理、存储

与管理、分析与加工、可视化计算及数据安全等，具有数据规模不断扩大、种类繁多、产生速度快、处理能力要求高、时效性强、可靠性要求严格、价值大但密度较低等特点，为人工智能提供了丰富的数据积累和训练资源。以人脸识别所用的训练图像数量为例，百度训练人脸识别系统需要 2 亿幅人脸画像。

② 数据处理技术推进运算速度的提升。人工智能领域富集了海量数据，传统的数据处理技术难以满足高强度、高频次的处理需求。AI 芯片的出现，极大地提升了大规模处理大数据的效率。目前，出现了 GPU、NPU、FPGA 和各种各样的 AI-PU 专用芯片。传统的双核 CPU 即使在训练简单的神经网络培训中，也需要花几天甚至几周时间，而 AI 芯片能提升约 70 倍的运算速度。

③ 算法让大量的数据有了价值。无论是特斯拉的无人驾驶，还是谷歌的机器翻译；无论是微软的“小冰”，还是英特尔的精准医疗，都可以见到“学习”大量的“非结构化数据”的“身影”。“深度学习”“增强学习”和“机器学习”等技术的发展都推动着人工智能的进步。以计算视觉为例，作为一个数据复杂的领域，传统的浅层算法识别准确率并不高。自深度学习出现以后，基于寻找合适特征来让机器识别物体的精准度从 70%提升到 95%。由此可见，人工智能的快速演进，不仅需要理论研究，还需要大量的数据作为支撑。

④ 人工智能推进大数据应用的深化。在计算力指数级增长及高价值数据的驱动下，以人工智能为核心的智能化正不断延伸其技术应用广度、拓展技术突破深度，并不断加快技术落地（商业变现）的速度。例如，在新零售领域中，大数据与人工智能技术的结合，可以提升人脸识别的准确率，使商家可以更好地预测每月的销售情况；在交通领域中，大数据和人工智能技术的结合，使得基于大量交通数据开发的智能交通流量预测、智能交通疏导等人工智能应用可以实现对整体交通网络的智能控制；在健康领域中，大数据和人工智能技术的结合，能够提供医疗影像分析、辅助诊疗、医疗机器人等更便捷、更智能的医疗服务。同时在技术层面，大数据技术已经基本成熟，并且推动人工智能技术以惊人的速度进步；在产业层面，智能安防、自动驾驶、医疗影像等都在加速落地。

随着人工智能的快速应用及普及，大数据不断累积，深度学习及强化学习等算法不断优化，大数据技术将与人工智能技术更紧密地结合，具备对数据的理解、分析、发现和决策能力，从而能从数据中获取更准确、更深层次的知识，挖掘数据背后的价值，催生出新业态、新模式。

## 1.4.4 认识互联网+

### 1. 互联网+的定义

互联网+是创新 2.0 下的互联网发展的新业态，是知识社会创新 2.0 推动下的互联网形态演进及其催生的经济社会发展新形态。互联网+是互联网思维的进一步实践成果，推动经济形态不断地发生演变，从而带动社会经济实体的生命力，为改革、创新、发展提供了广阔的网络平台。

通俗地说，互联网+就是“互联网+各个传统行业”，但这并不是简单的两者相加，而是利用信息通信技术及互联网平台，让互联网与传统行业进行深度融合，创造新的发展生态。它代表一种新的社会形态，即充分发挥互联网在社会资源配置中的优化和集成作用，将互联网的创新成果深度融合于经济、社会各领域之中，提升全社会的创新力和生产力，形成更广泛的、以互联网为基础设施和实现工具的经济发展新形态。

2015 年 3 月 5 日，在第十二届全国人大三次会议上，李克强总理在政府工作报告中首次提出“互联网+”行动计划，提出制订“互联网+”行动计划，推动移动互联网、云计算、大数据、物联网等与现代制造业结合，促进电子商务、工业互联网和互联网金融（ITFIN）健康发展，引导互联网企业拓展国际市场。

2015 年 7 月 4 日，经李克强总理签批，国务院印发《关于积极推进“互联网+”行动的指导意见》（以下简称《指导意见》），这是推动互联网由消费领域向生产领域拓展，加速提升产业发展水平，增强各行业创新能力，构筑经济社会发展新优势和新动能的重要举措。

2015 年 12 月 16 日，第二届世界互联网大会在浙江乌镇开幕。在会议周期举行的“互联网+”论坛上，中国互联网发展基金会联合百度、阿里巴巴、腾讯共同发起倡议，成立“中国互联网+联盟”。

**2. 互联网+的特点**

（1）跨界融合

“+”就是跨界，就是变革，就是开放，就是重塑融合。敢于跨界，创新的基础就更坚实；融合协同，群体智能才会实现，从研发到产业化的路径才会更垂直。融合本身也指代身份的融合、客户消费转化为投资、伙伴参与创新，等等，不一而足。

（2）创新驱动

中国经济粗放的资源驱动型增长方式早就难以为继，必须转变到创新驱动发展这条正确的道路上来。这正是互联网的特质，用所谓的互联网思维来求变、自我革命，也更能发挥创新的力量。

（3）重塑结构

信息革命、全球化、互联网业已打破了原有的社会结构、经济结构、地缘结构、文化结构。权力、议事规则、话语权在不断发生变化。互联网+社会治理、虚拟社会治理会与以往有很大的不同。

（4）尊重人性

人性的光辉是推动科技进步、经济增长、社会进步、文化繁荣最根本的力量，互联网的力量之强大的根本来源于对人性最大限度的尊重、对人的体验的敬畏、对人的创造性发挥的重视，如 UGC、卷入式营销、分享经济。

（5）开放生态

关于互联网+，生态是非常重要的特征，而生态的本身就是开放的。我们推进互联网+，其中一个重要的方向就是要把过去制约创新的环节化解掉，把孤岛式创新连接起来，让研发由人性决定市场驱动，让创业并努力者有机会实现价值。

（6）连接一切

连接是有层次的，可连接性是有差异的，连接的价值是相差很大的，连接一切是互联网+的目标。

**3. 互联网+的应用**

（1）金融

在金融领域，余额宝横空出世的时候，银行觉得不可控，也有人怀疑二维码支付存在安全隐患，但随着国家对互联网金融（ITFIN）的研究越来越透彻，银联对二维码支付也出台了标准，互联网金融得到了较为有序的发展，也得到了国家相关政策的支持和鼓励。

2014 年，互联网银行落地，标志着“互联网+金融”融合进入了新阶段。2015 年 1 月 18 日，腾讯公司是大股东的深圳前海微众银行试营业，并于 4 月 18 日正式对外营业，其成为国内首家互联网民营银行。同年 1 月 27 日，上海华瑞银行获准开业。

（2）工业

“互联网+工业”即传统制造业企业采用移动互联网、云计算、大数据、物联网等信息通信技术，改造原有产品及研发生产方式，与“工业互联网”“工业4.0”的内涵一致。

借助移动互联网技术，传统制造厂商可以在汽车、家电、配饰等工业产品上增加网络软/硬件模块，实现用户远程操控、数据自动采集分析等功能，极大地改善了工业产品的使用体验。这就是“移动互联网+工业”。

（3）智慧城市

李克强总理在政府工作报告中强调要发展“智慧城市”，保护和传承历史、地域文化；加强城市供水供气供电、公交和防洪防涝设施等建设；坚决治理污染、拥堵等城市病，让出行更方便、环境更宜居。

（4）交通

“互联网+交通”已经在交通运输领域产生了“化学效应”，如大家经常使用的打车软件、网上购买火车票和飞机票、出行导航系统等。

从国外的Uber、Lyft到国内的滴滴打车、快的打车，移动互联网催生了一批打车、拼车、专车软件，虽然在全世界不同的地方仍存在争议，但它们通过把移动互联网和传统的交通出行相结合，改善了人们出行的方式，增加了车辆的使用率，推动了互联网共享经济的发展，提高了效率、减少了排放，对环境保护也做出了贡献。

（5）民生

在民生领域，公民可以在各级政府的公众账号享受服务，如某地交警可以60s内完成罚款收取等，移动电子政务会成为推进国家治理体系的工具。

微信可以实现微信购票、景区导览、规划路线等功能。腾讯云可以帮助建设旅游服务云平台和运行监测调度平台。市民在景区门口不用排队，只要扫一扫二维码，即可实现微信支付购票。购票后，微信将根据市民的购票信息进行智能线路推送，而且可实现微信电子二维码门票自助扫码过闸机，无须人工检票入园。

现实中存在看病难、看病贵等难题，移动医疗+互联网有望从根本上改善这一医疗生态。具体来讲，互联网将优化传统的诊疗模式，为患者提供一条龙的健康管理服务。

一所学校、一位老师、一间教室，这是传统教育。一个教育专用网、一部移动终端、几百万学生，学校任你挑、老师由你选，这就是“互联网+教育”。

新一代信息技术发展推动了知识社会以人为本、用户参与的下一代创新（创新2.0）演进。创新2.0以用户创新、开放创新、大众创新、协同创新为特征。随着新一代信息技术和创新2.0的交互与发展，人们的生活方式、工作方式、组织方式、社会形态正在发生深刻变革，产业、政府、社会、民主治理、城市等领域的建设应该把握这种趋势，推动企业2.0、政府2.0、社会2.0、合作民主、智慧城市等新形态的演进和发展。“互联网+”是创新2.0下的互联网与传统行业融合发展的新形态、新业态，是知识社会创新2.0推动下的互联网形态演进及其催生的经济社会发展新常态。

无所不在的网络会同无所不在的计算、无所不在的数据、无所不在的知识，一起推进无所不在的创新，以及由数字向智能并进一步向智慧的演进，并推动“互联网+”的演进与发展。人工智能技术的发展包括深度学习神经网络，无人机、无人车、智能穿戴设备及人工智能群体系统集群和延伸终端，将进一步推动人们现有生活方式、社会经济、产业模式、合作形态的颠覆性发展。

# 项目2 Windows 10 操作系统基础

## 能力目标

习近平总书记强调，要“打好科技仪器设备、操作系统和基础软件国产化攻坚战”。科技仪器、操作系统和基础软件是基础研究理论的物理化具象和载体，在促进工程科学技术集成创新的同时，也为基础研究提供了更加精确的尺度，为打开科研前沿神秘大门提供了一把钥匙。我国是否拥有自主操作系统技术与产业实力，对于我国提升网络空间竞争力，实现网络强国战略具有重要的基石作用，操作系统的自主可控是网络强国的关键基石。

操作系统（Operating System，OS）是最基本、最重要的系统软件，是管理和控制计算机系统硬件资源、软件资源和数据资源的一组程序。操作系统已经成为现代计算机系统不可分割的重要组成部分，是用户和计算机之间的接口。

## 素养目标

1. 理解“培养什么人、怎样培养人、为谁培养人是教育的根本问题”。
2. 增强职场责任感，提升企业信息化管理的基本意识。

## 教学目标

1. 了解操作系统，包括操作系统的发展历史、分类、主要功能和典型的集中操作系统。
2. 使用 Windows 10 操作系统的桌面、窗口和“开始”菜单。
3. 定制 Windows 10 工作环境，包括找回传统桌面、使用动态磁贴、调整“开始”屏幕大小。
4. 管理系统资源，包括认识 Windows 10 的文件系统、文件的组织和命名、文件和文件夹的管理、软/硬件的管理和使用。

# 2.1 了解操作系统

### 项目要求

张无极是一名公司新员工，上班后发现公司培训中心的计算机所有操作系统都安装的是 Windows 10，在界面外观上与其他计算机的 Windows 7 有较大差异。为了跟上 IT 日新月异的发展需要，张无极决定先熟悉 Windows 10 操作系统。

本任务要求张无极了解操作系统的概念、功能与种类，了解 Windows 操作系统的发展历史，掌握启动与退出 Windows 10 的方法，并熟悉 Windows 10 的桌面组成。

### 相关知识

操作系统是管理和控制计算机硬件与软件资源的计算机程序，是直接运行在“裸机”上的最基本的系统软件，任何其他软件都必须在操作系统的支持下才能运行。

操作系统是用户和计算机的接口，同时也是计算机硬件和其他软件的接口。操作系统的功能包括管理计算机系统的硬件、软件及数据资源，控制程序运行，改善人机界面，为其他应用软件提供支持，让计算机系统所有资源最大限度地发挥作用，提供各种形式的用户界面，使用户有一个好的工作环境，为其他软件的开发提供必要的服务和相应的接口等。

操作系统管理着计算机硬件资源，同时按照应用程序的资源请求，分配资源，如划分 CPU 时间、进行内存空间的开辟、调用打印机等。

Windows 10 是微软公司最新推出的新一代跨平台及设备应用的操作系统，涵盖 PC、平板电脑、手机、XBOX 和服务器端等。

### 项目实施

## 2.1.1 了解操作系统的发展历史

从 1946 年诞生第一台电子计算机以来，每代计算机的进化都以减少成本、缩小体积、降低功耗、增大容量和提高性能为目标，随着计算机硬件的发展，同时也加速了操作系统（简称 OS）的形成和发展。

#### 1. 早期的操作系统

最初的计算机并没有操作系统，人们通过各种操作按钮来控制计算机，后来出现了汇编语言，操作人员通过有孔的纸带将程序输入计算机进行编译。这些将语言内置的计算机只能由操作人员自己编写程序来运行，不利于设备、程序的共用。为了解决这种问题，就出现了操作系统，这样就很好地实现了程序的共用和对计算机硬件资源的管理。

随着计算技术和大规模集成电路的发展，微型计算机迅速发展起来。从 20 世纪 70 年代中期开始出现了计算机操作系统。1976 年，美国 DIGITAL RESEARCH 软件公司研制出 8 位的 CP/M 操作系统。这个系统允许用户通过控制台的键盘对系统进行控制和管理，其主要功能是对文件信息进行管理，以实现硬盘文件或其他设备文件的自动存取。此后出现的一些 8 位操作系统多采用 CP/M 结构。

**2. DOS 操作系统**

计算机操作系统的发展经历了两个阶段。第一个阶段为单用户、单任务的操作系统，继 CP/M 操作系统之后，还出现了 C-DOS、M-DOS、TRS-DOS、S-DOS 和 MS-DOS 等磁盘操作系统。

其中值得一提的是 MS-DOS，它是在 IBM-PC 及其兼容机上运行的操作系统，起源于 SCP86-DOS，是 1980 年基于 8086 微处理器而设计的单用户操作系统。后来，微软公司获得了该操作系统的专利权，配备在 IBM-PC 上，并命名为 PC-DOS。1981 年，微软公司的 MS-DOS 1.0 与 IBM 的 PC 面世，这是第一个实际应用的 16 位操作系统。微型计算机进入一个新的纪元。1987 年，微软公司发布 MS-DOS 3.3，是非常成熟可靠的 DOS 版本，从此，微软公司取得个人操作系统的霸主地位。

从 1981 年问世至今，DOS 经历了 7 次大的版本升级，从 1.0 版到现在的 7.0 版，不断地改进和完善。但是，DOS 系统的单用户、单任务、字符界面和 16 位的大格局没有变化，因此它对于内存的管理也局限在 640KB 范围内。

**3. 操作系统新时代**

计算机操作系统发展的第二个阶段是多用户多道作业和分时系统。其典型代表有 UNIX、XENIX、OS/2 及 Windows 等操作系统。分时的多用户、多任务，树形结构的文件系统，重定向和管道是 UNIX 的三大特点。

OS/2 采用图形界面，它本身是一个 32 位系统，不仅可以处理 32 位 OS/2 系统的应用软件，而且可以运行 16 位 DOS 和 Windows 软件。它将多任务管理、图形窗口管理、通信管理和数据库管理融为一体。

Windows 是 Microsoft 公司在 1985 年 11 月发布的第一代窗口式多任务系统，它使 PC 开始进入所谓的图形用户界面时代。Windows 1.x 是一个具有多窗口及多任务功能的版本，但由于当时的硬件平台为 PC/XT，速度很慢，所以 Windows 1.x 并未十分流行。1987 年年底，Microsoft 公司又推出了 MS-Windows 2.x，它具有窗口重叠功能，窗口大小也可以调整，并可把扩展内存和扩充内存作为磁盘高速缓存，从而提高了整台计算机的性能，此外它还提供了众多的应用程序。

1990 年，Microsoft 公司推出了 Windows 3.0，它的功能进一步加强，具有强大的内存管理能力，且提供了数量相当多的 Windows 应用软件，因此成为 386、486 微机新的操作系统标准。随后，Windows 3.1 发布，而且推出了相应的中文版。3.1 版较之 3.0 版增加了一些新的功能，受到用户欢迎，是当时最流行的 Windows 版本。1995 年，Microsoft 公司推出了 Windows 95。在此之前的 Windows 都是由 DOS 引导的，也就是说，它们还不是一个完全独立的系统，而 Windows 95 是一个完全独立的系统，并在很多方面做了进一步的改进，还集成了网络功能和即插即用功能，是一个全新的 32 位操作系统。1998 年，Microsoft 公司推出了 Windows 95 的改进版 Windows 98。Windows 98 的最大特点就是把微软公司的 Internet 浏览器技术整合到了 Windows 95 里面，使得访问 Internet 资源就像访问本地硬盘一样方便，从而更好地满足了人们越来越多的访问 Internet 资源的需求。Windows 98 已经成为目前实际使用的主流操作系统。

从微软公司 1985 年推出 Windows 1.0 以来，Windows 系统从最初运行在 DOS 下的 Windows 3.x 到现在风靡全球的 Windows 9x/Me/2000/NT/XP，几乎成为操作系统的代名词。

### 4. 今日情况

大型机与嵌入式系统使用多样化的操作系统。在服务器方面，Linux、UNIX 和 Windows Server 占据了大部分市场份额。在超级计算机方面，Linux 取代 UNIX 成为第一大操作系统，截至 2012 年 6 月，世界超级计算机 500 强排名中基于 Linux 的超级计算机占据了 462 个席位，比例高达 92%。随着智能手机的发展，Android 和 iOS 已经成为目前最流行的两大手机操作系统。

## 2.1.2 了解操作系统的分类

操作系统的种类相当多，各种设备安装的操作系统可从简单到复杂分为智能卡操作系统、实时操作系统、传感器节点操作系统、嵌入式操作系统、个人计算机操作系统、多处理器操作系统、网络操作系统和大型机操作系统；根据应用领域可分为桌面操作系统、服务器操作系统、嵌入式操作系统；根据所支持用户数可分为单用户操作系统（如 MS-DOS、OS/2、Windows）、多用户操作系统（如 UNIX、Linux、MVS）；根据源码开放程度可分为开源操作系统（如 Linux、FreeBSD）和闭源操作系统（如 Mac OS X、Windows）；根据硬件结构可分为网络操作系统（Netware、Windows NT、OS/2 warp）、多媒体操作系统（Amiga）和分布式操作系统等；根据操作系统环境可分为批处理操作系统（如 MVX、DOS/VSE）、分时操作系统（如 Linux、UNIX、XENIX、Mac OS X）、实时操作系统（如 iEMX、VRTX、RTOS、Windows CE）；根据存储器寻址宽度可分为 8 位、16 位、32 位、64 位、128 位的操作系统。早期的操作系统一般只支持 8 位和 16 位存储器寻址宽度，现代的操作系统，如 Linux 和 Windows 7 都支持 32 位和 64 位存储器寻址宽度。

下面我们根据应用领域的划分具体来介绍操作系统。

### 1. 桌面操作系统

桌面操作系统主要用于个人计算机。个人计算机市场从硬件架构上来说主要分为两大阵营，即 PC 与 Mac 机；从软件上主要分为两大类，分别为类 UNIX 操作系统和 Windows 操作系统。

UNIX 和类 UNIX 操作系统包括 Mac OS X、Linux 发行版（如 Debian、Ubuntu、Linux Mint、openSUSE、Fedora 等），微软公司 Windows 操作系统包括 Windows XP、Windows 7、Windows 8、Windows 10 等。

### 2. 服务器操作系统

服务器操作系统一般指的是安装在大型计算机上的操作系统，如 Web 服务器、应用服务器和数据库服务器等。服务器操作系统主要集中在以下三大类。

① UNIX 系列：SUN Solaris、IBM-AIX、HP-UX、FreeBSD 等。

② Linux 系列：Red Hat Linux、CentOS、Debian、Ubuntu 等。

③ Windows 系列：Windows Server 2003、Windows Server 2008、Windows Server 2008 R2 等。

### 3. 嵌入式操作系统

嵌入式操作系统是应用在嵌入式系统中的操作系统。嵌入式系统广泛应用在生活的各个方面，涵盖范围从便携设备到大型固定设施，如数码相机、手机、平板电脑、家用电器、医疗设备、交通灯、航空电子设备和工厂控制设备等。越来越多的嵌入式系统安装有实时操作系统。

嵌入式领域常用的操作系统有嵌入式 Linux、Windows Embedded、VxWorks 等，以及广泛使用在智能手机或平板电脑等消费电子产品中的操作系统，如 Android、iOS、Symbian、Windows

Phone 和 BlackBerry OS 等。

### 2.1.3 了解操作系统的主要功能

操作系统的主要功能有资源管理、程序控制和人机交互等。计算机系统的资源可分为设备资源和信息资源两大类。设备资源指的是组成计算机的硬件设备，如中央处理器、主存储器、磁盘存储器、打印机、磁带存储器、显示器、键盘输入设备和鼠标等。信息资源指的是存放于计算机内的各种数据，如文件、程序库、知识库、系统软件和应用软件等。

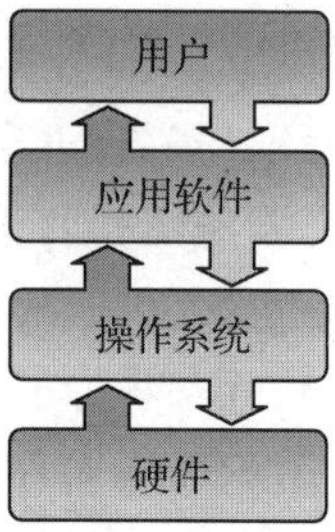


图 2-1 操作系统所处位置

操作系统位于底层硬件与用户之间，是两者沟通的桥梁，如图 2-1 所示。用户可以通过操作系统的用户界面输入命令。操作系统则对命令进行解释，驱动硬件设备，实现用户需求。以现代观点而言，一个标准个人计算机的 OS 应该提供以下的功能：进程管理（processing management）、内存管理（memory management）、文件系统（file system）、网络通信（networking）、安全机制（security）、用户界面（user interface）、驱动程序（device driver）。

#### 1. 资源管理

系统的设备资源和信息资源都是操作系统根据用户需求按一定策略来进行分配和调度的。操作系统的存储管理就是负责把内存单元分配给需要内存的程序以便让它执行，在程序执行结束后将它占用的内存单元收回以便再使用。对于提供虚拟存储的计算机系统，操作系统还要与硬件配合做好页面调度工作，根据执行程序的要求分配页面，在执行中将页面调入和调出内存及回收页面等。

处理器管理或称处理器调度，是操作系统资源管理功能的另一个重要内容。在一个允许多道程序同时执行的系统里，操作系统会根据一定的策略将处理器交替地分配给系统内等待运行的程序。等待运行的程序只有在获得了处理器后才能运行。程序在运行中遇到某个事件，如启动外部设备而暂时不能继续运行下去，或一个外部事件的发生等，操作系统就要来处理相应的事件，然后将处理器重新分配。

操作系统的设备管理功能主要是分配和回收外部设备及控制外部设备按用户程序的要求进行操作等。对于非存储型外部设备，如打印机、显示器等，它们可以直接作为一个设备分配给一个用户程序，在使用完毕后回收以便给另一个有需求的用户程序使用。对于存储型的外部设备，如磁盘、磁带等，则是提供存储空间给用户，用来存放文件和数据。存储型外部设备的管理与信息管理是密切结合的。

信息管理是操作系统的一个重要的功能，主要是向用户提供一个文件系统。一般来说，一个文件系统可向用户提供创建文件、撤销文件、读/写文件、打开和关闭文件等功能。有了文件系统后，用户可按文件名存取数据而无须知道这些数据存放在哪里。这种做法不仅便于用户使用，而且还有利于用户共享公共数据。此外，文件建立时允许创建者规定使用权限，这样可以保证数据的安全性。

#### 2. 程序控制

一个用户程序的执行自始至终是在操作系统控制下进行的。一个用户将他要解决的问题用某种程序设计语言编写一个程序后，将该程序连同对它执行的要求输入计算机内，操作系统就根据要求控制这个用户程序的执行直到结束。操作系统控制用户程序的执行主要有以下内容：调入相应的编译程序，将用某种程序设计语言编写的源程序编译成计算机可执行的目标程序；分配内存储器等资源将程序调入内存并启动；按用户指定的要求处理执行中出现的各种事件，以及与操作员联系请示有关意外事件的处理等。

**3. 人机交互**

操作系统的人机交互功能是决定计算机系统“友善性”的一个重要因素。人机交互功能主要靠可输入/输出的外部设备和相应的软件来完成。可供人机交互使用的设备主要有键盘、显示器、鼠标、各种模式识别设备等。与这些设备相对应的软件就是操作系统提供人机交互功能的部分。人机交互部分的主要作用是控制有关设备的运行和理解，并执行通过人机交互设备传来的有关的各种命令和要求。

**4. 虚拟内存**

虚拟内存是计算机系统内存管理的一种技术。它使得应用程序认为它拥有连续可用的内存（一个连续完整的地址空间），而实际上，它通常是被分隔成多个物理内存碎片，还有部分暂时存储在外部磁盘存储器上，在需要时进行数据交换。

**5. 用户接口**

用户接口包括作业一级接口和程序一级接口。作业一级接口为了便于用户直接或间接地控制自己的作业而设置。它通常包括联机用户接口与脱机用户接口。程序一级接口是为用户程序在执行中访问系统资源而设置的，通常由一组系统调用组成。

在早期的单用户单任务操作系统（如 DOS）中，每台计算机只有一个用户，每次运行一个程序，且次序性不是很强，单个程序完全可以存放在实际内存中。这时虚拟内存并没有太大的用处。但随着程序占用存储器容量的增长和多用户、多任务操作系统的出现，进行程序设计时，在程序所需要的存储量与计算机系统实际配备的主存储器的容量之间往往存在着矛盾。例如，在某些低档的计算机中，物理内存的容量较小，而某些程序却需要很大的内存才能运行；而在多用户、多任务系统中，多个用户或多个任务更新全部主存，要求同时执行独断程序。这些同时运行的程序到底占用实际内存中的哪部分，在编写程序时是无法确定的，必须等到程序运行时才会动态分配。

**6. 用户界面**

用户界面（User Interface，UI，也称使用者界面）是系统和用户之间进行交互与信息交换的媒介，它实现信息的内部形式与人类可以接受形式之间的转换。

用户界面是设计用于用户与硬件之间交互沟通的相关软件，目的是使用户能够方便有效地去操作硬件以达成双方交互，完成希望借助硬件完成的工作。用户界面定义广泛，包含人机交互与图形用户接口，凡参与人与机械的信息交流的领域都存在用户界面。用户和系统之间一般用面向问题的受限自然语言进行交互。目前有系统开始利用多媒体技术开发新一代的用户界面。

## 2.1.4 典型的操作系统

### 1. UNIX

UNIX 是一个强大的多用户、多任务操作系统，支持多种处理器架构，按照操作系统的分类，属于分时操作系统。UNIX 最早由 Ken Thompson 和 Dennis Ritchie 于 1969 年在美国 AT&T 公司的贝尔实验室开发。UNIX 和类 UNIX 家族树如图 2-2 所示。

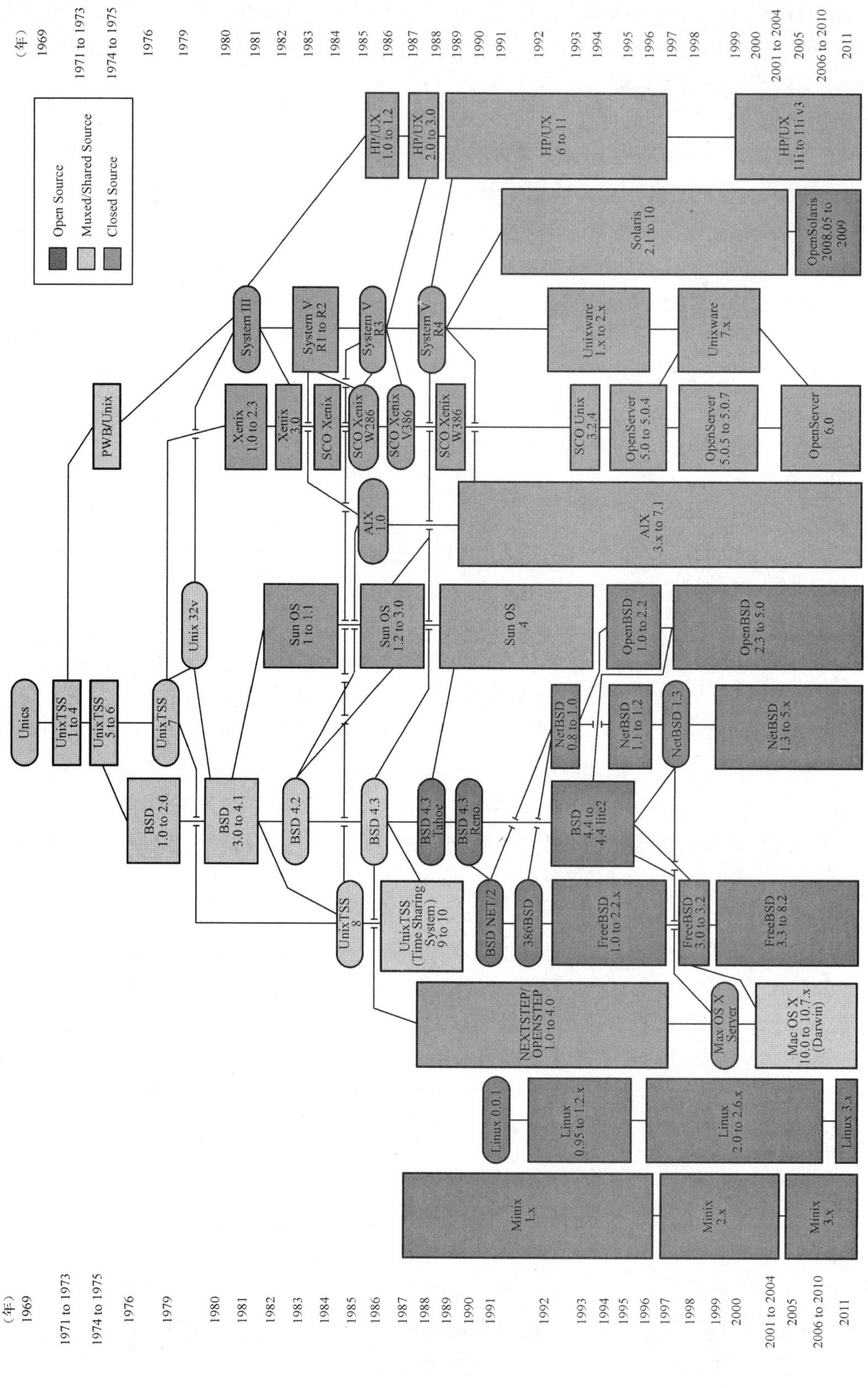


图2-2　UNIX和类UNIX家族树

### 2. Linux

Linux 是 UNIX 的一种克隆系统，它诞生于 1991 年的 10 月 5 日，以后借助于 Internet，并通过全世界各地计算机爱好者的共同努力，已成为今天世界上使用最多的一种 UNIX 类操作系统，并且使用人数还在迅猛增长。

Linux 有各类发行版，通常有 GNU/Linux，如 Debian（及其衍生系统 Ubuntu、Linux Mint）、Fedora、openSUSE 等。Linux 发行版作为个人计算机操作系统或服务器操作系统，在服务器上已成为主流的操作系统。Linux 在嵌入式方面也得到广泛应用，基于 Linux 内核的 Android 操作系统已经成为当今全球最流行的智能手机操作系统，Ubuntu 桌面如图 2-3 所示。

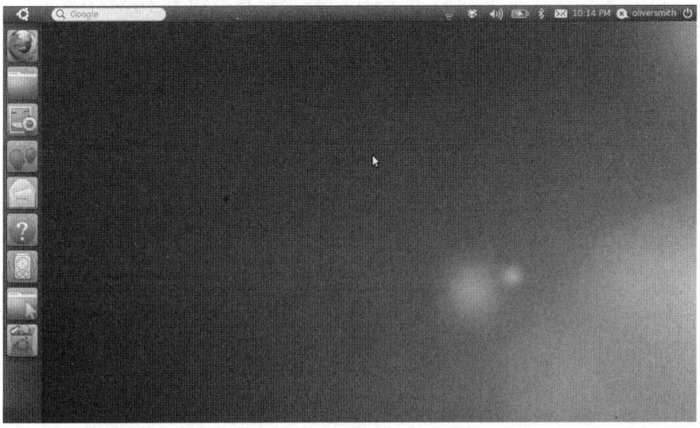


图 2-3　一个流行 Linux 发行版——Ubuntu 桌面

### 3. Mac OS X

Mac OS X 是苹果公司为 Mac 系列产品开发的专属操作系统。Mac OS X 是基于 UNIX 系统的，是全世界第一个采用“面向对象操作系统”的、全面的操作系统。它是史蒂夫 • 乔布斯（Steve Jobs）于 1985 年被迫离开苹果公司后成立的 NeXT 公司所开发的。后来苹果公司收购了 NeXT 公司。史蒂夫 • 乔布斯重新担任苹果公司 CEO，Mac 开始使用的 Mac OS 系统得以整合到 NeXT 公司开发的 OPENSTEP 系统上。Mac OS X 采用 C、C++和 Obejective-C 编程，采用闭源编码。Mac OS X 桌面如图 2-4 所示。

图 2-4　Mac OS X 桌面

#### 4. Windows

微软公司推出的视窗操作系统名为 Windows。随着计算机硬件和软件系统的不断升级，Windows 也在不断升级，从 16 位、32 位到 64 位操作系统，从最初的 Windows 1.0 到大家熟知的 Windows 95/NT/97/98/2000/Me/XP/Server/Vista、Windows 7、Windows 10、Windows 11，各种版本持续更新，微软公司一直在致力于 Windows 的开发和完善。Windows 11 桌面如图 2-5 所示。

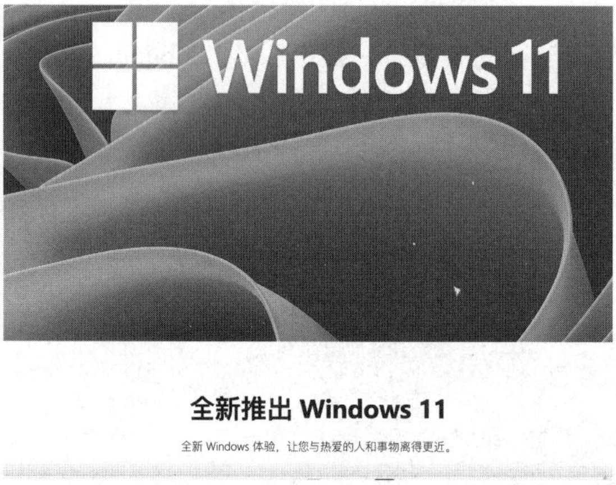


图 2-5　Windows 11 桌面

#### 5. iOS

iOS 是由苹果公司开发的手持设备操作系统。苹果公司于 2007 年 1 月 9 日的 Macworld 大会上公布这个系统，最初是设计给 iPhone 使用的，后来陆续套用到 iPod Touch、iPad 及 Apple TV 等产品上。iOS 与 Mac OS X 一样，也是以 Darwin 为基础的，因此同样属于类 UNIX 的商业操作系统。原本这个系统名为 iPhone OS，直到 2010 年 6 月 7 日，WWDC 大会上宣布改名为 iOS。截至 2011 年 11 月，Canalys 的数据显示，iOS 已经占据了全球智能手机系统市场份额的 30%，在美国的市场占有率为 43%。iOS 6 用户界面如图 2-6 所示。

#### 6. Android

Android 是一种基于 Linux 的自由及开放源代码的操作系统，由谷歌公司和开放手机联盟领导及开发，主要使用于移动设备，如智能手机和平板电脑。Android 最初由 Andy Rubin 开发，主要支持手机。2005 年 8 月由谷歌公司收购注资。2007 年 11 月，谷歌公司与 84 家硬件制造商、软件开发商及电信运营商组建开放手机联盟共同研发改良 Android。随后谷歌公司以 Apache 开源许可证的授权方式，发布了 Android 的源代码。第一部 Android 智能手机发布于 2008 年 10 月。Android 逐渐扩展到平板电脑及其他领域中，如电视、数码相机、游戏机等。2011 年第一季度，Android 在全球的市场份额首次超过塞班系统，跃居全球第一。2013 年的第四季度，Android 平台手机的全球市场份额已经达到 78.1%，全世界采用这款系统的设备数量已经达到 10 亿台。Android 4.2 用户界面如图 2-7 所示。

#### 7. Chrome OS

Chrome OS 是由谷歌公司开发的一款基于 Linux 的操作系统，发展出与互联网紧密结合的云操作系统，工作时运行 Web 应用程序。谷歌公司在 2009 年 7 月 7 日发布该操作系统，并在 2009 年 11 月 19 日以“Chromium OS”之名推出相应的开源项目，将 Chromium OS 代码开源。

与开源的 Chromium OS 不同的是，已编译好的 Chrome OS 只能用在与谷歌公司合作的制造商生产的特定硬件上。

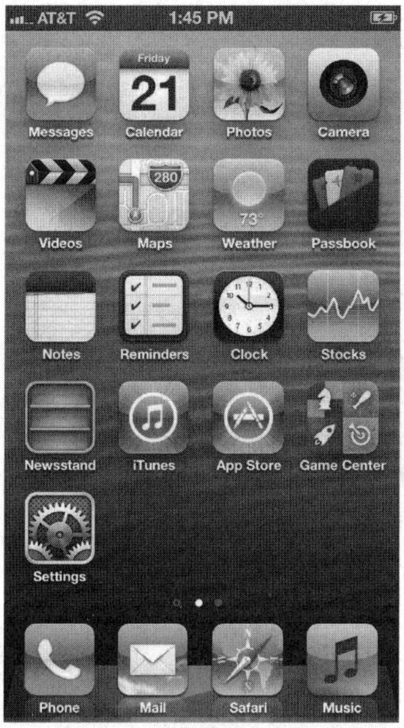


图 2-6 iOS 6 用户界面

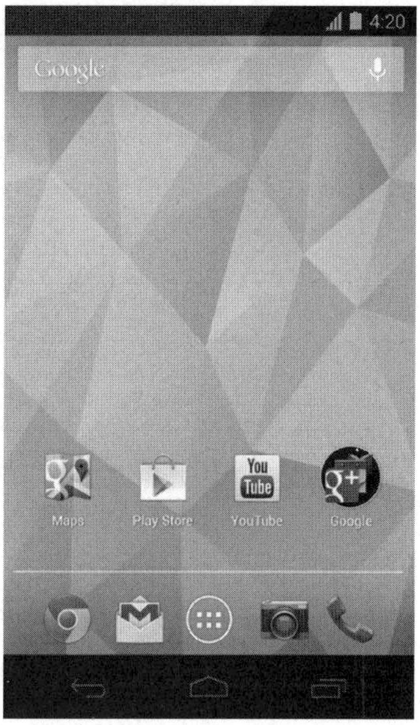


图 2-7 Android 4.2 用户界面

Chrome OS 同时支持 Intel x86 及 ARM 处理器，软件结构极其简单，可以理解为在 Linux 的内核上运行一个使用新的窗口系统的 Chrome 浏览器。对于开发人员来说，Web 就是平台，所有现有的 Web 应用都可以完美地在 Chrome OS 中运行，开发者也可以用不同的开发语言为其开发新的 Web 应用。Chrome OS 桌面如图 2-8 所示。

图 2-8 Chrome OS 桌面

## 2.1.5 Windows 10 的版本

Windows 10 根据不同的用户群体，共划分为 7 个版本，如表 2-1 所示。

表 2-1　Windows 10 操作系统的版本

| 版　本 | 介　绍 |
|---|---|
| 家庭版<br>Windows 10 Home | 面向使用 PC、平板电脑和二合一设备的消费者。它将拥有 Windows 10 的主要功能：Cortana 语音助手（选定市场）、Edge 浏览器、面向触控屏设备的 Continuum 平板电脑模式、Windows Hello（脸部识别、虹膜、指纹登录）、串流 Xbox One 游戏的能力、微软开发的通用 Windows 应用（Photos、Maps、Mail、Calendar、Music 和 Video） |
| 专业版<br>Windows 10 Professional | 面向使用 PC、平板电脑和二合一设备的企业用户。除具有 Windows 10 家庭版的功能外，它还使用户能管理设备和应用，保护敏感的企业数据，支持远程和移动办公，使用云计算技术。另外，它还带有 Windows Update for Business，微软公司承诺该功能可以降低管理成本、控制更新部署，让用户更快地获得安全补丁软件 |
| 企业版<br>Windows 10 Enterprise | 以专业版为基础，增添了大中型企业用来防范针对设备、身份、应用和敏感企业信息的现代安全威胁的先进功能，供微软公司的批量许可（Volume Licensing）客户使用，用户能选择部署新技术的节奏，其中包括使用 Windows Update for Business 的选项。作为部署选项，Windows 10 企业版将提供长期服务分支（Long Term Servicing Branch） |
| 教育版<br>Windows 10 Education | 以 Windows 10 企业版为基础，面向学校职员、管理人员、教师和学生。它将通过面向教育机构的批量许可计划提供给客户，学校需要升级 Windows 10 家庭版和 Windows 10 专业版设备 |
| 移动版<br>Windows 10 Mobile | 面向尺寸较小、配置触控屏的移动设备，如智能手机和小尺寸平板电脑、集成有与 Windows 10 家庭版相同的通用 Windows 应用和针对触控操作优化的 Office。部分新设备可以使用 Continuum 功能，因此连接外置大尺寸显示屏时，用户可以把智能手机用作 PC |
| 企业移动版<br>Windows 10 Mobile Enterprise | 以 Windows 10 移动版为基础，面向企业用户。它将提供给批量许可客户使用，增添了企业管理更新，以及及时获得更新和安全补丁软件的方式 |
| 物联网版<br>Windows 10 IoT Core | 面向小型低价设备，主要针对物联网设备。微软预计功能更强大的设备，例如，ATM、零售终端、手持终端和工业机器人，将运行 Windows 10 企业版和 Windows 10 移动企业版 |

## 2.2　使用桌面、窗口与“开始”菜单

### 项目要求

张无极现在使用的计算机，是全新升级的 Windows 10 系统，与以前老版的系统有很大不同。张无极想知道这台计算机中都有哪些文件和软件，于是就打开了“计算机”窗口，开始一一查看各磁盘下有些什么文件，以便日后进行分类管理。后来张无极双击了桌面上的几个图标加以运行，还通过“开始”菜单启动了几个软件，这时张无极准备切换到之前的浏览窗口继续查看其中的文件，发现之前打开的窗口界面怎么也找不到了，该怎么办呢？

本任务要求张无极认识桌面、窗口和“开始”菜单，掌握窗口的基本操作、熟悉对话框各组成部分的操作，同时掌握利用“开始”菜单启动程序的方法。

## 相关知识

“桌面”（desktop）是计算机用语，是指打开计算机并登录到系统之后看到的主屏幕区域。就像实际的桌面一样，它是用户工作的平面。打开程序或文件夹时，它们便会出现在桌面上。还可以将一些项目（如文件和文件夹）放在桌面上，并且随意排列它们。

桌面是人与计算机交互的主要入口，同时也是人机交互的图形用户界面。它主要由常用图标、系统菜单、任务栏及背景图片构成。桌面是由资源管理器实现管理的，它是一个系统文件夹。Windows 10 桌面文件存放在 C:\Users\用户名\桌面下。我们一般会用各种主题或者壁纸去修饰桌面。

## 项目实施

### 2.2.1 认识 Windows 10 的桌面

进入 Windows 10 后，用户首先看到的是桌面，如图 2-9 所示。桌面的组成元素主要包括桌面背景、桌面图标和任务栏等。本节主要介绍 Windows 10 的桌面组成。

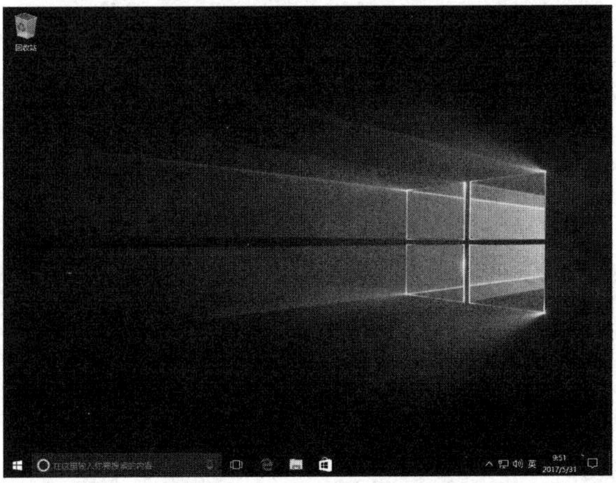

图 2-9 Windows 10 桌面

#### 1. 桌面背景

桌面背景可以是个人收集的数字图片、Windows 提供的图片、纯色或者带有颜色框架的图片，也可以显示幻灯片图片。

Windows 10 自带了很多漂亮的背景图片，用户可以从中选择喜欢的图片作为桌面背景。除此之外，用户还可以把收藏的精美图片设置为背景。

#### 2. 桌面图标

Windows 10 操作中，所有文件、文件夹和应用程序等都由相应的图标表示。桌面图标一般由文字和图片组成，文字说明图标的名称或者功能，图片是它的标识符。新安装的系统桌面中只有一个“回收站”图标。

用户双击桌面上的图标，可以快速打开相应的文件、文件夹或者应用程序，如双击桌面上“回收站”的图标，即可打开“回收站”窗口，如图 2-10 所示。

图 2-10 “回收站”窗口

### 3. 任务栏

“任务栏”是位于桌面底部的长条，如图 2-11 所示，显示系统正在运行的程序、当前时间等，主要由“开始”按钮、搜索栏、任务视图、快速启动区、系统图标显示区和“显示桌面”按钮组成。和以前的操作系统相比，Windows 10 的任务栏设计得更加人性化，使用更加方便，功能和灵活性更强。用户按“Alt+Tab”组合键，可以在窗口之间进行切换操作。

图 2-11 任务栏

图 2-12 通知区域

### 4. 通知区域

默认情况下，通知区域位于任务栏的右侧，如图 2-12 所示。它包含一些程序图标，这些程序图标提供有关电子邮件、更新、网络连接等事项的状态和通知。安装新程序时，可以将此程序的图标添加到通知区域。

新计算机在通知区域通常已有一些图标，而且某些安装程序在安装过程中会自动将图标添加到通知区域。用户可以更改出现在通知区域中的图标和通知，对于某些特殊程序（称为“系统图标”），还可以选择是否显示它们。

用户可以通过将图标拖曳到所需的位置来更改图标在通知区域中的顺序，以及隐藏图标的顺序。

### 5. “开始”按钮

单击桌面左下角的“开始”按钮或按 Windows 徽标键，即可打开“开始”菜单，左侧依次为用户账户头像、常用的应用程序列表及快捷键，右侧为“开始”屏幕。

### 6. 搜索框

Windows 10 中，搜索框和 Cortana 高度集成，在搜索框中输入关键词或打开“开始”菜单输入关键词，即可搜索相关的桌面程序、网页、资料等。

## 2.2.2　窗口的基本操作

在 Windows 10 中，窗口是用户界面中最重要的组成部分，对窗口的操作是最基本的操作。

### 1. 窗口的组成元素

窗口是屏幕上与一个应用程序相对应的矩形区域，是用户与产生该窗口的应用程序之间的可视化界面。当用户开始运行一个应用程序时，应用程序就创建并显示一个窗口；当用户操作窗口中的对象时，程序会做出相应的反应。用户通过关闭一个窗口来终止一个程序的运行，通过选择相应的应用程序窗口来选择相应的应用程序。

如图 2-13 所示是“此电脑”窗口，由标题栏、快速访问工具栏、菜单栏、地址栏、控制按钮区、搜索框、导航窗格、内容窗口、状态栏和视图按钮组成。

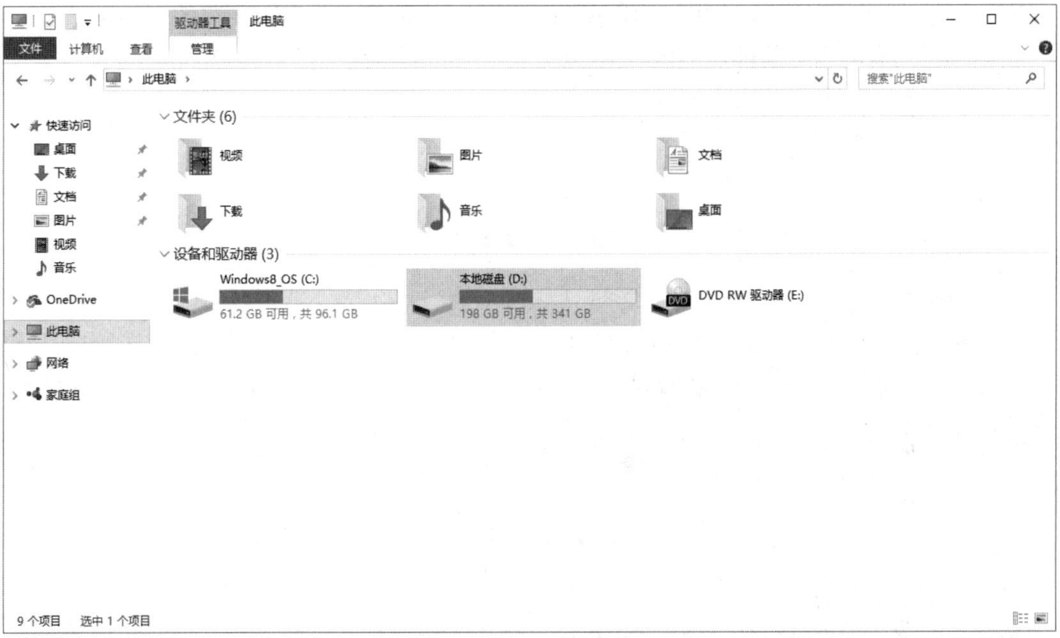


图 2-13　“此电脑”窗口

（1）标题栏

标题栏位于窗口的上方，如图 2-14 所示，显示了当前的目录位置。标题栏右侧分别为“最小化”“最大化/还原”“关闭”3 个按钮，单击相应的按钮可以执行相应的窗口操作。

图 2-14　标题栏

（2）快速访问工具栏

快速访问工具栏位于标题栏的左侧，显示了当前窗口图标和“查看属性”“新建文件夹”“自定义快速访问工具栏”3 个按钮，如图 2-15（a）所示。

单击“自定义快速访问工具栏”按钮 ▾ ，弹出下拉列表，用户可以勾选列表中的功能选项，将其添加到快速访问工具栏中，如图 2-15（b）所示。

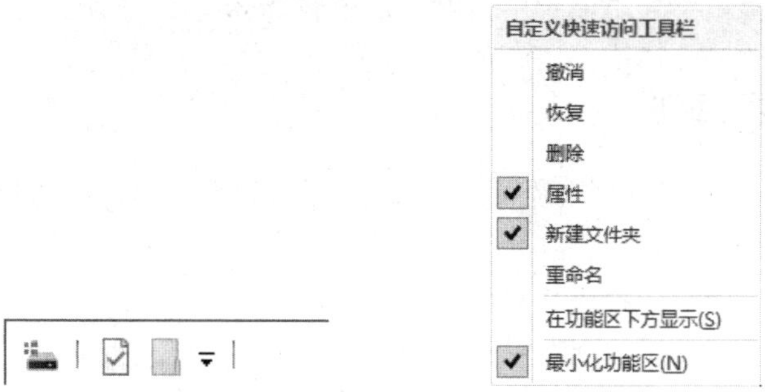


（a）　　　　（b）

图 2-15　快速访问工具栏

（3）菜单栏

菜单栏位于标题栏下方，如图 2-16 所示，包含了当前窗口或窗口内容的一些常用操作菜单。在菜单栏的右侧为“展开功能区/最小化功能区”和“帮助”按钮。

图 2-16　菜单栏

（4）地址栏

地址栏位于菜单栏的下方，如图 2-17 所示，主要反映了从根目录开始到现在所在目录的路径，单击地址栏即可看到具体的路径。图 2-17 即表示当前路径位置在“C 盘”文件夹的“Windows”目录下。

图 2-17　地址栏

（5）控制按钮区

控制按钮区位于地址栏的左侧，如图 2-18 所示，主要用于返回、前进、上移到前一个目录位置。单击 按钮，打开下拉菜单，可以查看最近访问的位置信息，单击下拉菜单中的位置信息，可以实现快速进入该位置目录。

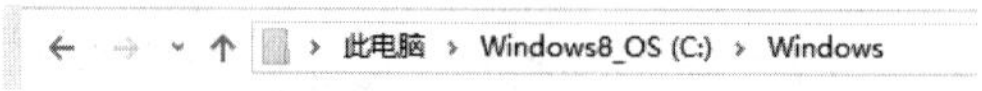


图 2-18　控制按钮区

（6）搜索框

搜索框位于地址栏的右侧，如图 2-17 右侧所示。通过在搜索框中输入要查看信息的关键字，可以快速查找当前目录中的相关文件、文件夹。

（7）导航窗格

导航窗格位于控制按钮区下方，如图 2-19 所示，显示了计算机中包含的具体位置，如“快速访问”“OneDrive”“此电脑”“网络”等，用户可以通过导航窗格快速访问相应的目录。另外，用户也可以通过导航窗格中的“展开”按钮 和“收缩”按钮 显示或隐藏详细的子目录。

图 2-19　导航窗格

（8）内容窗口

内容窗口位于导航窗格右侧，是显示当前目录的内容区域，也叫工作区域。

（9）状态栏

状态栏位于导航窗格下方，如图 2-20 所示，会显示当前目录文件中的项目数量，也会根据用户选择的内容，显示所选文件或文件夹的数量、容量等属性信息。

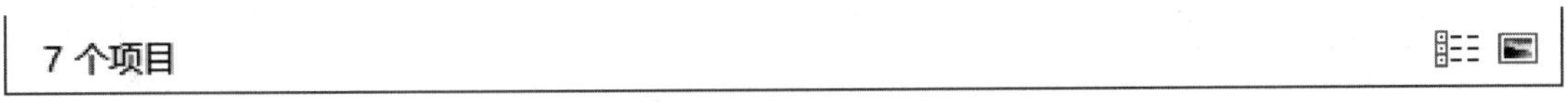


图 2-20　状态栏

（10）视图按钮

视图按钮位于状态栏右侧，如图 2-20 右侧所示，包含了“在窗口中显示每一项的相关信息”和“使用大缩略图显示项”两个按钮，用户可以单击选择视图方式。

**2. 打开和关闭窗口**

打开和关闭窗口是最基本的操作，本小节主要介绍其操作方法。

（1）打开窗口

在 Windows 10 中，双击应用程序图标，即可打开窗口。在“开始”菜单列表、桌面快捷方式、快速启动工具栏中都可以打开程序的窗口。

另外，也可以在程序图标上右击，在弹出的快捷菜单中选择“打开”命令，如图 2-21 所示，也可以打开窗口。

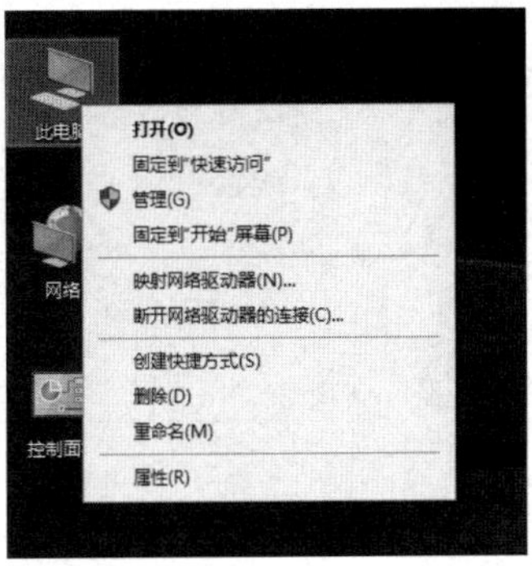


图 2-21　右击后选择“打开”命令

（2）关闭窗口

窗口使用完毕后，用户可以将其关闭。常见的关闭窗口的方式有以下几种。

① 使用关闭按钮：单击窗口右上角的“关闭”按钮，即可关闭当前窗口，如图 2-22 所示。

② 使用快速访问工具栏：单击快速访问工具栏最左侧的窗口图标，在弹出的快捷菜单中选择“关闭”命令，即可关闭当前窗口，如图 2-23 所示。

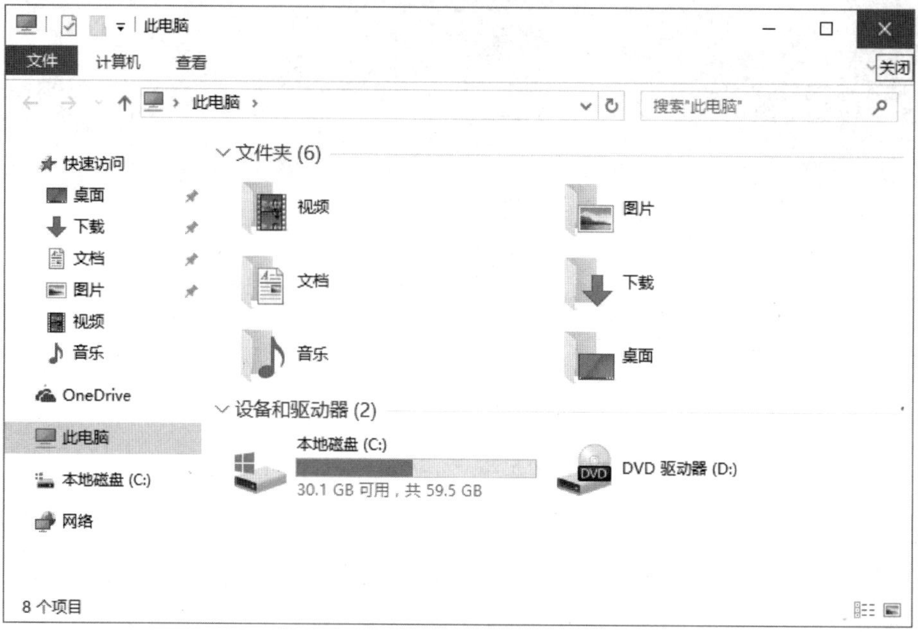


图 2-22　窗口的“关闭”按钮

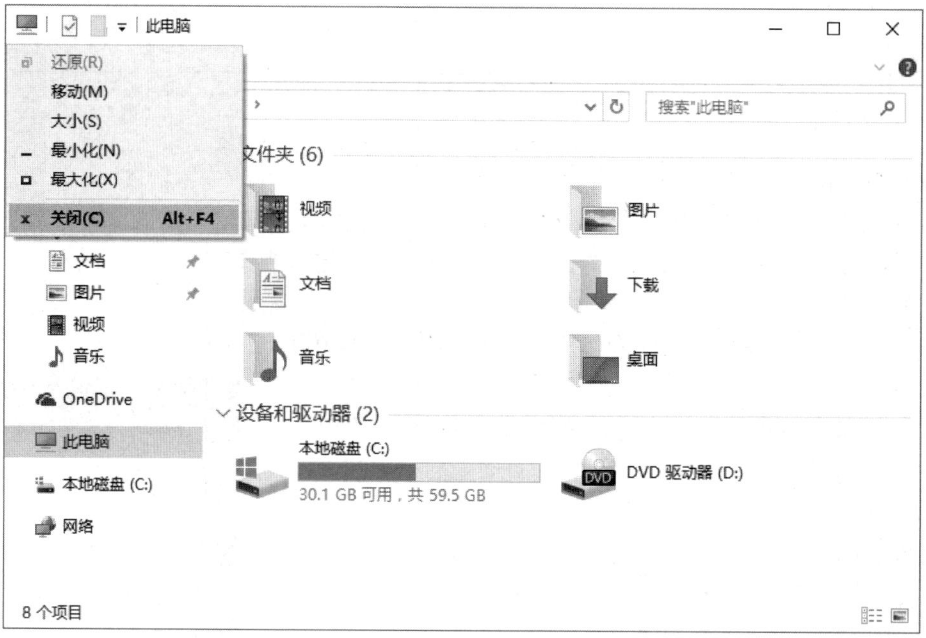


图 2-23　快速访问工具栏的“关闭”命令

③ 使用标题栏：在标题栏上右击，在弹出的快捷菜单中选择“关闭”命令，即可关闭当前窗口，如图 2-24 所示。

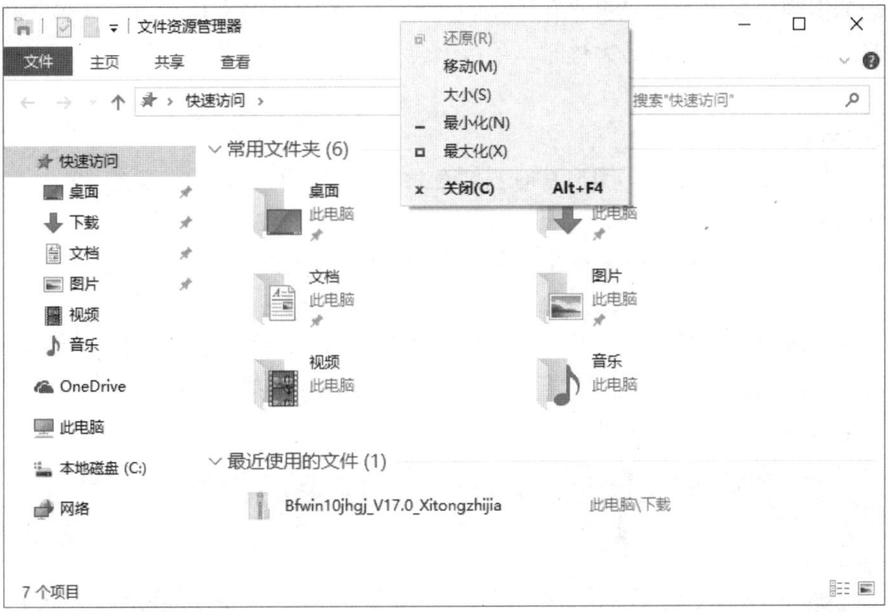


图 2-24 标题栏的“关闭”命令

④ 使用任务栏：在任务栏上选择需要关闭的程序，右击并在弹出的快捷菜单中选择“关闭窗口”命令，如图 2-25 所示。

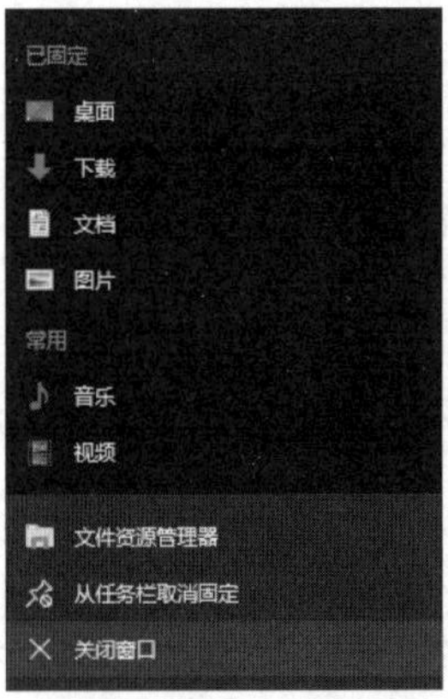


图 2-25 任务栏的“关闭窗口”命令

### 3. 移动窗口的位置

当窗口没有处于最大化或最小化状态时，将鼠标指针放在需要移动位置的窗口的标题栏上，鼠标指针此时是形状。按住鼠标左键不放，拖曳标题栏到需要移动的位置，松开鼠标，即可完成窗口位置的移动。

### 4. 调整窗口的大小

默认情况下，打开的窗口大小和上次关闭时一样。用户将鼠标指针移动到窗口的边缘，鼠标指针变为↕或↔形状时，可上下或左右移动边框分别按纵向或横向改变窗口的大小。指针移动到窗口的四个角，鼠标指针变为↘或↗形状时，拖曳鼠标，可分别沿水平或垂直两个方向等比例放大或缩小窗口。

另外，单击窗口右上角的“最小化”按钮，可使当前窗口最小化；单击“最大化”按钮，可使当前窗口最大化；在窗口最大化时，单击“向下还原”按钮，可还原到窗口最大化之前的大小。

**5. 切换当前窗口**

如果同时打开了多个窗口，用户有时需要在各个窗口之间进行切换操作。

（1）使用鼠标切换

如果打开了多个窗口，使用鼠标在需要切换的窗口中任意位置单击，该窗口即可出现在所有窗口最前面。

另外，将鼠标指针停留在任务栏左侧的某个程序图标上，该程序图标上方会显示预览小窗口，在预览小窗口中移动鼠标指针，桌面上也会同时显示该程序中的某个窗口，显示需要切换的窗口时，单击该窗口即可在桌面上显示，如图 2-26 所示。

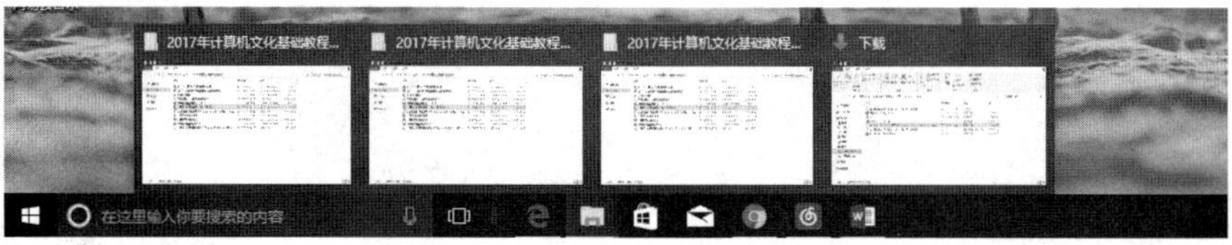


图 2-26　使用鼠标切换窗口

（2）通过“Alt+Tab”组合键切换

在 Windows 10 系统中，按键盘主键盘区中的“Alt+Tab”组合键切换窗口时，桌面中间会出现当前打开的各程序预览小窗口，按住“Alt”键不放，每按一次“Tab”键，就会切换一次窗口，直至切换到需要打开的窗口。

## 2.2.3　“开始”菜单的基本操作

在 Windows 10 系统中，“开始”菜单重新回归，与 Windows 7 系统中的“开始”菜单相比，界面经过了全新的设计，右侧集成了 Windows 8 系统中的“开始”界面。本节主要介绍“开始”菜单的基本操作。

**1. 在“开始”菜单中查找程序**

打开“开始”菜单，即可看到常用程序列表或所有应用选项。常用程序列表主要罗列了最近使用最为频繁的应用程序，可以查看常用的程序。单击应用程序选项后面的按钮，即可打开跳转列表。

单击“所有应用”选项，即可显示系统中安装的所有程序，并以数字和首字母升序排列；单击排列中的首字母，可以显示排序索引，通过索引可快速查找应用程序。

另外，也可以在“开始”菜单下的搜索框中输入应用程序关键词，快速查找应用程序，如图 2-27 所示。

**2. 将应用程序固定到“开始”屏幕**

系统默认下，“开始”屏幕主要包含了生活动态及播放和浏览的主要应用，用户可以根据需要添加应用到“开始”屏幕。

打开“开始”菜单，在常用程序列表或所有应用列表中选择要固定到“开始”屏幕的程序，右击，在弹出的快捷菜单中选择“固定到‘开始’屏幕”命令，如图 2-28 所示，即可固定到

“开始”屏幕中。如果要从“开始”屏幕取消固定，右击“开始”屏幕中的磁贴，在弹出的快捷菜单中选择“从‘开始’屏幕取消固定”命令即可。

图 2-27　搜索框

图 2-28　“固定到‘开始’屏幕”命令

### 3. 将应用程序固定到任务栏

用户除可以将程序固定到“开始”屏幕外，还可以将程序固定到任务栏中的快速启动区域，方便使用程序时快速启动。

单击“开始”按钮，选择要添加到任务栏中的程序，右击，在弹出的快捷菜单中选择“固定到任务栏”命令，如图 2-29 所示，即可将其固定到任务栏中。

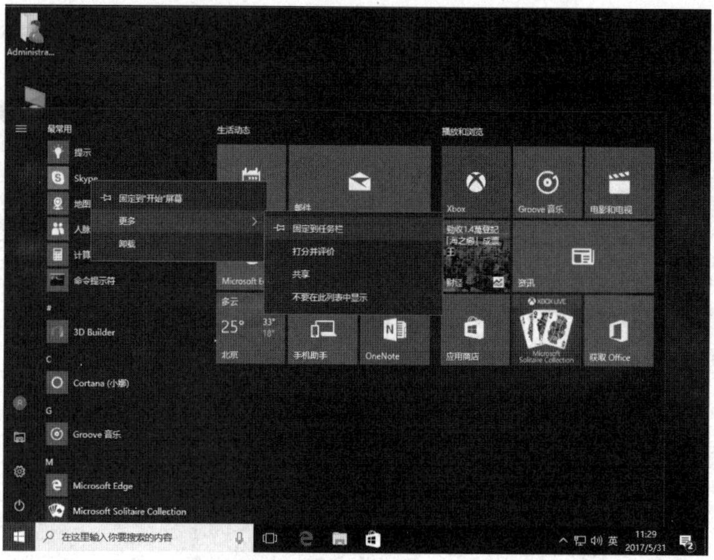


图 2-29 “固定到任务栏”命令

对于不常用的程序图标，用户可以将其从任务栏中删除。右击需要删除的程序图标，在弹出的快捷菜单中选择“从任务栏取消固定”命令即可，如图 2-30 所示。

图 2-30 “从任务栏取消固定”命令

## 2.3 定制 Windows 10 工作环境

### 项目要求

借助于 Windows 10 系统及其安装的应用软件，张无极进行着高效的办公自动化应用。一段时间后，他对系统的工作环境进行了个性化定制，主要包括以下几项内容：

（1）找回传统桌面的系统图标，桌面上显示“计算机”和“控制面板”图标；

（2）为“计算器”程序创建桌面快捷方式；

（3）清除“开始”菜单中最近使用的项目列表；

（4）创建一个名为“公共”的标准账户，供其他同事浏览或使用计算机内的资源，但不能自行安装或卸载应用程序。

### 相关知识

桌面上那些五颜六色的图标可能大家都非常熟悉吧？不知大家注意没有，这些图标都有一个共同的特点：在每个图标的左下角都有一个非常小的箭头，这个箭头用来表明该图标是一个快捷方式。快捷方式是 Windows 提供的一种快速启动程序、打开文件或文件夹的方法。它是应用程序的快速链接。快捷方式的一般扩展名为“.lnk”。

屏幕保护是为了保护显示器而设计的一种专门程序。当时设计的初衷是为了防止计算机因无人操作而使显示器长时间显示同一个画面，导致老化而缩短显示器寿命。另外，虽然屏幕保护并不是专门为省电而设计的，但一般 Windows 下的屏幕保护程序都比较暗，大幅度降低了屏幕亮度，有一定的省电作用。

用户账户用来记录用户的用户名和口令、隶属的组、可以访问的网络资源及用户的个人文件和设置。每个用户都应在域控制器中有一个用户账户，才能访问服务器，使用网络上的资源。

## 项目实施

## 2.3.1　找回传统桌面的系统图标

刚装好的 Windows 10 系统，桌面只有“回收站”一个图标，用户可以添加“计算机”“用户的文件”“控制面板”和“网络”图标，具体操作如下。

**1. 选择“个性化”菜单命令**

在桌面空白处右击，在弹出的快捷菜单中选择“个性化”命令，如图 2-31 所示。

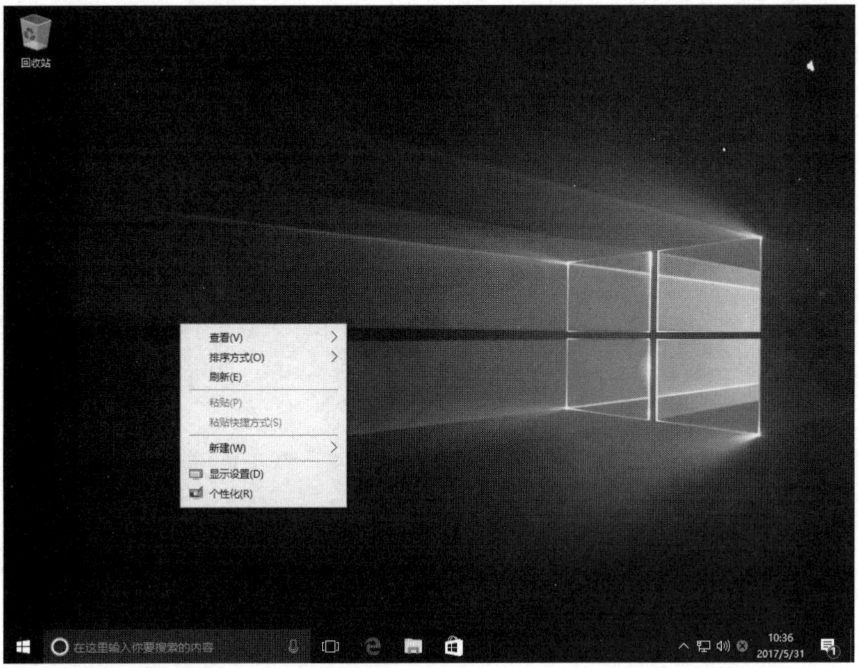


图 2-31　“个性化”命令

**2. 单击“主题”选项**

在弹出的“设置”窗口中，单击“主题”→“桌面图标设置”选项，如图 2-32 所示。

**3. 选择图标**

弹出“桌面图标设置”窗口，如图 2-33 所示，在“桌面图标”选项组中勾选要显示的桌面图标复选框，单击“确定”按钮。

图 2-32 “设置”窗口

图 2-33 “桌面图标设置”窗口

### 4. 添加图标

选择相应的图标即可在桌面上添加该图标，如图 2-34 所示。

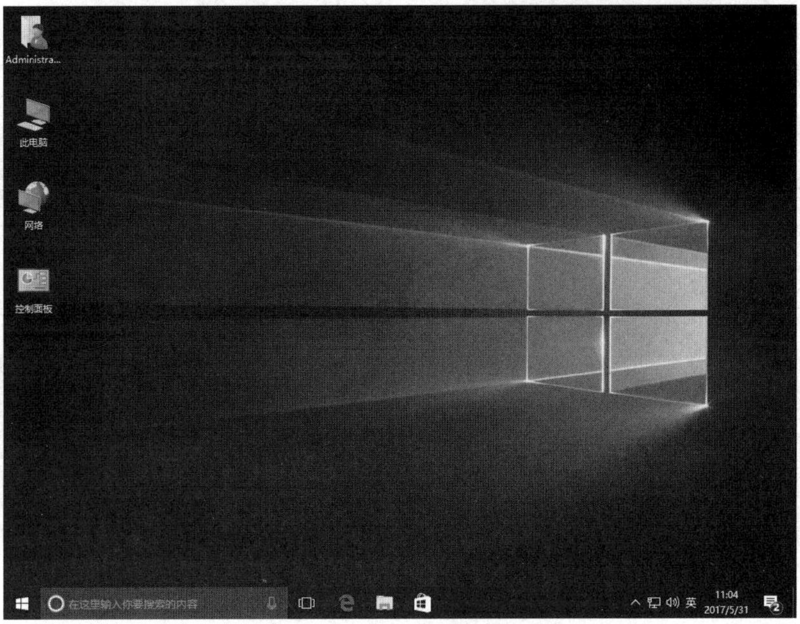


图 2-34　添加图标后的桌面

## 2.3.2　动态磁贴的使用

动态磁贴（live tile）是“开始”屏幕中的方块图形，也叫“磁贴”，通过它可以快速打开应用程序。磁贴中的信息是根据时间或发展变化的，如图 2-35（a）所示即为“开始”屏幕中的日历程序，开启了动态磁贴，如图 2-35（b）所示为未开启动态磁贴。对比发现，动态磁贴显示了当前的日期和星期。

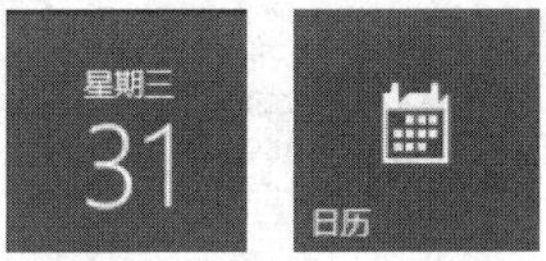


（a）　（b）

图 2-35　动态磁贴的效果对比

### 1. 调整磁贴大小

在磁贴上右击，在弹出的快捷菜单中选择“调整大小”命令，在弹出的子菜单中有 4 种显示方式：“小”“中”“宽”和“大”。选择对应的命令，即可调整磁贴大小，如图 2-36 所示。

### 2. 打开/关闭磁贴

在磁贴上右击，在弹出的快捷菜单中选择“关闭动态磁贴”或“打开动态磁贴”命令，即可分别关闭或打开磁贴的动态显示，如图 2-37 所示。

### 3. 调整磁贴位置

选择要调整位置的磁贴，按下鼠标左键不放，拖曳至任意位置或分组，松开鼠标即可完成位置调整。

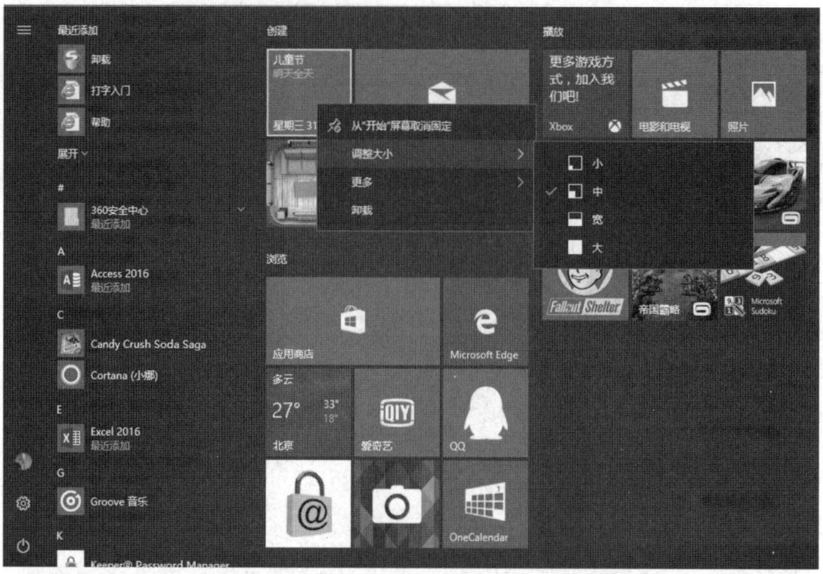


图 2-36　调整磁贴大小

图 2-37　打开/关闭动态磁贴

## 2.3.3　调整“开始”屏幕大小

在 Windows 8 系统中，“开始”屏幕是全屏显示的，而在 Windows 10 中其大小并不是一成不变的，用户可以根据需要调整其大小，也可以将其设置为全屏幕显示。

调整“开始”屏幕大小是极为方便的，用户只需要将鼠标放在“开始”屏幕边栏右侧，待鼠标光标变为↔，即可横向调整其大小。

如果要全屏幕显示“开始”屏幕，可按“Win+I”组合键，打开“设置”对话框，单击“个性化”→“开始”选项，将“使用全屏‘开始’屏幕”设为“开”即可，如图 2-38 所示。

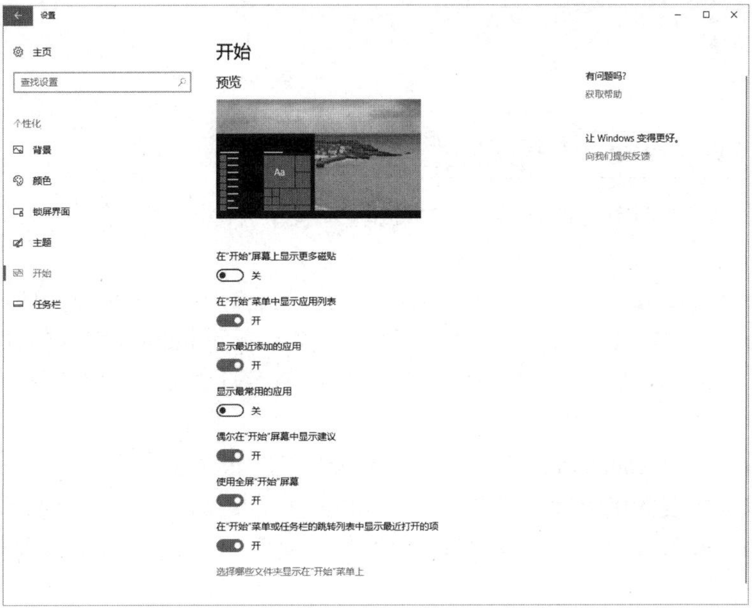


图 2-38 设置“使用全屏‘开始’屏幕”

## 2.4 管理文件资源

### 项目要求

张无极工作一段时间后，被调岗到人力资源部，主要负责人员的招聘活动及日常办公室管理。为了管理上的需要，张无极经常在计算机中存放一些工作中的日常文档，同时为了方便使用，还需要对相关的文件进行新建、重命名、移动、复制、删除、搜索和设置文件属性等操作。

这些操作要求理解文件系统的分类及操作；掌握文件的组织和命名；掌握文件和文件夹的基本操作；掌握软/硬件的管理和使用。

### 相关知识

文件系统是操作系统用于明确存储设备（常见的是磁盘，也有基于 NAND Flash 的固态硬盘）或分区上的文件的方法和数据结构，即在存储设备上组织文件的方法。操作系统中负责管理和存储文件信息的软件系统称为文件管理系统，简称文件系统。文件系统由 3 部分组成：文件系统的接口、对对象操纵和管理的软件集合、对象及属性。从系统角度来看，文件系统是对文件存储设备的空间进行组织和分配，负责文件存储并对存入的文件进行保护和检索的系统。具体地说，它负责为用户建立文件，存入、读出、修改、转储文件，控制文件的存取，当用户不再使用时撤销文件等。

一块硬盘就像一块空地，文件就像不同的材料，我们首先得在空地上建起仓库（分区），并且指定好（格式化）仓库对材料的管理规范（文件系统），这样才能将材料运进仓库保管。

## 项目实施

### 2.4.1 认识 Windows 10 的文件系统

文件系统是对应硬盘分区的，而不是对应整个硬盘，不管硬盘只有一个分区，还是有几个分区，不同的分区可以有不同的文件系统。

MS-DOS 和 Windows 3.x 使用 FAT16 文件系统，默认情况下 Windows 98 也使用 FAT16，Windows 98/Me 可以同时支持 FAT16、FAT32 两种文件系统，Windows NT 则支持 FAT16、NTFS 两种文件系统，Windows 2000 可以支持 FAT16、FAT32、NTFS 3 种文件系统。

#### 1. FAT16

FAT 的全称是 File Allocation Table（文件分配表系统），最早于 1982 年开始应用于 MS-DOS 中。FAT 文件系统主要的优点就是它可以允许多种操作系统访问，如 MS-DOS、Windows 3.x、Windows 9x、Windows NT 和 OS/2 等。该文件系统在使用时遵循 8.3 命名规则（即文件名最多为 8 个字符，扩展名为 3 个字符）。

#### 2. FAT32

FAT32 主要应用于 Windows 98 系统，它可以增强磁盘性能并增加可用磁盘空间。因为它的一个簇的大小要比 FAT16 小很多，所以可以节省磁盘空间。而且它支持 2GB 以上的分区大小。

#### 3. NTFS

NTFS 是专用于 Windows NT/2000 操作系统的高级文件系统，它支持文件系统故障恢复，尤其是大存储媒体、长文件名。

相比于 FAT32 和 FAT16，NTFS 文件系统最大的优点在于支持文件加密，另一个优点是能够很好地支持大硬盘，且硬盘分配单元非常小，从而减少了磁盘碎片的产生。NTFS 更适合现今的硬件配置（大硬盘）和操作系统（Windows XP/7）。另外，NTFS 文件系统相比 FAT32 具有更好的安全性。3 种文件系统的区别如表 2-2 所示。

表 2-2　NTFS、FAT32 和 FAT16 的区别

| NTFS 文件格式 | FAT32 文件格式 | FAT16 文件格式 |
| --- | --- | --- |
| 支持单个分区大于 2GB | 支持单个分区大于 2GB | 支持单个分区小于 2GB |
| 支持磁盘配额 | 不支持磁盘配额 | 不支持磁盘配额 |
| 支持文件压缩（系统） | 不支持文件压缩（系统） | 不支持文件压缩（系统） |
| 支持 EFS（加密文件系统） | 不支持 EFS | 不支持 EFS |
| 产生的磁盘碎片较少 | 产生的磁盘碎片适中 | 产生的磁盘碎片较多 |
| 适合大磁盘分区 | 适合中小磁盘分区 | 适合小于 2GB 的磁盘分区 |
| 支持 Windows NT | 支持 Windows 9x，不支持 Windows NT4.0 | 不支持 Windows 2000，支持 Windows NT/9x |

在运行 Windows XP 的计算机上，用户可以在 3 种面向磁盘分区的不同文件系统 NTFS、FAT32 和 FAT16 中选择，但是在 Windows 10 系统中，只能采用 NTFS。

## 2.4.2 了解文件的组织和命名

计算机是以文件（file）的形式组织和存储数据的。简单地说，计算机文件就是用户赋予了名字并存储在磁盘上的信息的有序集合。

**1. 文件概述**

文件是数据在计算机中的组织形式，不管是程序、文本、声音、视频，还是图像，最终都以文件形式存储在计算机的存储介质（如硬盘、光盘、U盘等）中。

所谓文件就是在逻辑上具有完整意义的信息集合，它有一个名字以供识别，称为文件名。

（1）文件名

Windows中的任何文件都是用图标和文件名来标识的，文件名由主文件名和扩展名两部分组成，中间由“.”分隔，如图2-39所示。

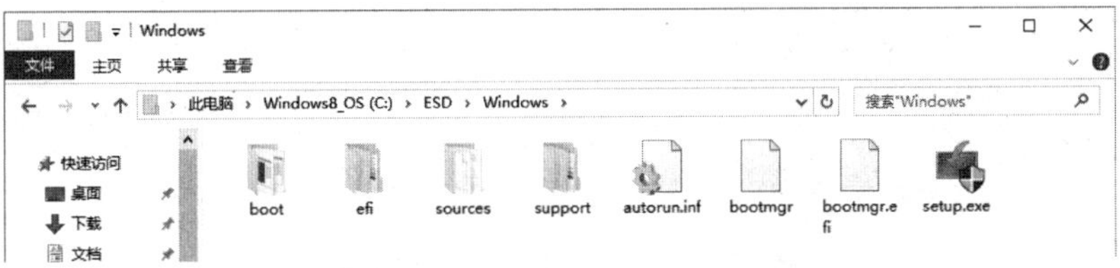


图2-39　Windows 10系统中的文件和文件夹

一般来说，主文件名应该用具有意义的词汇或者是数字命名，即顾名思义，以便用户识别。例如，图2-39中有个文件，文件名为“setup.exe”。

（2）文件名的命名规则

Windows系统中的文件名是不区分大小写的。

文件名中可以使用的字符包括汉字字符、26个大小写英文字母、10个阿拉伯数字0～9和一些特殊字符。

文件名中不能使用这些字符：<>/\|:"*?。

文件名的长度取决于文件的完整路径的长度（如C:\Program Files\文件名.txt）。Windows将单个路径的最大长度限制为255个字符。这就是将文件名非常长的文件复制到路径比原来更长的位置时，偶尔会出现错误的原因。

文件扩展名是一组字符，这组字符可帮助Windows获知文件中包含什么类型的信息，以及应该用什么程序打开该文件。之所以称其为扩展名，是因为它出现在文件名的最后，并在它前面有一个句点。在文件名“myfile.txt”中，“txt”便是扩展名。该扩展名可让Windows获知此文件是一个文本文件，可以使用与该扩展名关联的程序（如写字板或记事本）打开此文件。

需要说明的是，大多数情况下我们不需要去添加文件的扩展名，系统会自动识别并添加，但我们必须记住，虽然只取了主文件名，但一个文件完整的名称应为“文件名.扩展名”。

通常情况下，不应对文件扩展名进行更改，因为更改后可能无法打开或编辑文件。但有时更改文件扩展名却很有好处。例如，你可以将文本文件（.txt文件）更改为HTML文件（.htm文件），以便在Web浏览器中进行查看。

Windows会隐藏文件扩展名以使文件名更易于阅读，但是可以选择显示扩展名。

（3）文件类型

在绝大多数操作系统中，文件的扩展名表示文件的类型。不同类型文件的处理方式是不同的。在不同的操作系统中，表示文件类型的扩展名并不相同。常见的文件扩展名及其含义如表 2-3 所示。

**表 2-3　文件扩展名及其含义**

| 文件类型 | 扩　展　名 | 含　　义 |
|---|---|---|
| 可执行程序 | EXE、COM | 可执行程序文件 |
| 源程序文件 | C、CPP、BAS、ASM | 程序设计语言的源程序文件 |
| 目标文件 | OBJ | 源程序文件经编译后生成的目标文件 |
| 文档文件 | DOCX、XLSX、PPTX | Word、Excel、PowerPoint 创建的文档 |
| 图像文件 | BMP、JPG、GIF | 图像文件，不同的扩展名表示不同格式 |
| 流媒体文件 | WM、VRM、QT | 能通过 Internet 播放的流媒体文件 |
| 压缩文件 | ZIP、RAR | 压缩文件 |
| 音频文件 | WAV、MP3、MID | 声音文件，不同的扩展名表示不同格式 |
| 网页文件 | HTM、ASP | 一般来说，前者是静态的而后者是动态的 |

一个文件可以有或没有扩展名。对于打开文件操作，没有扩展名的文件需要选择程序去打开，有扩展名的文件会自动用设置好的程序（如有）去尝试打开。文件扩展名是一个常规文件的构成部分，但一个文件并不一定需要扩展名。

文件扩展名可以人为设定，扩展名为“TXT”的文件有可能是一张图片，同样，扩展名为“MP3”的文件可能是一个视频。

**2. 文件夹（目录）结构**

在计算机中，往往面临对大量文件的管理。

操作系统怎样实现文件的按名存取？如何查找外存（如磁盘、光盘等）中的指定文件？如何有效管理用户文件和系统文件？

文件夹便是实现这些管理的有效方法。文件系统的基本功能之一就是负责文件夹（目录）的建立、维护、共享和检索，要求编排的文件夹便于查找、防止冲突，文件夹的检索要求方便迅速。操作系统为了管理和控制系统中的全部文件，为每个文件设立了一个文件控制块（File Control Block，FCB），用于存放文件的标识、定位、说明和控制等信息。

常见的是多级文件夹结构，如图 2-40 所示，它看起来好像一棵倒立的树，因此被称为树形文件夹结构。这棵树的根称为根文件夹（也叫根目录），从根向下，每个节点是一个文件夹（目录），文件夹内既可以有下级子文件夹，也可以存放具体的文件。

当用户要访问某个文件时，必须指出从根文件夹到该文件节点所经过的所有各级子文件夹的路径，各级文件夹名之间用“\”分隔，这就是“绝对路径”。如图 2-40 所示，文件“F2.MP3”的绝对路径表示为“C:\MUSIC\ZXY\F2.MP3”。如果文件夹在树形结构中的位置比较深，从根文件夹逐级向下查找文件的方法就显得太麻烦，因而引入“当前文件夹”的概念，即用户当前所在树形结构中的位置称为“当前文件夹”。当用户需要访问某个文件时，只需给出从当前文件夹到该文件所在文件夹的相对路径即可。例如，图 2-40 中的 OFFICE 为当前文件夹，则访问文件 Word.EXE 的方法就可表示为“Word.EXE”，因为 Word.EXE 就在当前文件夹下，这比使用绝对路径的表示方法要简单得多。

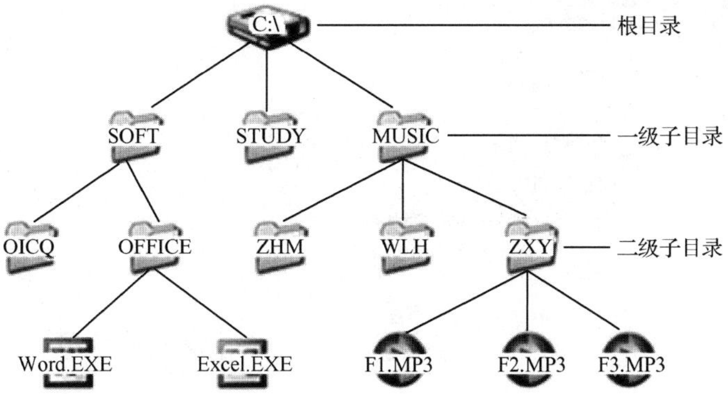


图 2-40　树形文件夹结构

### 3. 文件属性

文件除文件名外，还有文件大小、占用空间等，这些信息称为文件属性。右击文件或者文件夹，弹出如图 2-41 所示的“属性”对话框，包括以下属性。

图 2-41　“属性”对话框

① 只读：表示该文件不能被修改。

② 隐藏：表示该文件在系统中是隐藏的，在默认情况下用户不能看见此文件。

③ 存档：表示该文件在上次备份前已经修改过，一些备份软件在备份系统后会把此文件默认地设为存档属性。存档属性在一般文件管理中意义不大，但是对于频繁的文件批量管理很有帮助（单击如图 2-41 所示“属性”对话框中的“高级”按钮，会弹出如图 2-42 所示的“高级属性”对话框）。

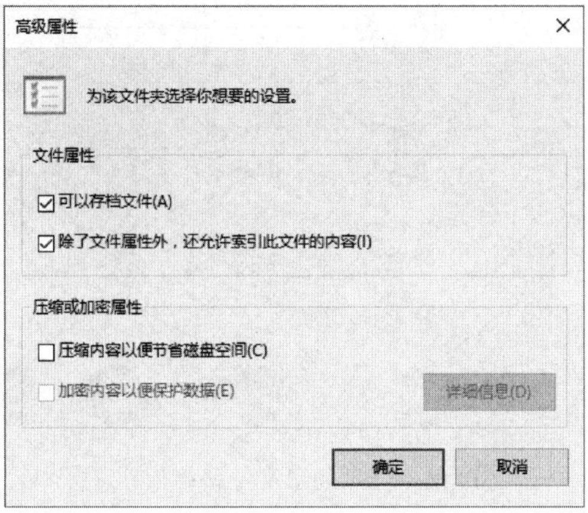


图 2-42 “高级属性”对话框

只读的意思是只可以读取，不能修改，删除时会提示是否删除只读文件，在有重要的文件不允许误操作时一般选择此项。

存档是指每次打开该文件时，它会自动存档用以控制掉电或者误操作而带来的损失，选择此项后即可实现该功能。注意，该功能只对文件有效。

## 2.4.3 文件和文件夹的管理

### 1. 新建文件

通常可通过启动应用程序来新建文档。例如，在应用程序的新文档中写入数据，然后保存到磁盘上。也可以不启动应用程序，直接建立新文档。在桌面上或者某个文件夹中右击，在弹出的快捷菜单中选择“新建”命令，在出现的文档类型列表中，选择一种类型即可，如图 2-43 所示。每创建一个新文档，系统都会自动地给它一个默认的名字。

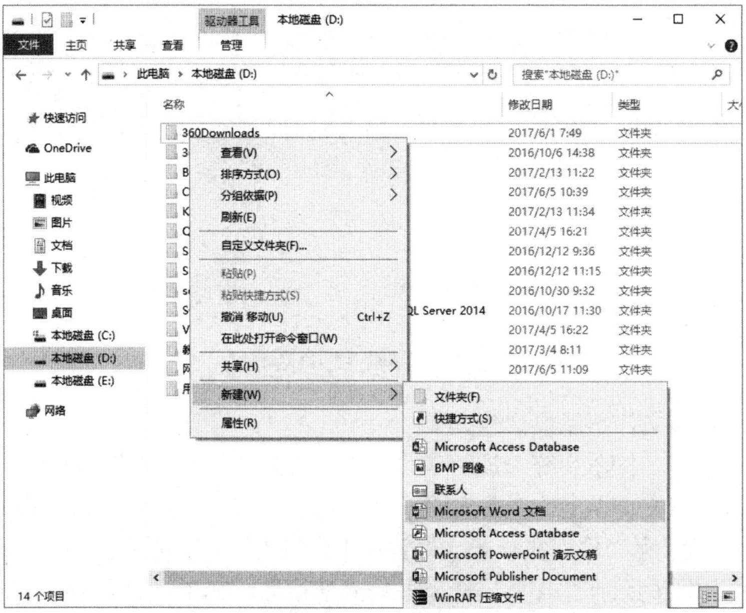


图 2-43 创建 Microsoft Word 文档

当使用上述方式创建新文档时，Windows 10 并不自动启动它的应用程序。要想编辑该文档，可以双击该文档，启动相应的应用程序进行具体的编辑。

**2. 新建文件夹**

使用下列方法可以新建一个文件夹。

（1）右击新建文件夹

确定要新建文件夹的位置后，右击，在弹出的快捷菜单中选择“开始/新建/文件夹”命令，如图 2-44 所示，Windows 10 就会在选定位置增加一个名为“新建文件夹”的文件夹。可以在文本框内重新命名该文件夹。

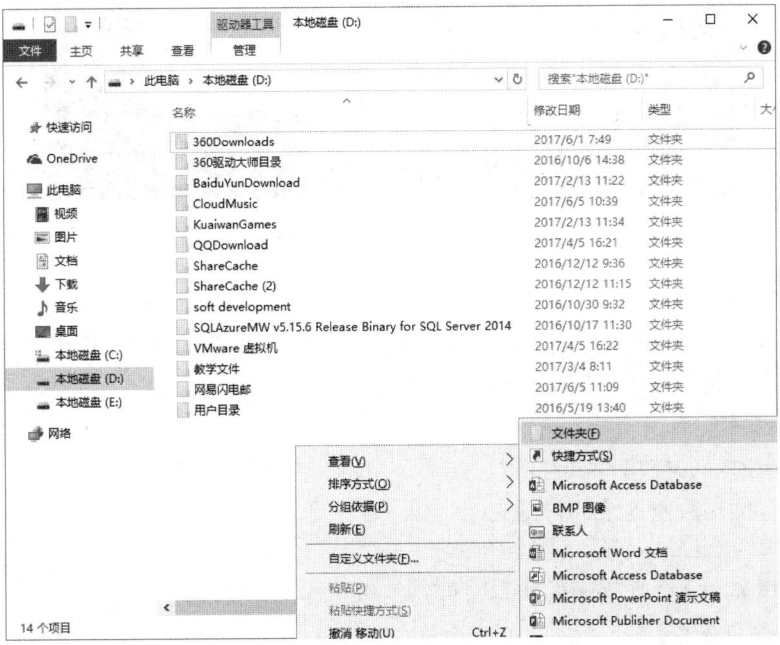


图 2-44　右击新建文件夹

（2）工具栏工具新建文件夹

单击驱动器工具上的“主页”→“新建文件夹”工具栏，如图 2-45 所示。Windows 10 就会在选定位置增加一个名为“新建文件夹”的文件夹。可以在文本框内重新命名该文件夹。

图 2-45　工具栏工具新建文件夹

**3. 文件或文件夹的更名**

右击要更名的文件或文件夹，从弹出的快捷菜单中选择“重命名”命令，如图 2-46 所示，在名称区域中输入新名称，并按“Enter”键确认。也可以在资源管理器中调出“文件”菜单，然后在右窗格中选中要更名的对象，并单击任务列表中的“重命名这个文件”。

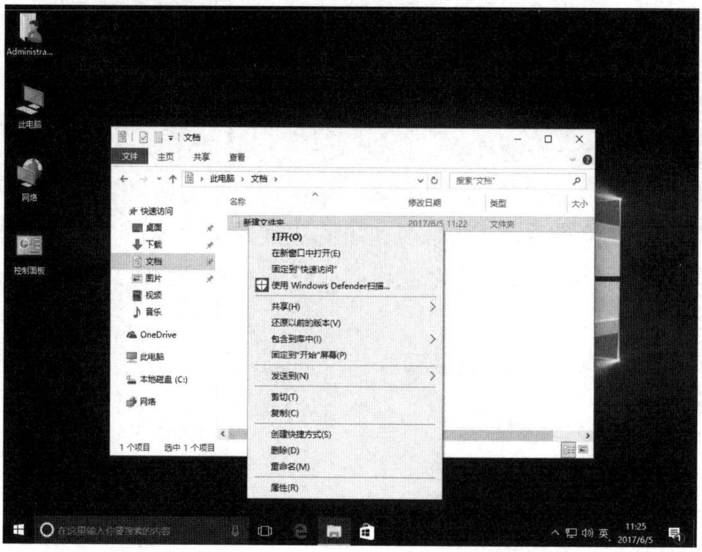


图 2-46　文件或文件夹的重命名

**4. 选择文件或文件夹**

在对文件或文件夹进行操作之前，必须先选择它们，可以单击一个文件或文件夹实现选择。如果要选择多个对象，可以采用下面的任一方法。

（1）使用鼠标选择

在选择对象时，先按住“Ctrl”键，然后逐一选择文件或文件夹。

如果要选择的对象是连续的，则先选中第一个对象，然后按住“Shift”键，再单击最后一个对象。

如果要选择某个文件夹下面的所有文件，则先使该文件夹成为当前文件夹，然后执行“编辑/全部选定”菜单命令。

（2）使用键盘选择

如果选择的文件不连续，则先选择一个文件，然后按住“Ctrl”键，移动方向键到需要选定的对象上，按空格键选择。

如果选择的文件是连续的，则先选定第一个文件，按住“Shift”键，然后移动方向键选定最后一个文件。

如果要选择某个文件夹下面的所有文件，则先使该文件夹成为当前文件夹，然后按“Ctrl+A”组合键。

**5. 复制与移动文件或文件夹**

复制与移动文件或文件夹的方法有以下几种。

（1）鼠标拖动

在同一驱动器内进行移动操作时，可直接将文件或文件夹图标拖到目标位置；若是复制操作，则在拖动过程中按住“Ctrl”键。在不同驱动器间进行移动操作时，拖动过程中需按住“Shift”键；而进行复制操作时，可直接将对象拖到目标位置。

（2）利用快捷菜单

右击需要移动或复制的文件或文件夹对象，从快捷菜单中选择“剪切”或“复制”命令（执行“剪切”命令后，图标将变暗），然后在目标位置处右击，从快捷菜单中选择“粘贴”命令。

（3）利用快捷键

选定文件或文件夹后，按“Ctrl+X”组合键，执行剪切操作；按“Ctrl+C”组合键，执行复制操作。然后选定目标位置，按“Ctrl+V”组合键，执行粘贴操作。

（4）利用窗口工具栏的“主页”→“移动到”或“复制到”工具

选定要移动或复制的对象，从图2-47所示的工具栏中选择“移动到”或“复制到”工具，并在随后出现的对话框中选定一个目标位置。

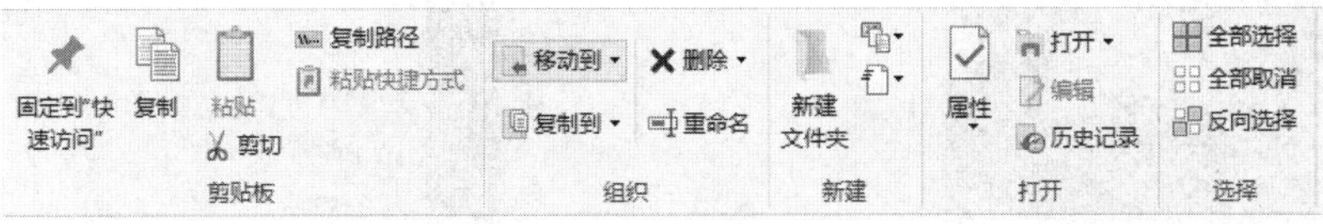


图2-47　“移动到”“复制到”工具

注意复制与移动的区别：复制是新建一个副本，以前的文件（夹）不变，另外多了一个相同的文件（夹）；而移动是将原有的文件（夹）移动到另一个地方，以前的地方再没有这个文件（夹）了。

**6. 删除与恢复文件或文件夹**

选定要删除的对象，然后按“Del”键，或者右击要删除的对象，从弹出的快捷菜单中选择“删除”命令，默认情况下，都是将对象送入“回收站”。

如果需要恢复已经送入“回收站”的文件或文件夹，则可以打开回收站，右击某个对象，从弹出的快捷菜单中选择“还原”命令，可将该对象恢复到原来的位置。

若要将文件或文件夹真正从磁盘上删除，则可以进行以下几种操作：在“回收站”中右击某个对象，从快捷菜单中选择“删除”命令；选择“文件”菜单中的“清空回收站”命令，将删除“回收站”中的所有对象；选定对象后，按“Shift+Del”组合键，可以直接从硬盘中删除该对象而不送入“回收站”。

**7. 搜索文件和文件夹**

文件和文件夹多了，时间长了，都不知道放到哪里了，想找的时候无从下手，这是非常头痛的问题。

在Windows 10众多新功能中，Cortana无疑是其中最耀眼的一个。其实，Cortana是微软公司专门打造的人工智能机器人。

Windows 10任务栏中集成了Cortana搜索，如图2-48所示，可用来查找存储在计算机上的文件资源。操作方法：在搜索框中输入关键词，如“QQ”后，可自动开始搜索，搜索结果会即时显示在搜索框上方的“开始”菜单中，并会按照项目种类进行分门别类（应用、文档、网页），如图2-49所示。

Cortana可以执行下列操作：根据时间、地点或人脉设置提醒；跟踪包裹、运动队、兴趣和航班；发送电子邮件和短信；管理日历，使你了解最新日程；创建和管理列表；闲聊和玩游戏；查找事实、文件、地点和信息；打开系统中的任一应用程序。

如图2-49所示，当我们利用Cortana对关键词“QQ”进行搜索后，会给出“最佳匹配”为桌面应用。

图 2-48　利用“Cortana”进行搜索

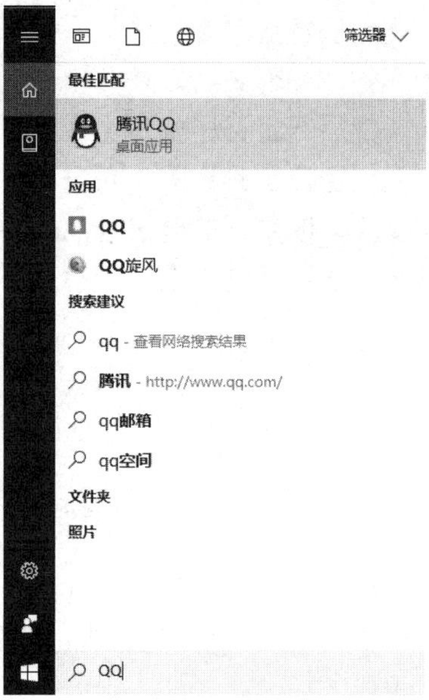


图 2-49　利用“Cortana”搜索关键词“QQ”

### 8. 创建快捷方式

如图 2-50 所示，计算机桌面上那些五颜六色的图标中，有的左下角有一个非常小的箭头，有的却没有。这个箭头表明该图标是一个快捷方式。快捷方式是 Windows 提供的一种快速启动程序、打开文件或文件夹的方法。它是应用程序的快速链接。它的扩展名为“.lnk”。

图 2-50　快捷方式图标

快捷方式对经常使用的程序、文件和文件夹非常有用。如果没有快捷方式，就只能根据记忆在众多目录中找到自己需要的目录，再一层一层地去打开，最后从一大堆文件中找到正确的可执行文件双击启动。这么烦琐的操作会让人头痛不已。而有了快捷方式，你要做的只是双击桌面上的快捷图标。

有人可能会问：不是还有开始菜单吗？那不是也可以直接启动程序码？实际上，这个问题与快捷方式的存放地点有关。快捷方式一般存放在桌面上、“开始”菜单里和任务栏上的“快速启动”3 个地方。这 3 个地方大家都可以在开机后立刻看到，以达到方便操作的目的。

换句话说，“开始”菜单实际上就是计算机上安装的各种应用软件的快捷方式的集合，它主要用于集中管理快捷方式。你可以右击“开始”按钮，在弹出的菜单中选择“打开”，看看是不是有许多图标都有那个代表快捷方式的小箭头？

一般来说，快捷方式就是一种用于快速启动程序的命令行。它和程序既有区别又有联系。打个简单的比方，如果把程序比作一台电视机，快捷方式就像是一只遥控板。通过遥控板我们可以轻松快捷地控制电视机的开/关、频道的选择等。没有遥控板，我们也可以走到电视机面前进行操作，只是没有遥控那么方便罢了，并不会影响电视机的使用。但没有了电视机，遥控板显然就无所作为。快捷方式也是一样，当快捷方式配合实际安装的程序时，非常便利。删除了快捷方式我们还可以通过“我的电脑”去找到目标程序后运行它。而当程序被删除后，只有一个快捷方式就会毫无用处。一台计算机桌面上的快捷方式复制到其他计算机上，一般都无法正常使用。

## 2.4.4 软硬件的管理和使用

为了扩展计算机的功能，用户需要为计算机安装应用软件。当不需要这些应用软件时，可以将它们从操作系统中卸载，以节约系统资源，提高系统运行速度。

### 1. 认识常用的软件

① 办公类：主要用于编辑文档和制作电子表格。Office 是目前使用最为广泛的办公软件，包含多个组件，如编辑文档的 Word、制作电子表格的 Excel 等。

② 播放器类：主要用于播放计算机和互联网中的媒体文件，如播放视频的暴风影音、迅雷看看、PPS 网络电视，播放音乐的网易云音乐、QQ 音乐等。

③ 下载类：主要用于从互联网上下载文件，如迅雷、BT 下载等。

④ 压缩类：主要用于压缩/解压缩文件，如 WinRAR。

⑤ 翻译类：主要用于帮助用户翻译外文词语，如有道词典、金山词霸等。

⑥ 阅读类：主要用于阅读各种电子书，如阅读 PDF 电子书的 Adobe Reader。

⑦ 杀毒防毒类：主要用于维护计算机的安全，防止病毒入侵，如 360 杀毒、瑞星、卡巴斯基等。

### 2. 软件的安装

要安装应用软件，首先要获取该软件。用户除了购买软件安装光盘外，还可以从软件厂商的官方网站下载。另外，目前国内很多软件下载站点都免费提供各种软件的下载。

应用软件必须安装（而不是复制）到 Windows 10 系统中才能使用。一般应用软件都配置了自动安装程序，将软件安装光盘放入光驱后，系统会自动运行它的安装程序。

如果是存放在本地磁盘中的应用软件，则需要在存放软件的文件夹中找到 Setup.exe 或 Install.exe（也可能是软件名称等）安装程序，双击它便可进行应用程序的安装操作。在安装的过程中可根据需要安装相应的选项，如图 2-51 所示。

### 3. 软件的卸载

当计算机中安装的软件过多时，会影响系统运行，所以建议将不用的软件卸载，以节省磁盘空间并提高计算机性能。卸载方法有两种：一种是使用“开始”菜单，另一种是使用“程序和功能”窗口。大多数软件会自带卸载命令，安装好软件后，一般可在“开始”菜单中找到该命令，卸载这些软件时，只需执行“卸载”命令，然后再按照卸载向导的提示操作即可。卸载鲁大师如图 2-52 所示。

图 2-51 软件安装程序

图 2-52 卸载鲁大师

有些软件的卸载命令不在“开始”菜单中，如 Office 2019、Photoshop CC 等，此时可以使用 Windows 10 提供的“程序和功能”窗口进行卸载。

打开“控制面板”窗口，如图 2-53 所示，单击“程序/程序和功能”图标，打开“程序和功能”窗口，在“名称”下拉列表中选择要删除的程序，如图 2-54 所示，然后单击“卸载/更改”按钮，接下来按提示进行操作即可。

图 2-53 “控制面板”窗口

图 2-54 在“名称”下拉列表中选择要删除的程序

### 4. 使用应用程序

要使用应用程序，首先要掌握启动和退出程序的方法。如果程序与操作系统不兼容，还需要为程序选择兼容模式，或以管理员身份运行。若某个程序可以用多种方式打开，则可以为该程序设置默认的打开方式。

（1）正常启动和退出应用程序

① 通过“开始”菜单：应用程序安装后，一般会在“开始”菜单中自动新建一个它的快捷方式，在“开始”菜单的“所有程序”列表中单击要运行程序所在的文件夹，然后单击相应的程序快捷图标，即可启动该程序。启动 PowerPoint 2019，如图 2-55 所示。

② 通过快捷方式图标：如果在桌面为应用程序创建了快捷方式图标，则双击该图标即可启动该应用程序。

③ 通过应用程序的启动文件：在应用程序的安装文件夹中找到应用程序的启动图标（一

般是以 exe 为后缀名的文件），然后双击它。

要退出应用程序，可以直接单击应用程序窗口右上角的“关闭”按钮，或在“文件”菜单中单击“退出”命令，或直接按“Alt+F4”组合键。

（2）使用兼容模式运行应用程序

应用程序与操作系统的兼容性很重要，它决定着应用程序能否正常运行。如果这个程序是针对老版本的 Windows 系统开发的，那么在新操作系统上可能会出现无法正常运行的现象，此时可尝试使用 Windows 10 的兼容模式来运行该程序。

右击程序启动图标，在弹出的快捷菜单中打开程序的“属性”对话框，然后在“兼容性”选项卡中进行设置，并单击“确定”按钮即可。

（3）以管理员身份运行程序

Windows 10 的管理员用户对计算机具有完全使用权限，包括安装一些应用软件、修改系统时间等。如果用户是以标准用户身份登录系统的，在运行某些应用程序时需要获得管理员权限，这时可以管理员的身份运行程序。右击要运行的程序启动图标，在弹出的快捷菜单中选择“以管理员身份运行”命令，然后根据提示进行操作即可。以管理员身份运行腾讯 QQ 如图 2-56 所示。

图 2-55　利用“开始”菜单启动 PowerPoint 2019

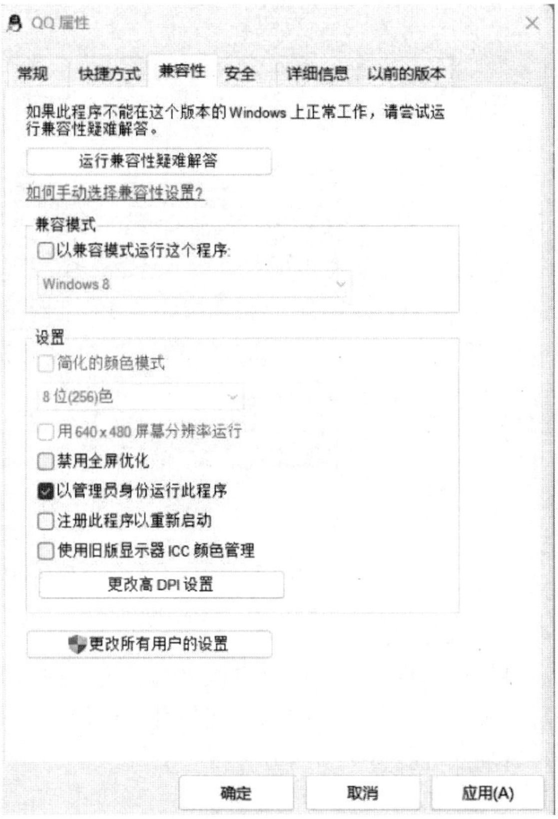


图 2-56　以管理员身份运行腾讯 QQ

（4）设置文件的默认打开程序

当用户在系统中同时安装了多个功能相似的程序后，有些文件可以利用多个程序打开，此时可以设置文件的默认打开程序（即双击文件后调用哪个程序打开文件）。通过 Windows 10 的“默认程序”访问功能，可对文件所关联的默认程序进行设置，如图 2-57 所示。

图 2-57　设置默认程序

## 5. 查看计算机中的硬件设备

（1）查看计算机中的硬件设备信息

硬件是计算机的基础，因此，用户有必要了解自己使用的计算机的硬件设备。默认情况下，“设备管理器”窗口按照已安装设备的类型来显示硬件设备。此外，用户还可以在“性能信息和工具”窗口中查看或检测硬件设备的性能。

用户可在“控制面板”中查看计算机中的硬件设备信息。简单的方法是在 Cortana 搜索框中输入关键词“系统”后按“Enter”键，弹出如图 2-58 所示的窗口，单击“系统”选项，在弹出的窗口中可查看操作系统的版本、CPU 和内存的信息，如图 2-59 所示。

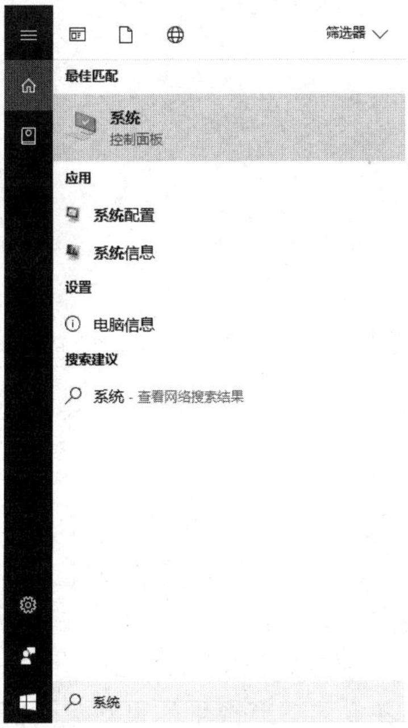


图 2-58　“系统”窗口

图 2-59　查看计算机的基本信息

单击“设备管理器”，该窗口中将显示计算机中的硬件设备。单击某设备左侧的三角图标，可查看该设备的型号，如图 2-60 所示。

图 2-60　“设备管理器”窗口

（2）安装驱动程序

驱动程序是操作系统与硬件设备之间沟通的桥梁，有了驱动程序，Windows 才能发挥硬件的功能。因此，当安装新硬件时，需要在操作系统中为其安装相应的驱动程序；而新安装操作系统后，也需要为某些硬件单独安装驱动程序。

通常，操作系统会自动为大多数硬件安装驱动，无须用户安装，但对于主板、显卡等设备，在新安装操作系统时往往需要为其安装厂商提供的最新驱动，这样才能最大限度地发挥其硬件性能。此外，当操作系统没有自带某硬件的驱动时，便无法自动为其安装正确的驱动，这时就需要用户手动安装，如某些声卡及打印机、扫描仪等。

要为相关硬件安装驱动程序，可使用以下两种方法。

方法一：许多硬件都会自带驱动程序安装光盘，将安装光盘放入光驱，光盘会自动运行，根据提示操作便可安装。

方法二：对于没有驱动程序安装光盘的硬件，可利用网络或其他渠道找到其驱动程序，然后双击以“Setup”或其他名称命名的文件，启动安装程序进行安装。

（3）查看、更新、禁用和卸载驱动程序

若要查看各硬件设备的驱动程序是否安装好，或更新、禁用和卸载某设备的驱动程序，可在“设备管理器”窗口中进行（见图2-60）。

如果某设备左侧有黄色的问号，说明还没有安装驱动程序，需要手动安装；如果某设备显示黄色的叹号，说明该设备的驱动程序有问题或存在硬件冲突，需要重新安装驱动程序或更新驱动程序。要更新某设备的驱动程序，可右击该驱动程序，在弹出的快捷菜单中选择“更新驱动程序”命令，如图 2-61 所示。在打开的对话框中选择让系统自动搜索驱动程序，或用户手动指定该驱动程序在计算机中的位置。

选择“禁用设备”项，可禁用某硬件设备。

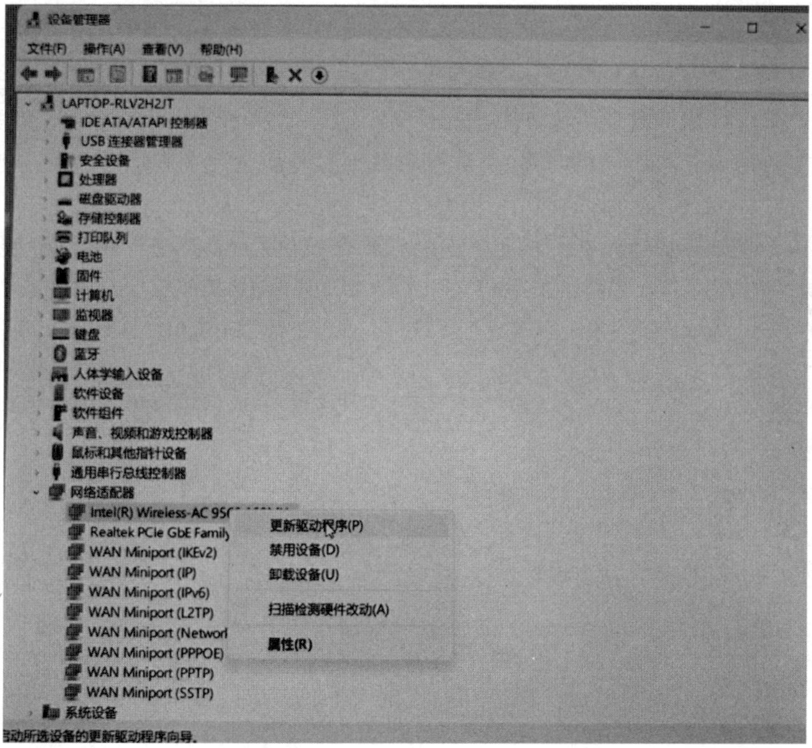


图 2-61 选择“更新驱动程序”命令

# 项目3 文字处理软件 Word 2019

## 能力目标

习近平总书记在全国高校思想政治工作会议上指出，要坚持把立德树人作为中心环节，把思想政治工作贯穿教育教学全过程。Office 课程作为办公自动化的核心，是每一个大学生都必须掌握的基本技能，通过讲解我国信息科技在办公自动化方面的研究成果，并结合国产软件的发展、华为的芯片事件，提高同学们的自信心和民族自豪感。

Word 2019 是微软公司 Office 办公软件中一个功能强大的文字处理软件，它可以实现中英文文字的录入、编辑、排版和灵活的图文混排，还可以绘制各种表格，也可以方便地导入工作表、幻灯片、各种图片及插入视频等，还可直接打开、编辑 PDF 文件、保存成 PDF 文件，是办公中文档资料处理的首选软件。

## 素养目标

1. 理解“坚持创新在我国现代化建设全局中的核心地位”。
2. 培养员工职场规划、总结汇报等能力。

## 教学目标

1. 输入文字与编辑文字：包括文档的新建、文档的保存和命名、字体的设置、字号的设置、段落的应用、查找与替换等。

2. 制作公司招聘启事：包括字体的设置、字符间距的设置、行间距的设置、缩进的设置、对齐方式的设置、底纹和边框的设置、文档加密的设置等。

3. 制作个人简历封面：包括封面的设置、字体和字号的设置、文本效果的设置、图片的插入等。

4. 制作班级成绩表：表格的创建和设置、底纹的设置、边框线的设置、利用 fx 公式求和、利用 fx 公式求平均值、排序等。

5. 排版公司考勤规范制度：自定义页面的设置、页边距的设置、样式的设置等。

## 3.1　输入文字与编辑文字

### 项目要求

张云是一名刚进入大学的新生，开学的时候，辅导员要求班上的每位同学针对本学期写一份学习计划，以提高自己的学习效率。收到任务后，张云仔细思考了本学期的学习计划，利用 Word 2019 的相关功能完成了学习计划的编辑，如图 3-1 所示。辅导员看完后，建议张云进行修改，要求如下。

2020 个人学习计划

我曾以为大学是学生的天堂，我们最后能够自由地安排自己的生活。然而真正跨入大学的殿堂才发现并不是那么回事儿：我们仍然有很多的知识要去学习，不仅仅要学习专业知识，一些交际技巧，演讲口才等也都需要我们去学习。大学，非但不是我们学习生涯的结束，相反，它更是一种开始，一段精彩人生的序幕！

为此，我制订了以下大学阶段的学习计划。

1.课前时间预习该课即将学习的课程，课后当天巩固，及时消化，防止考前临时抱佛脚。

2.每日背 100 个英语单词，听一则 BBC/CNN 新闻，阅读一篇英语美文，闲暇时听英语音乐或看英文字幕的原声电影。为英语四级与期末考试做好充分的准备。

3.为考研做准备，各种证书的考试，英语四级证书、计算机二级证书，甚至是各类专业证书。

4.多做运动，有空去跑步或打羽毛球，没空的话也要做 15 分钟/次的伸展运动。

5.选取对专业技能培养有利的社团与群众活动，避免盲目造成的时间浪费。

6.参加兼职但不能与课程冲突。一方面增加了必要的资金来源，另一方面培养了社会实践潜力。

7.旅游。看看周边甚至更远的地方，调剂情绪、扩大视野，同时也可以实现一直以来的愿望。

大学是个很宽松自由的学习环境，不再像高中那样只专注于学习书本上的知识，更多的是潜力上的锻炼。也正因为如此，学习就应更加地自主，甚至不得不分出心神与精力给各种这样或那样的活动。一旦处理不好便是学习、活动两头不讨好；而若成功，便又是享之不尽的硕果。

因此，我要一步步地坚持下去……坚持，就是胜利！

2020 年 9 月

张云

图 3-1　修改前的“2020 年个人学习计划”

（1）新建一个空白文档，并将“2020 年个人学习计划”命名为标题。

（2）将标题“2020 年个人学习计划”文字居中，字体设为“黑体”，字号设为“四号”。

（3）将正文部分的文字设为“华文楷体”，字号设为“小四号”，首行缩进“2 字符”。

（4）将正文部分的“我们”替换为“我们”。

（5）将文档中的时间“2020 年 9 月”移动到文档的右下角，并输入自己的姓名。

（6）修改完成后，以“个人学习计划”为名对文档进行保存，如图 3-2 所示。

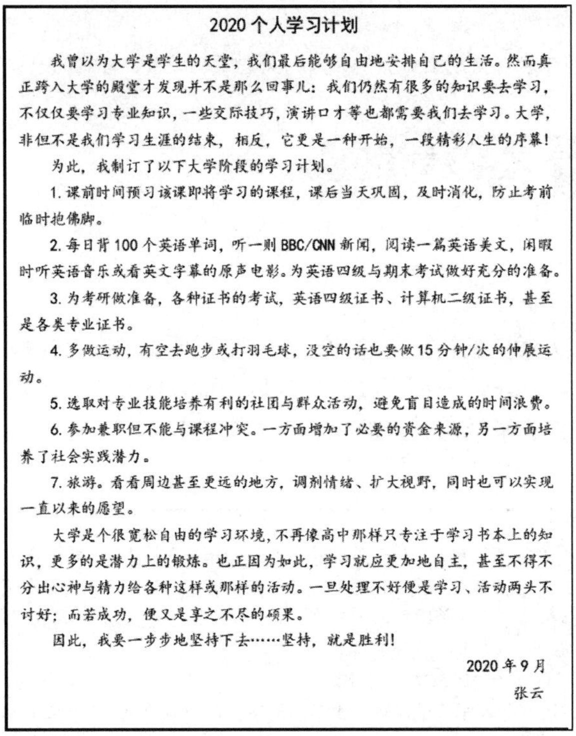

2020个人学习计划

我曾以为大学是学生的天堂，我们最后能够自由地安排自己的生活。然而真正跨入大学的殿堂才发现并不是那么回事儿：我们仍然有很多的知识要去学习，不仅仅要学习专业知识，一些交际技巧，演讲口才等也都需要我们去学习。大学，非但不是我们学习生涯的结束，相反，它更是一种开始，一段精彩人生的序幕！

为此，我制订了以下大学阶段的学习计划。

1. 课前时间预习该课即将学习的课程，课后当天巩固，及时消化，防止考前临时抱佛脚。

2. 每日背100个英语单词，听一则BBC/CNN新闻，阅读一篇英语美文，闲暇时听英语音乐或看英文字幕的原声电影。为英语四级与期末考试做好充分的准备。

3. 为考研做准备，各种证书的考试，英语四级证书、计算机二级证书，甚至是各类专业证书。

4. 多做运动，有空去跑步或打羽毛球，没空的话也要做15分钟/次的伸展运动。

5. 选取对专业技能培养有利的社团与群众活动，避免盲目造成的时间浪费。

6. 参加兼职但不能与课程冲突。一方面增加了必要的资金来源，另一方面培养了社会实践潜力。

7. 旅游。看看周边甚至更远的地方，调剂情绪、扩大视野，同时也可以实现一直以来的愿望。

大学是个很宽松自由的学习环境，不再像高中那样只专注于学习书本上的知识，更多的是潜力上的锻炼。也正因为如此，学习就应更加地自主，甚至不得不分出心神与精力给各种这样或那样的活动。一旦处理不好便是学习、活动两头不讨好；而若成功，便又是享之不尽的硕果。

因此，我要一步步地坚持下去……坚持，就是胜利！

2020年9月

张云

图 3-2　修改后的“2020 年个人学习计划”

## 相关知识

## 3.1.1　Word 2019 的启动和退出

### 1. Word 2019 的启动

Word 2019 的启动方法常见的有以下 3 种。

① 安装完 Office 2019 后，在任务栏中会自动生成 Word 2019 的快捷方式，在任务栏中单击 Word 2019 的快捷方式便可启动 Word 2019。

② 单击“开始”按钮，然后在“所有程序”里选择 Word 2019 选项，也可启动 Word 2019。

③ 双击桌面的快捷方式图标。

### 2. Word 2019 的退出

Word 2019 的退出方法常见的有以下 3 种。

① 单击 Word 2019 窗口右上角的“关闭”按钮。

② 按“Alt+F4”组合键。

③ 选择“文件”→“关闭”菜单。

## 3.1.2　掌握 Word 2019 的工作界面

启动 Word 2019 后，屏幕上会显示 Word 2019 的编辑窗口，如图 3-3 所示，主要由快速访问工具栏、标题栏、功能区、导航窗格、编辑区、标尺栏、状态栏、水平/垂直滑块、视图区、缩放滑块等部分组成，下面逐一介绍几个功能区的操作。

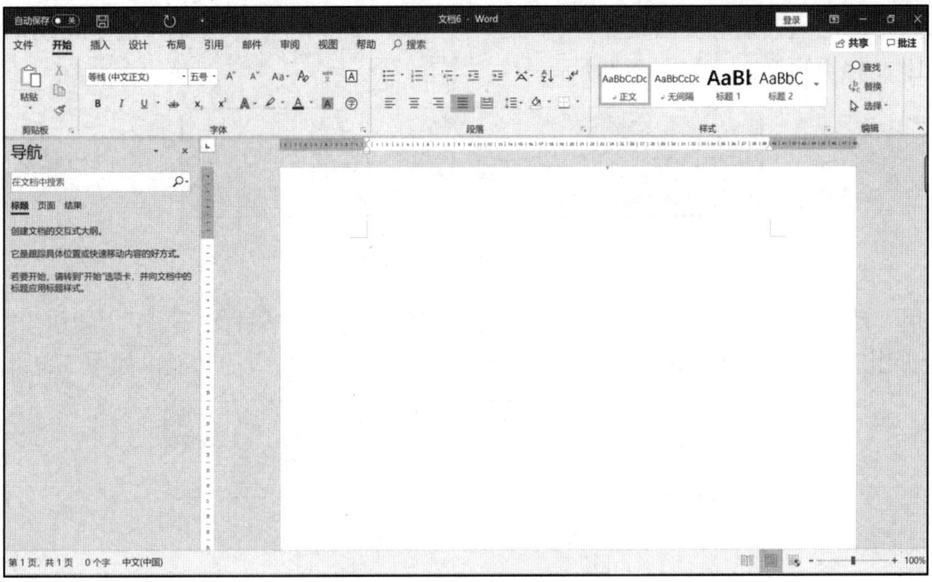

图 3-3　Word 2019 的编辑窗口

在 Word 2019 的编辑窗口中，上方看起来像菜单的是功能区域，当单击功能区时会像选项卡一样进行切换，下面一一介绍。

“开始”功能区中包括“剪贴板”“字体”“段落”“样式”“编辑”5 个分组，该功能区主要用于帮助用户对 Word 2019 文档进行文字编辑和格式设置，是用户最常用的功能区，如图 3-4 所示。

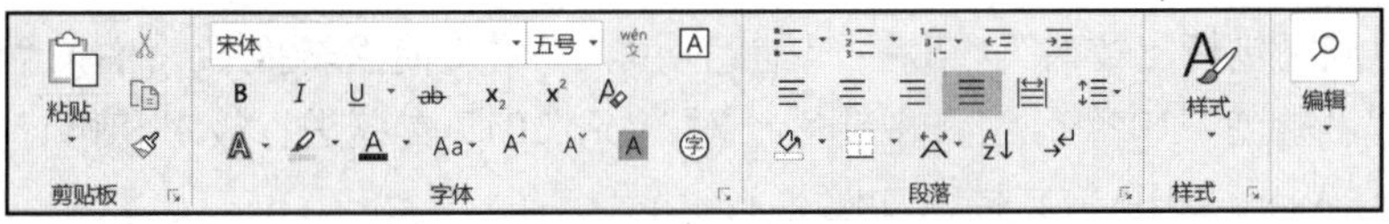


图 3-4　“开始”功能区

“插入”功能区包括“页面”“表格”“插图”“内容”“加载项”“媒体”“链接”“批注”“页眉和页脚”“文本”“符号”11 个分组，主要用于在 Word 2019 文档中插入各种元素，如图 3-5 所示。

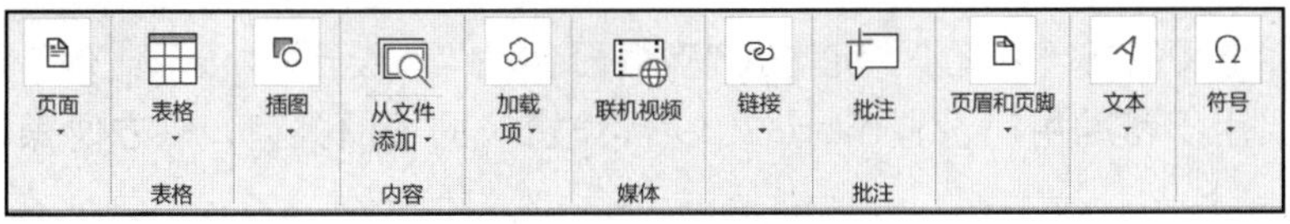


图 3-5　“插入”功能区

“设计”功能区包括“文档格式”“页面背景”两个分组，主要功能包括主题的选择和设置、设置水印、设置页面颜色和页面边框等项目，如图 3-6 所示。

图 3-6　“设计”功能区

“布局”功能区包括“页面设置”“稿纸”“段落”“排列”4 个分组，用于帮助用户设置 Word 2019 文档页面样式，如图 3-7 所示。

图 3-7 “布局”功能区

“引用”功能区包括“目录”“脚注”“信息检索”“引文与书目”“题注”“索引”“引文目录”7 个分组，用于实现在 Word 2019 文档中插入目录等比较高级的功能，如图 3-8 所示。

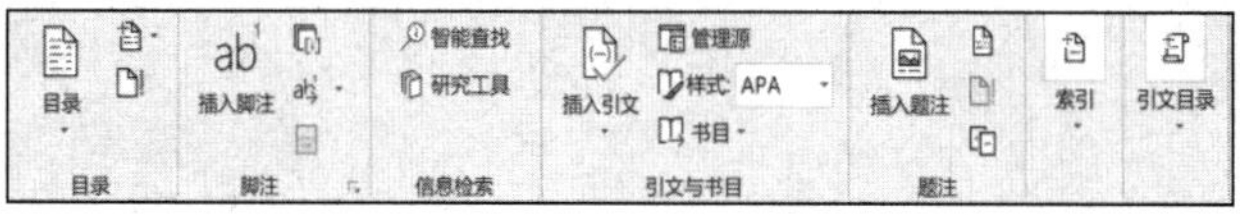


图 3-8 “引用”功能区

“邮件”功能区包括“创建”“开始邮件合并”“编写和插入域”“预览结果”“完成”5 个分组，该功能区专门用于在 Word 2019 文档中进行邮件合并方面的操作，如图 3-9 所示。

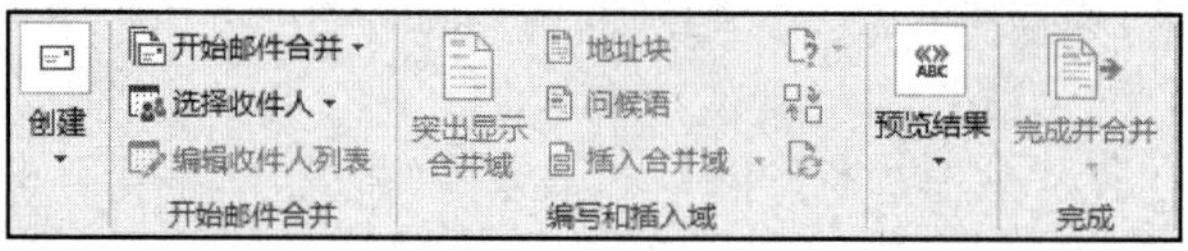


图 3-9 “邮件”功能区

“审阅”功能区包括“校对”“语言”“辅助功能”“中文简繁转换”“批注”“修订”“更改”“比较”“保护”“墨迹”10 个分组，主要用于对 Word 2019 文档进行校对和修订等操作，适用于多人协作处理 Word 2019 长文档，如图 3-10 所示。

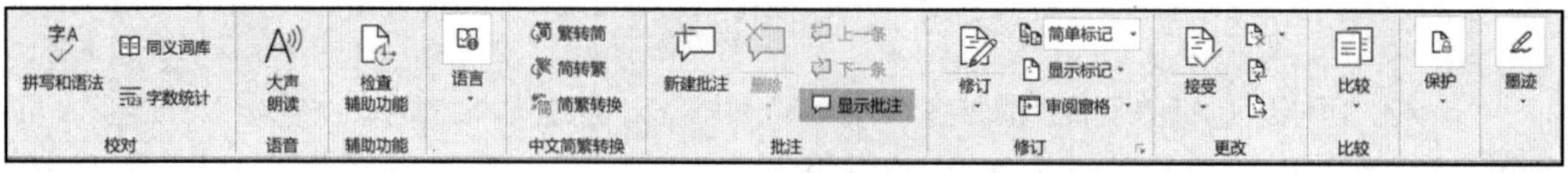


图 3-10 “审阅”功能区

“视图”功能区包括“视图”“沉浸式”“页面移动”“显示”“显示比例”“窗口”“宏”7 个分组，主要用于帮助用户设置 Word 2019 操作窗口的视图类型，以方便操作，如图 3-11 所示。

图 3-11 “视图”功能区

## 3.1.3 自定义 Word 2019 的工作界面

Word 2019 在安装好后，其界面是默认的，用户可根据自己的习惯进行设置，其中包括自定义快速访问工具栏、功能区和视图模式。

**1. 自定义快速访问工具栏**

为了方便操作，用户可以在快速访问工具栏中添加常用的命令或者删除不常用的命令。

（1）添加常用命令

单击快速访问工具栏中的按钮，在弹出的命令框中选择“其他命令”，然后在“从下列位置选择命令”中选择需要的命令，单击“添加”按钮，然后单击“确定”按钮，在快速访问工具栏里就会出现添加的命令，如图 3-12 所示。

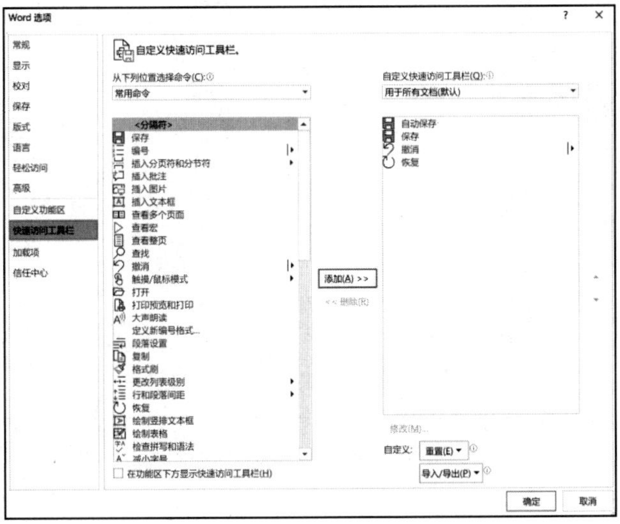


图 3-12　添加快速访问工具栏命令

（2）删除不常用命令

单击快速访问工具栏中的按钮，在弹出的命令框中选择“其他命令”，然后在“自定义快速访问工具栏”中选择需要删除的命令，单击“删除”按钮，然后单击“确定”按钮，在快速访问工具栏中就会删除所选择的命令，如图 3-13 所示。

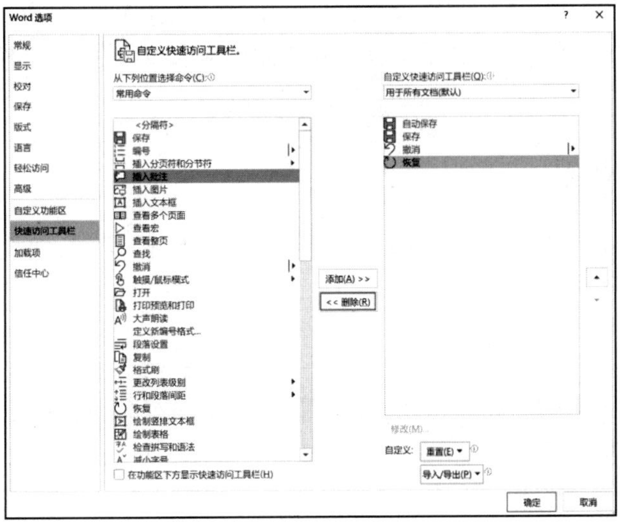


图 3-13　删除快速访问工具栏命令

### 2. 自定义功能区

在 Word 2019 工作界面中，用户可选择“文件”→“选项”命令，在打开的“Word 选项”对话框中单击“自定义功能区”选项卡，在其中根据需要显示或隐藏相应的功能选项卡、新建选项卡、在选项卡中新建组和命令等，如图 3-14 所示。

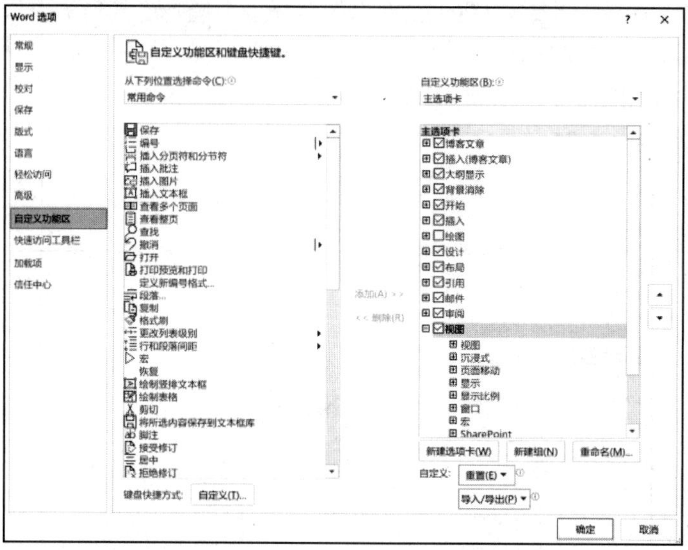


图 3-14 “自定义功能区”选项卡

## 项目实施

## 3.1.4 创建“个人学习计划”文档

启动 Word 2019 后，将会自动创建一个空白的文档，用户也可根据需要手动创建符合要求的模板文档，其操作如下。

① 选择“开始”→“所有程序”→“Word 2019”，启动 Word 2019。

② 选择“文件”→“新建”命令，在打开的面板中选择“空白文档”选项，对文档进行新建操作。

## 3.1.5 输入文档文本

创建文档后就可以在文档中输入文字了，Word 2019 的即点即输功能可轻松在文档中输入需要的文本，其操作如下。

① 将鼠标指针放置在文档中，单击进行定位。

② 切换输入法，输入“2020 年个人学习计划”文本。

③ 输入正文部分，按“Enter”键换行，使用相同的方法输入其他文本，完成 2020 年个人学习计划的输入，如图 3-15 所示。

2020个人学习计划

我曾以为大学是学生的天堂，我们最后能够自由地安排自己的生活。然而真正跨入大学的殿堂才发现并不是那么回事儿：我们仍然有很多的知识要去学习，不仅仅要学习专业知识，一些交际技巧，演讲口才等也都需要我们去学习。大学，非但不是我们学习生涯的结束，相反，它更是一种开始，一段精彩人生的序幕！

为此，我制订了以下大学阶段的学习计划。

1.课前时间预习该课即将学习的课程，课后当天巩固，及时消化，防止考前临时抱佛脚。

2.每日背100个英语单词，听一则BBC/CNN新闻，阅读一篇英语美文，闲暇时听英语音乐或看英文字幕的原声电影。为英语四级与期末考试做好充分的准备。

3.为考研做准备，各种证书的考试，英语四级证书、计算机二级证书，甚至是各类专业证书。

4.多做运动，有空去跑步或打羽毛球，没空的话也要做15分钟/次的伸展运动。

5.选取对专业技能培养有利的社团与群众活动，避免盲目造成的时间浪费。

6.参加兼职但不能与课程冲突。一方面增加了必要的资金来源，另一方面培养了社会实践潜力。

7.旅游。看看周边甚至更远的地方，调剂情绪、扩大视野，同时也可以实现一直以来的愿望。

大学是个很宽松自由的学习环境，不再像高中那样只专注于学习书本上的知识，更多的是潜力上的锻炼。也正因为如此，学习就应更加地自主，甚至不得不分出心神与精力给各种这样或那样的活动。一旦处理不好便是学习、活动两头不讨好；而若成功，便又是享之不尽的硕果。

因此，我要一步步地坚持下去……坚持，就是胜利！

2020年9月

张云

图 3-15 完成文档的输入

## 3.1.6 修改和编辑文本

若要输入与文档中已有的内容相同的文本，可以通过“复制”的方法来操作；若要将所需内容从一个位置移动到另一个位置，可以通过“剪切”的方法来操作。

### 1. 复制文本

复制文本是指在目标位置为原位置的文本创建一个副本，复制文本后，原位置和目标位置都仍存在该文本，具体的操作方法有以下3种。

① 选择要复制的文本，在“开始”功能区中单击“复制”按钮，利用鼠标或者键盘定位到要粘贴的地方，然后在“开始”功能区中单击“粘贴”按钮。

② 选择要复制的文本，右击，在弹出的快捷菜单中选择“复制”命令，利用鼠标或者键盘定位到要粘贴的地方，然后右击，在弹出的快捷菜单中选择“粘贴”命令。

③ 选择要复制的文本，按“Ctrl+C”组合键，利用鼠标或者键盘定位到要粘贴的地方，然后按“Ctrl+V”组合键。

### 2. 移动文本

移动文本是指将文本从原来的位置移动到文档中的其他位置，具体的操作方法有以下3种。

① 选择要移动的文本，在“开始”功能区中单击“剪切”按钮，利用鼠标或者键盘定位到要粘贴的地方，然后在“开始”功能区中单击“粘贴”按钮。

② 选择要移动的文本，右击，在弹出的快捷菜单中选择“剪切”命令，利用鼠标或者键盘定位到要粘贴的地方，然后右击，在弹出的快捷菜单中选择“粘贴”命令。

③ 选择要移动的文本，按“Ctrl+X”组合键，利用鼠标或者键盘定位到要粘贴的地方，然后按“Ctrl+V”组合键。

## 3.1.7 查找和替换文本

在工作或学习中，输入时可能打错了一些字，在这种情况下，可以使用“查找和替换”功能来检查和修改错误的部分，其操作方法如下。

将插入点定位到文档的开始处，在“开始”功能区的“编辑”组中找到“替换”按钮，或者按“Ctrl+H”组合键，打开“查找和替换”对话框，如图 3-16 所示。

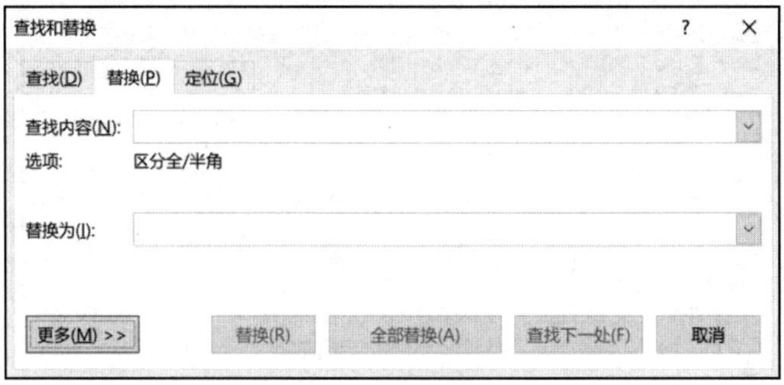


图 3-16 “查找和替换”对话框

分别在“查找内容”和“替换为”文本框中输入要查找和替换的内容。例如，在“查找内容”文本框中输入“我们”，再单击更多“格式”中的“字体”选择“双下画线”，在“替换为”文本框中输入“我们”，再单击更多“格式”中的“字体”选择“无下画线”，然后单击“全部替换”按钮，那么文档中所有的“我们”就替换为“我们”了，如图 3-17 所示。

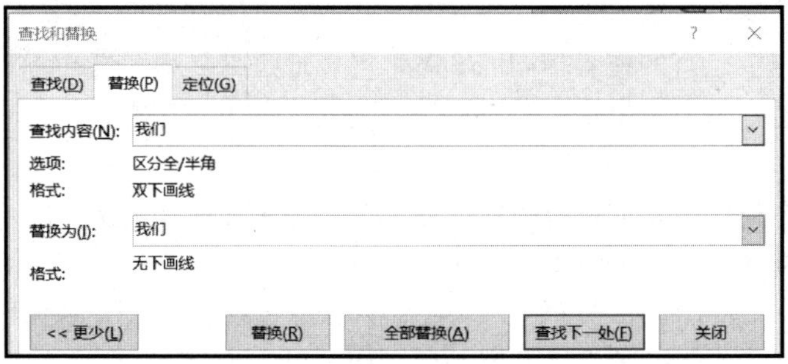


图 3-17 “查找和替换”的使用

## 3.1.8 字体的设置

文字的字体设置包括文字的字体、字号、增大字号、减小字号、字形、上标、下标、颜色等。

当文字输入完后，需要对文档中文字的字体及字号等进行设置，操作方法如下。

选择需要设置的文字，在“开始”功能区中找到“字体”组进行设置，如图 3-18 所示。

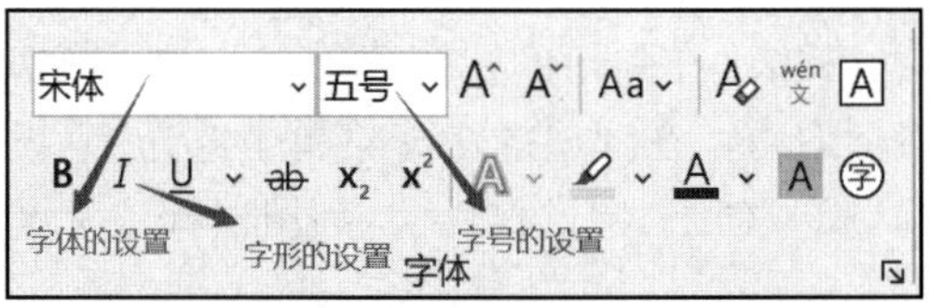


图 3-18 “字体”组

选择需要设置的文字，在“开始”功能区中单击“字体”组中右侧的“ ”按钮，在弹出的对话框中也可以对字体进行设置，如图 3-19 所示。

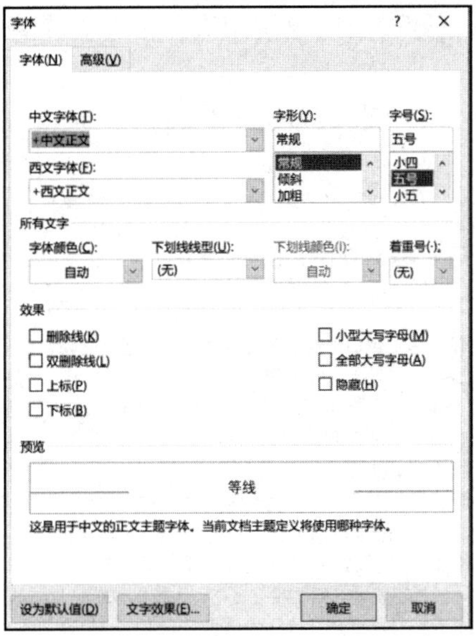


图 3-19 “字体”对话框

## 3.1.9 段落的设置

对于 Word 2019 文档的录入，常常需要注意录入的格式，通过合理设置段落格式，可以让文稿看起来更加美观。

选择要设置段落的文字，右击，在弹出的快捷菜单中选择“段落”命令，或者在“开始”功能区的“段落”组中单击右侧的按钮，就会弹出“段落”对话框，如图 3-20 所示。

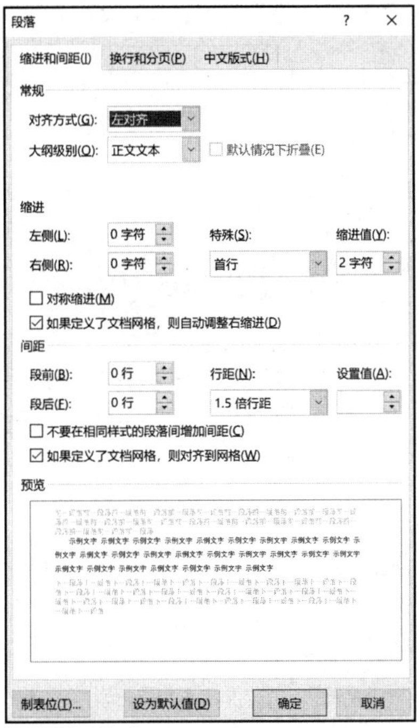


图 3-20 “段落”对话框

“首行缩进”是指每段第一行向右空出的距离或者字符个数，中文文档习惯上向右空两字符。

“悬挂缩进”与首行缩进相反，是指段落的第一行向左伸出的范围，这种格式的使用比较少见。

具体的操作方法如下。

① 打开“个人学习计划”文档，如图 3-21 所示。

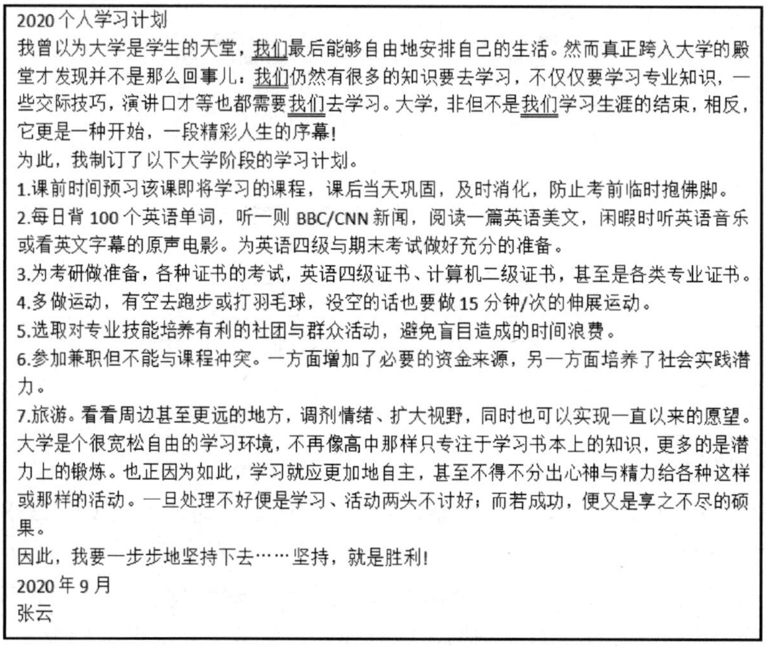
2020 个人学习计划
我曾以为大学是学生的天堂，我们最后能够自由地安排自己的生活。然而真正跨入大学的殿堂才发现并不是那么回事儿：我们仍然有很多的知识要去学习，不仅仅要学习专业知识，一些交际技巧，演讲口才等也都需要我们去学习。大学，非但不是我们学习生涯的结束，相反，它更是一种开始，一段精彩人生的序幕！
为此，我制订了以下大学阶段的学习计划。
1.课前时间预习该课即将学习的课程，课后当天巩固，及时消化，防止考前临时抱佛脚。
2.每日背 100 个英语单词，听一则 BBC/CNN 新闻，阅读一篇英语美文，闲暇时听英语音乐或看英文字幕的原声电影。为英语四级与期末考试做好充分的准备。
3.为考研做准备，各种证书的考试，英语四级证书、计算机二级证书，甚至是各类专业证书。
4.多做运动，有空去跑步或打羽毛球，没空的话也要做 15 分钟/次的伸展运动。
5.选取对专业技能培养有利的社团与群众活动，避免盲目造成的时间浪费。
6.参加兼职但不能与课程冲突。一方面增加了必要的资金来源，另一方面培养了社会实践潜力。
7.旅游。看看周边甚至更远的地方，调剂情绪、扩大视野，同时也可以实现一直以来的愿望。
大学是个很宽松自由的学习环境，不再像高中那样只专注于学习书本上的知识，更多的是潜力上的锻炼。也正因为如此，学习就应更加地自主，甚至不得不分出心神与精力给各种这样或那样的活动。一旦处理不好便是学习、活动两头不讨好；而若成功，便又是享之不尽的硕果。
因此，我要一步步地坚持下去……坚持，就是胜利！
2020 年 9 月
张云

图 3-21 “个人学习计划”文档内容

② 对标题进行设置。选择要设置的标题文字，在“开始”功能区中对“字体”“字号”“居中对齐”进行设置，如图 3-22 所示。

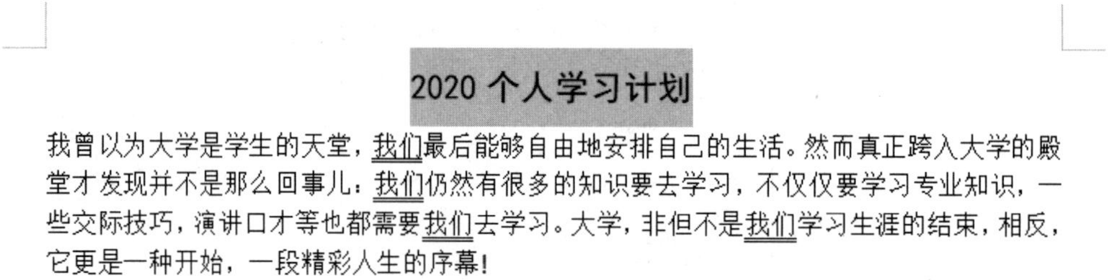
2020 个人学习计划
我曾以为大学是学生的天堂，我们最后能够自由地安排自己的生活。然而真正跨入大学的殿堂才发现并不是那么回事儿：我们仍然有很多的知识要去学习，不仅仅要学习专业知识，一些交际技巧，演讲口才等也都需要我们去学习。大学，非但不是我们学习生涯的结束，相反，它更是一种开始，一段精彩人生的序幕！

图 3-22 标题部分“字体”“字号”“居中对齐”的设置

③ 对正文文字进行设置。选择所有的正文文字，在“开始”功能区中对“字体”“字号”进行设置，如图 3-23 所示。

④ 对段落的设置。选中段落中的所有正文文字，右击，在弹出的快捷菜单中选择“段落”命令，打开“段落”对话框。在“特殊”下拉列表中选择“首行”，“缩进值”为“2 字符”，“行距”为“固定值”，“设置值”为“20 磅”，如图 3-24 所示。

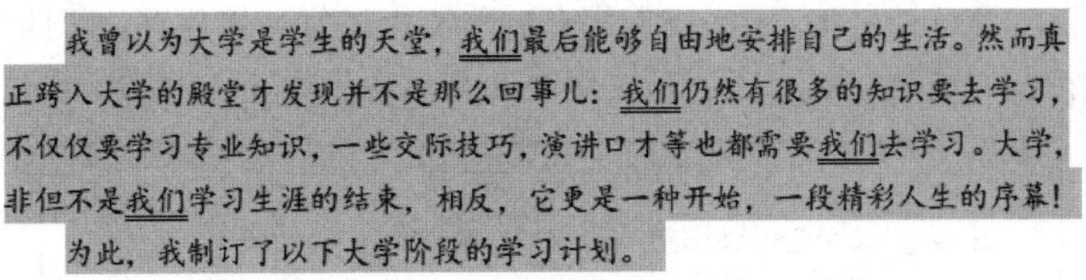
2020个人学习计划

我曾以为大学是学生的天堂，我们最后能够自由地安排自己的生活。然而真正跨入大学的殿堂才发现并不是那么回事儿：我们仍然有很多的知识要去学习，不仅仅要学习专业知识，一些交际技巧，演讲口才等也都需要我们去学习。大学，非但不是我们学习生涯的结束，相反，它更是一种开始，一段精彩人生的序幕！

为此，我制订了以下大学阶段的学习计划。

图 3-23　正文文字“字体”“字号”的设置

图 3-24　“段落”的设置

⑤ “查找和替换”的设置。将插入点定位到文档的开始处，在“开始”功能区的“编辑”组中找到“替换”按钮，或者按“Ctrl+H”组合键，打开“查找和替换”对话框。在“查找内容”文本框中输入“我们”，在“替换为”文本框中输入“我们”，然后单击“全部替换”按钮，则文档中所有的“我们”就替换为“我们”了，如图3-25所示。

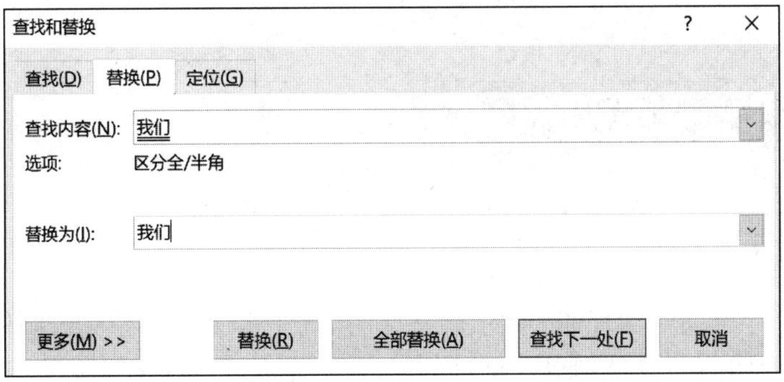


图 3-25　“查找和替换”对话框

## 3.1.10　保存文档

完成编辑后，必须对文档进行保存。一般情况下，保存文档的方法有4种：第一种是选择

“文件”→“保存”命令，这种方法是直接在现有的文档中进行保存；第二种是选择“文件”→“另存为”命令，这种方法可以将文档保存在计算机的其他位置，也就是按照用户的意愿在指定的位置进行保存；第三种是按“Ctrl+S”组合键对文档进行直接保存；第四种是单击快速访问工具栏中的按钮对文档进行保存。最终保存的文体效果如图 3-26 所示。

2020 个人学习计划

我曾以为大学是学生的天堂，我们最后能够自由地安排自己的生活。然而真正跨入大学的殿堂才发现并不是那么回事儿：我们仍然有很多的知识要去学习，不仅仅要学习专业知识，一些交际技巧，演讲口才等也都需要我们去学习。大学，非但不是我们学习生涯的结束，相反，它更是一种开始，一段精彩人生的序幕！

为此，我制订了以下大学阶段的学习计划。

1. 课前时间预习该课即将学习的课程，课后当天巩固，及时消化，防止考前临时抱佛脚。

2. 每日背 100 个英语单词，听一则 BBC/CNN 新闻，阅读一篇英语美文，闲暇时听英语音乐或看英文字幕的原声电影。为英语四级与期末考试做好充分的准备。

3. 为考研做准备，各种证书的考试，英语四级证书、计算机二级证书，甚至是各类专业证书。

4. 多做运动，有空去跑步或打羽毛球，没空的话也要做 15 分钟/次的伸展运动。

5. 选取对专业技能培养有利的社团与群众活动，避免盲目造成的时间浪费。

6. 参加兼职但不能与课程冲突。一方面增加了必要的资金来源，另一方面培养了社会实践潜力。

7. 旅游。看看周边甚至更远的地方，调剂情绪、扩大视野，同时也可以实现一直以来的愿望。

大学是个很宽松自由的学习环境，不再像高中那样只专注于学习书本上的知识，更多的是潜力上的锻炼。也正因为如此，学习就应更加地自主，甚至不得不分出心神与精力给各种这样或那样的活动。一旦处理不好便是学习、活动两头不讨好；而若成功，便又是享之不尽的硕果。

因此，我要一步步地坚持下去……坚持，就是胜利！

2020 年 9 月

张云

图 3-26　最终的排版效果

## 3.2　制作活动策划书

### 项目要求

张云在大学学生会策划部任职。因活动开展的需要，策划部要求张云制作活动策划书。接到任务后，张云找到相关负责人确认了活动的流程，最后使用 Word 2019 的相关功能进行制作，完成后的参考效果图如图 3-27 所示，相关要求如下。

（1）标题字体为“华文琥珀”，字号为“二号”，间距为“加宽”，正文字号为“四号”。标题的“段前、段后”间距为“1 行”。

（2）二级标题格式为“四号、加粗、深红”，二级标题的间距为“多倍行距、3”。

（3）标题“居中对齐”，正文“首行缩进”2 字符。

（4）为二级标题设置项目符号“➤”，为标题设置“深红”颜色。

（5）“收书阶段”和“图书回收阶段”的文本应用“方框”边框样式，边框样式为三线条，并添加阴影，底纹颜色为“白色、背景 1、深色 15%”。

（6）为文档加密，密码为“ABCDEFG”。

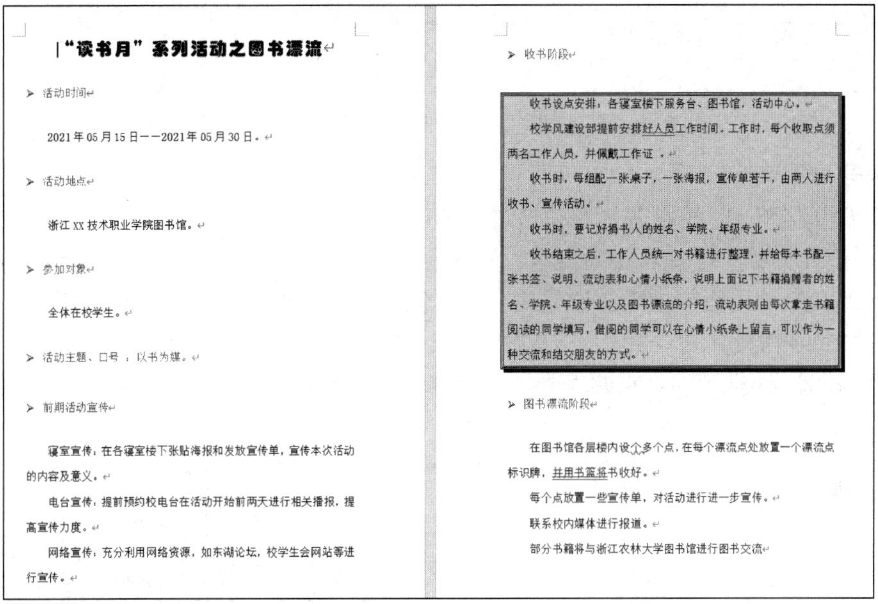

“读书月”系列活动之图书漂流

➤ 活动时间

2021年05月15日——2021年05月30日。

➤ 活动地点

浙江XX技术职业学院图书馆。

➤ 参加对象

全体在校学生。

➤ 活动主题、口号：以书为媒。

➤ 前期活动宣传

寝室宣传：在各寝室楼下张贴海报和发放宣传单，宣传本次活动的内容及意义。

电台宣传：提前预约校电台在活动开始前两天进行相关播报，提高宣传力度。

网络宣传：充分利用网络资源，如东湖论坛，校学生会网站等进行宣传。

➤ 收书阶段

收书设点安排：各寝室楼下服务台、图书馆，活动中心。

校学风建设部提前安排好人员工作时间。工作时，每个收取点须两名工作人员，并佩戴工作证 。

收书时，每组配一张桌子，一张海报，宣传单若干，由两人进行收书、宣传活动。

收书时，要记好捐书人的姓名、学院、年级专业。

收书结束之后，工作人员统一对书籍进行整理，并给每本书配一张书签、说明、流动表和心情小纸条，说明上面记下书籍捐赠者的姓名、学院、年级专业以及图书漂流的介绍，流动表则由每次拿走书籍阅读的同学填写，借阅的同学可以在心情小纸条上留言，可以作为一种交流和结交朋友的方式。

➤ 图书漂流阶段

在图书馆各层楼内设个多个点，在每个漂流点处放置一个漂流点标识牌，并用书篮将书收好。

每个点放置一些宣传单，对活动进行进一步宣传。

联系校内媒体进行报道。

部分书籍将与浙江农林大学图书馆进行图书交流

图 3-27　活动策划书参考效果

## 相关知识

## 3.2.1　认识字符格式

字符格式主要是通过“字体”组和“段落”组来进行设置的，选择相应的字符和文本，然后单击“字体”组和“段落”组中相应的按钮，就可以对字符和文本进行设置，如图 3-28 所示。

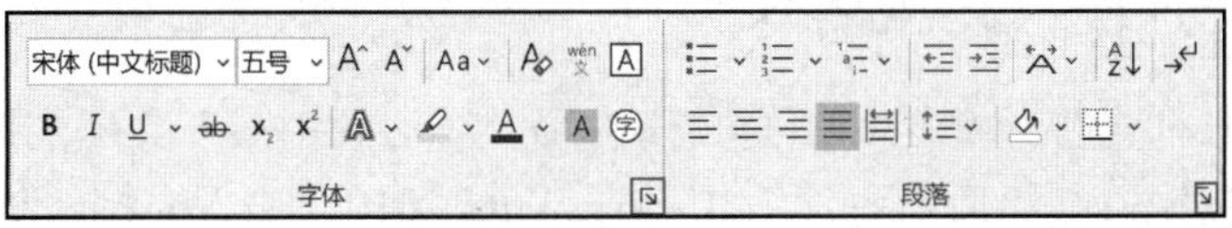


图 3-28　“字体”组和“段落”组中的按钮

## 3.2.2　项目符号和编号

项目符号和编号的作用是使文章变得具有可读性、层次分明。下面来学习项目符号和编号。

### 1. 项目符号

“项目符号”按钮在“开始”功能区的“段落”组中，其作用是创建适用于技术或法律文档的编号，使用起来非常方便。如果“项目符号库”中没有我们想要的符号，可单击“定义新项目符号”按钮，里面包含了“符号”“图片”“字体”3 个选项，可以在其中选择自己所需的符号，如图 3-29 所示。

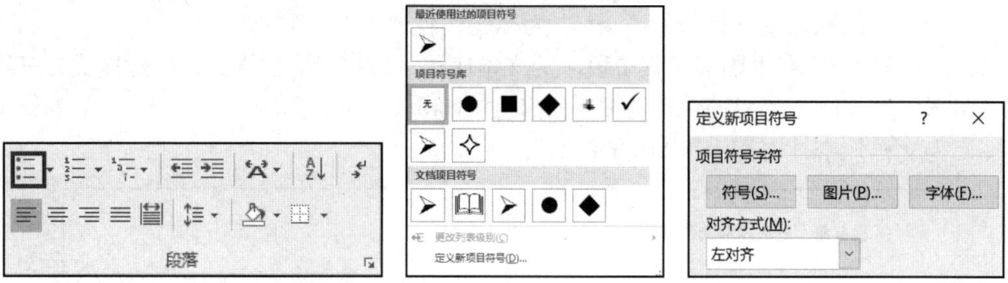


图 3-29 “项目符号”的相关设置

### 2. 编号

Word 2019 文档中，我们需要对编辑过的 Word 文档进行整体的调整，让 Word 文档看起来整体有序、整齐美观，这就需要为段落设置编号。“编号”按钮在“开始”功能区的“段落”组中，Word 2019 使用编号很简单，只需要在“编号库”中选择一种样式就可以了。但有时也需要重新定义编号的起始值，我们可以选择已应用的编号，右击，在弹出的快捷菜单中选择“设置编号值”命令，在打开的“起始编号”对话框中输入新编号的初始值或者选择“继续上一列表”，如图 3-30 所示。

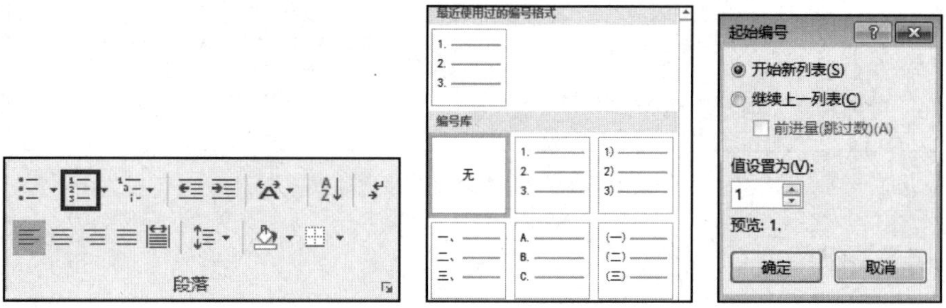


图 3-30 “编号”的相关设置

## 项目实施

## 3.2.3 打开文档并输入文档文本

要输入文档，必须先打开文档，下面具体讲解“活动策划书”文档的操作方法。

单击“开始”按钮，在“所有程序”中打开 Word 2019，输入文档，如图 3-31 所示。

“读书月”系列活动之图书漂流
活动时间
2021 年 05 月 15 日——2021 年 05 月 30 日。
活动地点
浙江 XX 技术职业学院图书馆。
参加对象
全体在校学生。
活动主题、口号 ：以书为媒。
前期活动宣传
寝室宣传：在各寝室楼下张贴海报和发放宣传单，宣传本次活动的内容及意义。
电台宣传：提前预约校电台在活动开始前两天进行相关播报，提高宣传力度。
网络宣传：充分利用网络资源，如东湖论坛，校学生会网站等进行宣传。

图 3-31 输入文档

## 3.2.4　设置字体格式和段落格式

选中标题文字，按照任务要求进行设置，标题字体为“华文琥珀”，字号为“二号”，间距为“加宽”，标题“居中对齐”，如图 3-32 所示。

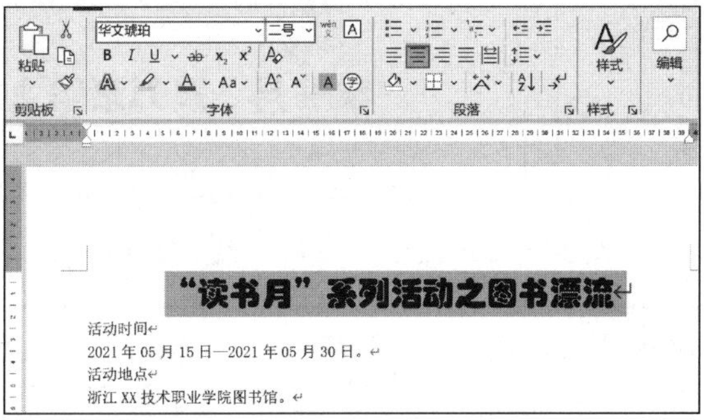


图 3-32　标题字体格式的设置

**提示：**文字“加宽”在“字体”组中，单击字体右面的按钮，在弹出的“字体”对话框中选择“高级”选项卡，单击“间距”后面的按钮，在弹出的命令选项中选择“加宽”，然后设置相应的参数即可。

设置正文字号为“四号”，如图 3-33 所示；设置“首行缩进”2 字符，如图 3-34 所示。

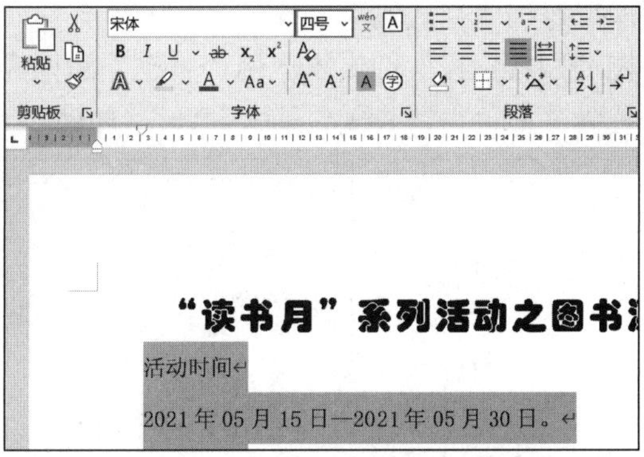


图 3-33　正文字体格式的设置

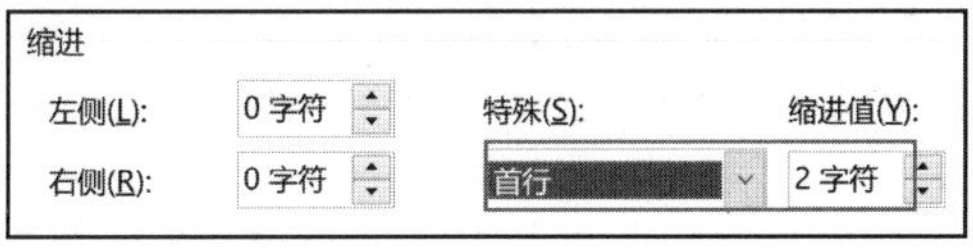


图 3-34　“首行缩进”的设置

## 3.2.5　设置段落和边框

为二级标题设置项目符号“➤”，标题设置“深红”颜色，如图 3-35 所示。设置标题的“段前、段后”间距为“1 行”，二级标题的间距为“多倍行距、3”，二级标题格式为“四号、加粗、深红”，如图 3-36 所示。

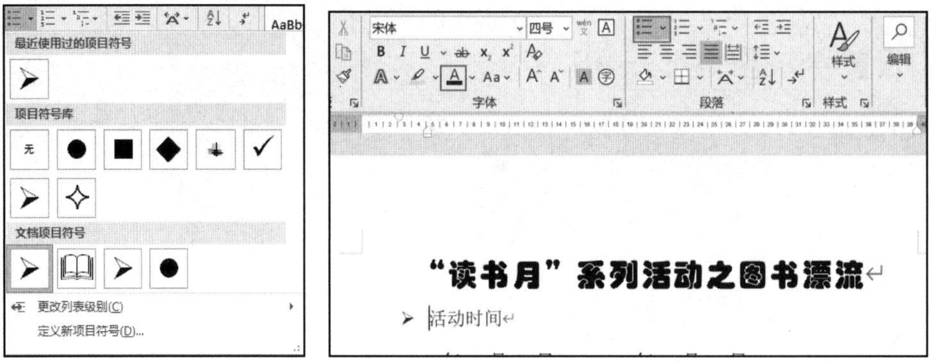


图 3-35 “项目符号”和“底纹”的设置

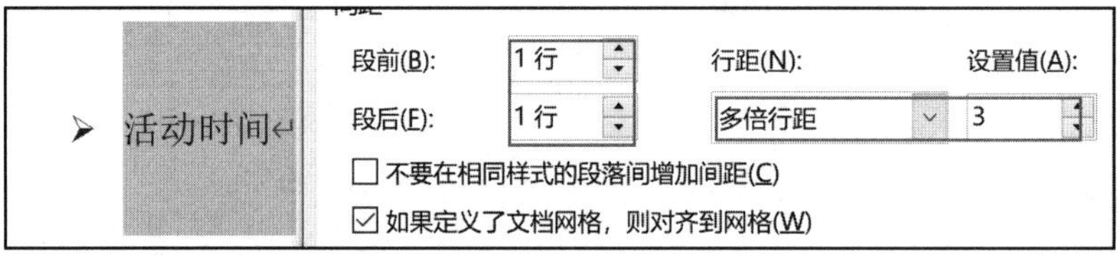


图 3-36 二级标题“段落”的设置

**提示**：在使用“项目符号”时，可以使用“格式刷”命令来复制格式。单击“格式刷”按钮，可以复制格式一次；双击格式刷，可以重复地复制格式多次。操作完成“格式刷”后，再次单击“格式刷”按钮即可退出“格式刷”的操作。

为“收书阶段”和“图书回收阶段”的文本应用“方框”边框样式，边框样式为三线条，并添加阴影；设置底纹颜色为“白色、背景 1、深色 15%”，如图 3-37 所示。

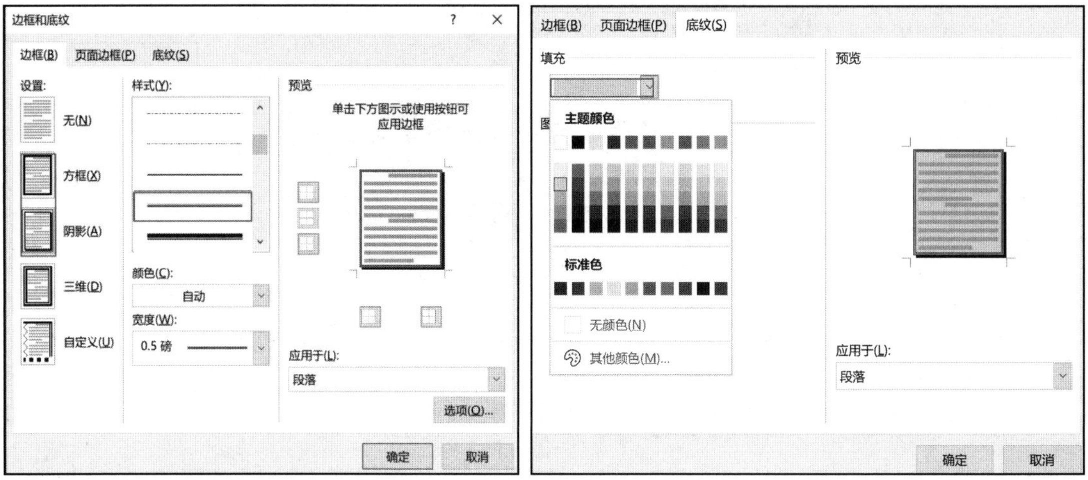


图 3-37 设置“边框和底纹”

## 3.2.6 保护文档

为了防止他人随意查看文档信息，可以使用 Word 2019 中的“保护文档”功能对文档进行保护，其操作方法如下。

选择“文件”→“信息”命令，在窗口中单击“保护文档”按钮，然后选择“用密码进行加密”选项，如图 3-38 所示。

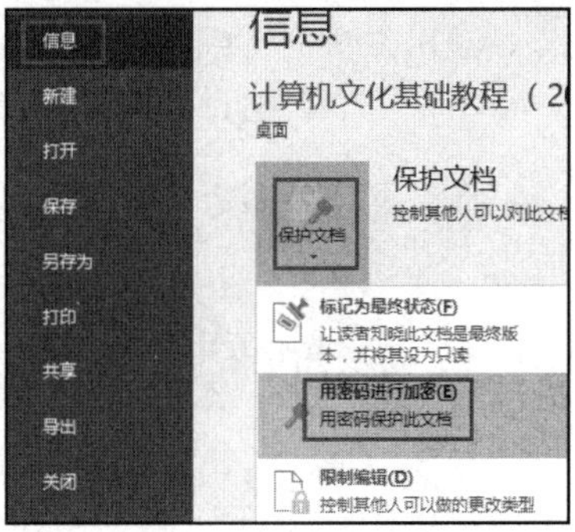


图 3-38 “保护文档”的设置

首先在打开的“加密文档”对话框的“密码”文本框中输入密码“ABCDEFG”，其次单击“确定”按钮，再次输入密码“ABCDEFG”确认，最后单击“确定”按钮，并对所有文档进行保存，如图 3-39 所示。

**提示：**对文档进行加密还有另一种方法，即选择“文件”→“另存为”→“浏览”命令，在打开的“另存为”对话框中单击“工具”按钮，然后单击“常规选项”，在其中输入密码，也可以为文档提供加密保护。

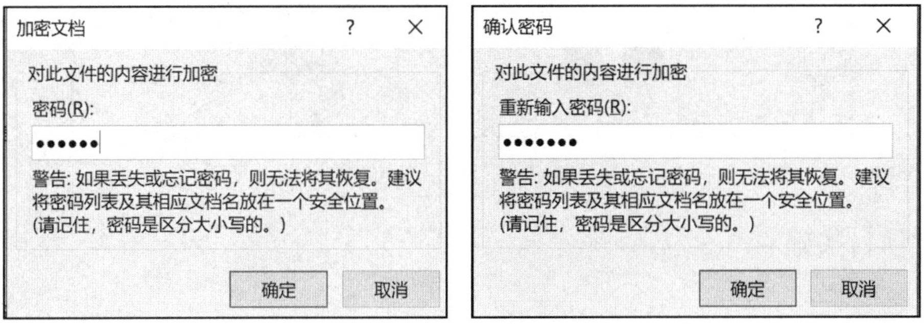


图 3-39　输入密码的设置

## 3.3　制作个人简历封面

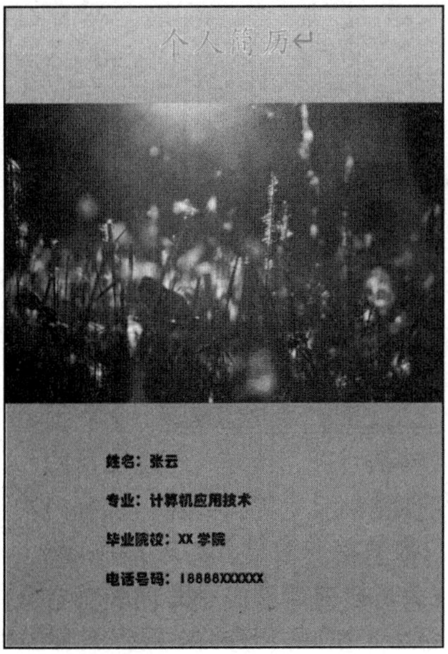


图 3-40　个人简历封面

### 项目要求

张云大学毕业了，他想找一份自己喜欢的工作，所以需要制作一份个人简历。他设计了几种方案，最后决定使用 Word 2019 的相关功能进行制作，设计完成后的效果图如图 3-40 所示，相关要求如下。

（1）将封面设置为“镶边”效果。

（2）将“个人简历”字体设置为“华文楷体”，字号设置为“初号”，在“艺术字样式”组中将文字设置为“填充：蓝色，主题色 5；边框：白色，背景色 1；清晰阴影：蓝色，主题色 5”。

（3）将封面上部分的形状设置为“细微效果-绿色，强调颜色 6”。

（4）将封面下部分的形状设置为“浅色 1 轮廓-彩色填充绿色，强调颜色 6”。

（5）在网上下载图片素材，插入图片并调整图片的大小。

（6）将个人信息的字体设置为“华文琥珀、小二”。

## 相关知识

### 3.3.1 形状的制作及设置

形状是指一些比较规则的图形，如线条、长方形、圆、箭头等。当在文档中绘制完图形或添加图片后，Word 2019 就会多出一个“格式”功能区，可以选择形状或者图片，然后单击“格式”，就会弹出一些工具，包含“插入形状”组、“形状样式”组、“艺术字样式”组、“文本”组、“辅助功能”组、“排列”组和“大小”组，如图 3-41 所示。

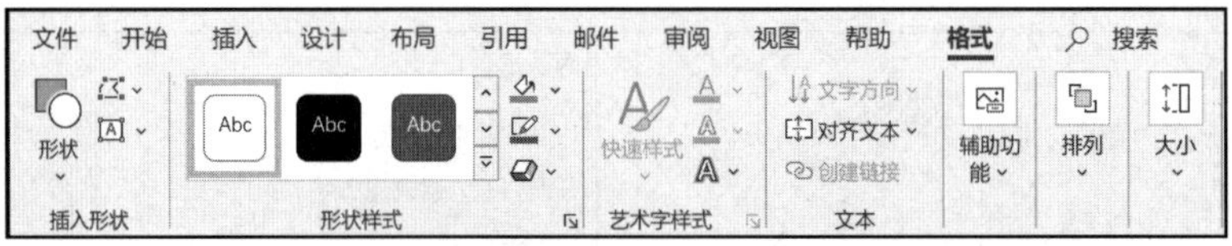


图 3-41 “格式”功能区

## 项目实施

### 3.3.2 封面的设置

要设置封面，首先需要新建一个空白文档，然后选择封面类型。

新建一个空白文档后，在“插入”功能区中单击“封面”按钮，在里面找到“镶边”类型的封面，如图 3-42 所示。

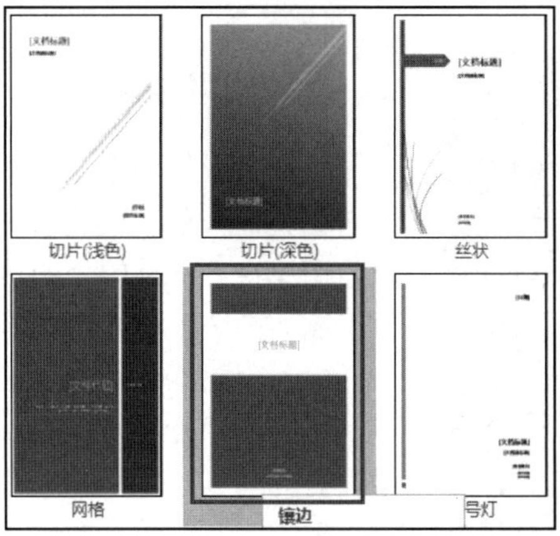


图 3-42 “镶边”类型封面

### 3.3.3 形状的设置及颜色的修改

选择封面需要的形状，在“格式”功能区的“形状样式”组中设置主题样式为“细微效果-绿色，强调颜色 6”，如图 3-43 所示。用同样的方法将封面下面的形状设置为“浅色 1 轮廓-彩色填充绿色，强调颜色 6”。

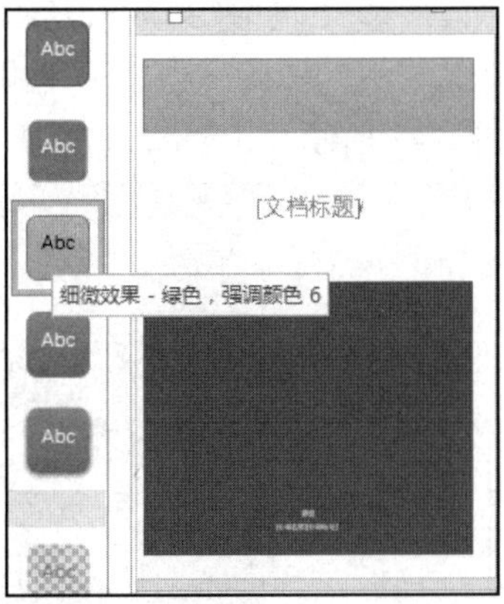


图 3-43 形状的设置及颜色的修改

## 3.3.4 图片的插入及修改

删除“文档标题”控件，在空白处单击，继续删除文本框，如图 3-44 所示。

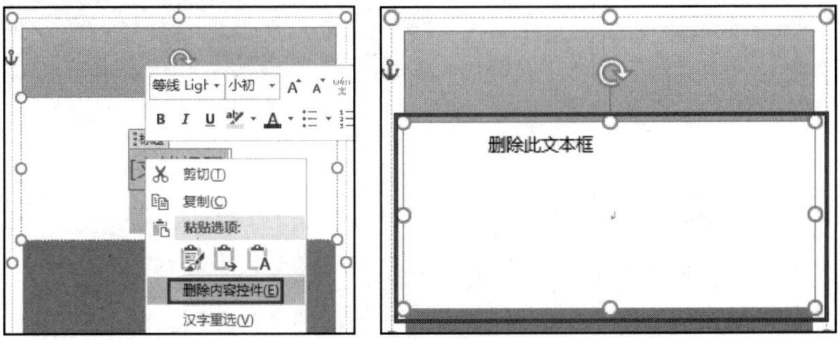


图 3-44 删除文本框控件

在“插入”功能区的“插图”组中单击“图片”按钮，在打开的“插入图片”对话框中将网上下载的图片插入编辑区中，如图 3-45 所示。

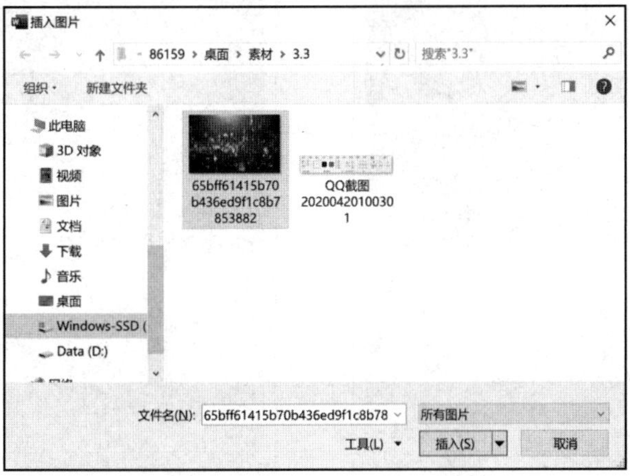


图 3-45 “插入图片”对话框

图片插入后，大小和位置需要进行调整，在“格式”功能区的“排列”组中单击“环绕文字”按钮，在弹出的选项中选择“四周型”，如图 3-46 所示。这样，我们就能移动图片并设置图片的大小了。为了使图片的宽度和形状的宽度一致，可使用“格式”功能区的“大小”组来进行参数设置，修改后的效果如图 3-47 所示。

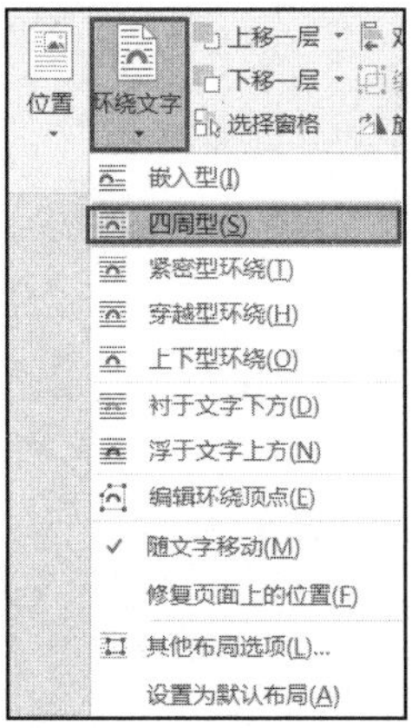


图 3-46 “环绕文字”的设置

图 3-47 设置好的效果图

## 3.3.5 文字的输入及相关设置

文字的输入需要通过设置文本框来完成，首先在“插入”功能区的“文本”组中单击“文本框”按钮，在上面的形状里面插入一个文本框，如图 3-48 所示。然后在文本框中输入“个人简历”，并设置好字体、字号及文字效果，如图 3-49 所示。

图 3-48 文本框的制作

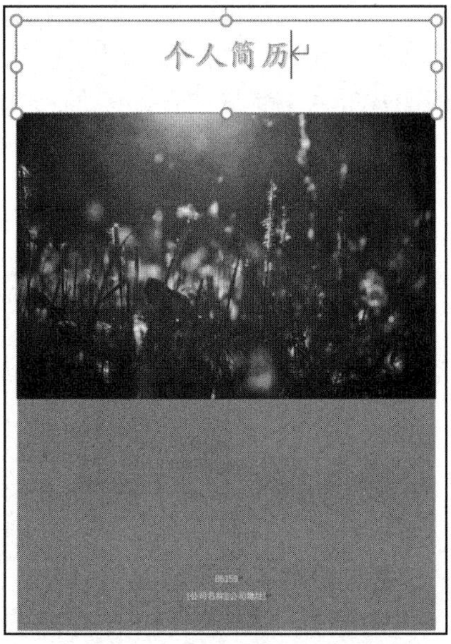


图 3-49 文字的输入与设置

接下来设置文本框格式。文本框的背景是白色的，并且黑色的线条也显示出来，不太美观，下面我们来解决这个问题。

在文本框上右击，在弹出的快捷菜单中选择“设置形状格式”命令，“文本框”右侧就会弹出“设置形状格式”的修改区域，如图 3-50 所示。

图 3-50　“设置形状格式”命令及其修改区域

在这个区域中单击“形状选项”选项卡，在“填充”选项组中选择“无填充”，在“线条”选项组中选择“无线条”，如图 3-51 所示，设置后的效果如图 3-52 所示。

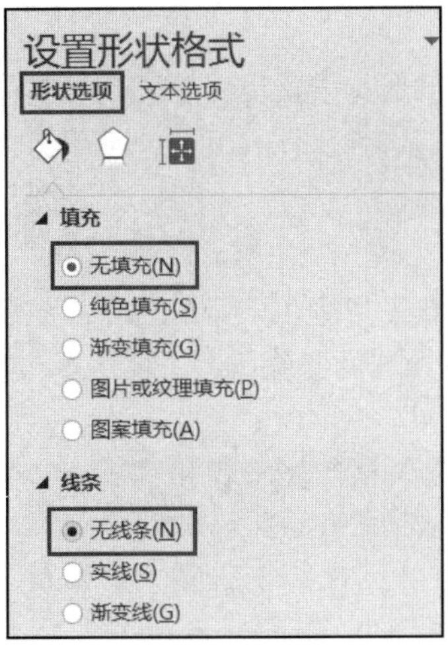


图 3-51　“设置形状格式”的设置

图 3-52　文本框的效果图

最后在封面下面的形状中用同样的方法制作个人的详细信息，设计完成后的最终效果如图 3-53 所示。

图 3-53　最终效果图

# 3.4　制作班级成绩表

## 项目要求

学校期末考试结束了，辅导员要求学习委员张云制作出班级的成绩表。张云想了几套制作方案，最终决定用 Word 2019 的相关功能制作出班级的成绩表，参考效果图如图 3-54 所示。辅导员李老师提出的相关要求如下。

（1）将标题文字设置为“黑体、小二、加粗、居中对齐”。

（2）创建一个 7 列 15 行的表格，将表格的第一列的底纹设置为“金色，个性色 4，淡色 80%”，将第一行除“总分”和“平均分”外的其他单元格的底纹设置为“蓝色，个性色 5，淡色 80%”，将“总分”单元格和“平均分”单元格设置为“浅绿色”。

（3）将表格的外框线设置为三实线，颜色设置为“绿色”，将表格的第一行和第一列交叉的线样式设置为“单实线、红色、3 磅”。

（4）利用 fx 公式求和。

（5）利用 fx 公式求平均值。

（6）以主要关键字为“平均值”进行降序排序。

**设计学院 2019 级动漫专业成绩表**

| 序号 | 姓名 | PS | FLASH | MAYA | 总分 | 平均分 |
|---|---|---|---|---|---|---|
| 1 | 张云 | 86 | 85 | 84 | 255 | 85.00 |
| 2 | 赵飞 | 85 | 88 | 78 | 251 | 83.67 |
| 3 | 李一 | 73 | 78 | 85 | 236 | 78.67 |
| 4 | 王五 | 83 | 76 | 72 | 231 | 77.00 |
| 5 | 白起 | 78 | 77 | 83 | 238 | 79.33 |
| 6 | 张学 | 85 | 79 | 82 | 246 | 82.00 |
| 7 | 周杰伦 | 79 | 74 | 88 | 241 | 80.33 |
| 8 | 张芳 | 83 | 73 | 89 | 245 | 81.67 |
| 9 | 陈浩 | 76 | 73 | 84 | 233 | 77.67 |
| 10 | 徐晓峰 | 72 | 83 | 86 | 241 | 80.33 |
| 11 | 张二 | 72 | 82 | 78 | 232 | 77.33 |
| 12 | 刘三 | 88 | 84 | 77 | 249 | 83.00 |
| 13 | 成隆 | 76 | 88 | 72 | 236 | 78.67 |
| 14 | 徐豪 | 89 | 83 | 86 | 258 | 86.00 |

图 3-54 “成绩表”效果图

## 相关知识

### 3.4.1　创建表格的几种方法

在 Word 2019 中，创建表格的方法有 3 种，下面分别介绍。

**1. 插入自动表格**

插入自动表格的操作方法如下。

① 在“插入”功能区的“表格”组中单击“表格”按钮。

② 在打开的下拉列表中按住鼠标的左键不放，直到满足所需的表格行、列数后，再松开鼠标；或者不用按住鼠标，直接在表格区域拖动鼠标，直到满足所需的表格行、列数后单击，同样也可以创建表格，如图 3-55 所示。

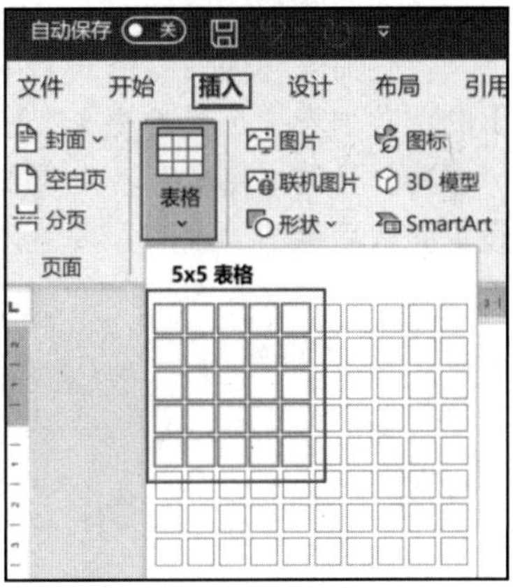


图 3-55　插入自动表格

**2. 插入指定行列表格**

插入指定行列表格的操作方法如下。

① 在“插入”功能区的“表格”组中单击“表格”按钮，在弹出的下拉列表中选择“插入表格”选项，打开“插入表格”对话框，如图 3-56 所示。

② 在该对话框中设置所需要的列数和行数，然后单击“确定”按钮即可创建表格。

**3. 绘制表格**

通过自动插入，只能插入比较规则的表格，对于一些比较复杂的表格，可以手动绘制，具体的操作方法如下。

① 在“插入”功能区的“表格”组中单击“表格”按钮，在弹出的下拉列表中选择“绘制表格”选项。

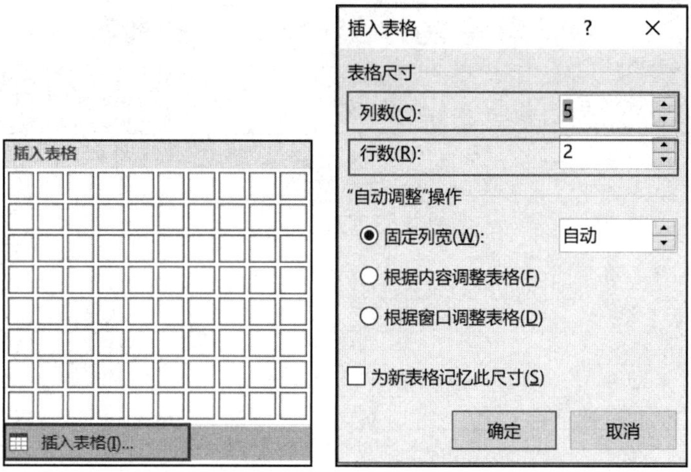


图 3-56 “插入表格”对话框

② 此时鼠标的指针变成了铅笔的形状，在需要插入表格处按住鼠标左键不放进行拖动，会出现一个虚线框显示的表格，当这个虚线的位置正好符合我们的要求时，松开鼠标，表格的边框就绘制出来了。

用这种方法制作表格比较灵活，它可以是矩形框，也可以是一条直线。当我们绘制表格时，如果误操作了，可以用“橡皮擦工具”进行修改。

## 3.4.2 将文本转换为表格

将文本转换为表格的具体操作方法如下。

选择需要转换为表格的文本，在“插入”功能区的“表格”组中单击“表格”按钮，在弹出的下拉列表中选择“将文本转换成表格”选项。

在打开的“将文字转换成表格”对话框中根据需要设置“表格尺寸”和“文字分隔位置”，设置完成后单击“确定”按钮，即可把文字转换为表格，如图 3-57 所示。

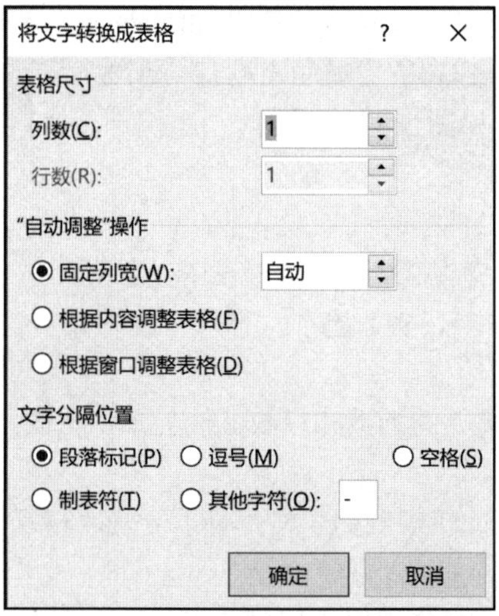


图 3-57 “将文字转换成表格”对话框

### 3.4.3　将表格转换成文本

将表格转换成文本的具体操作方法如下。

单击表格左上角的全选按钮，然后在“表格工具-布局/数据”组中单击“转换为文本”按钮。

打开“表格转换成文本”对话框，如图3-58所示。在其中选择合适的文字分隔符，单击“确定”按钮即可完成转换。

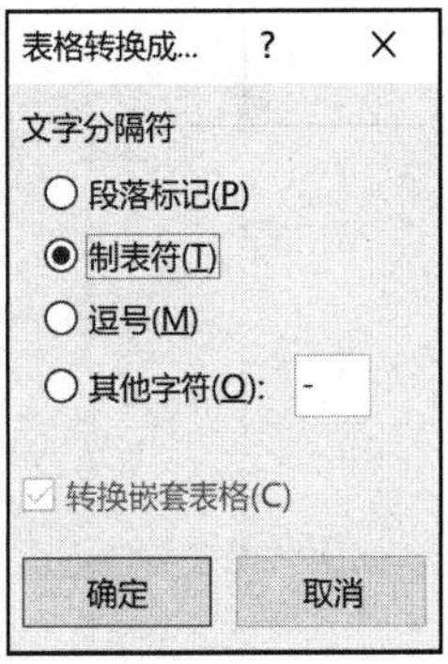


图3-58　“表格转换成文本”对话框

### 3.4.4　fx 公式的使用

当表格中出现数据时，使用 Word 2019 可以实现简单的计算，其具体的操作方法如下。

将插入点定位到“总分”列，在“布局/数据”组中单击“fx 公式”按钮，打开“公式”对话框，在“公式”文本框中输入“=SUM(LEFT)”，如图3-59所示，单击“确定”按钮，即可得到计算结果。

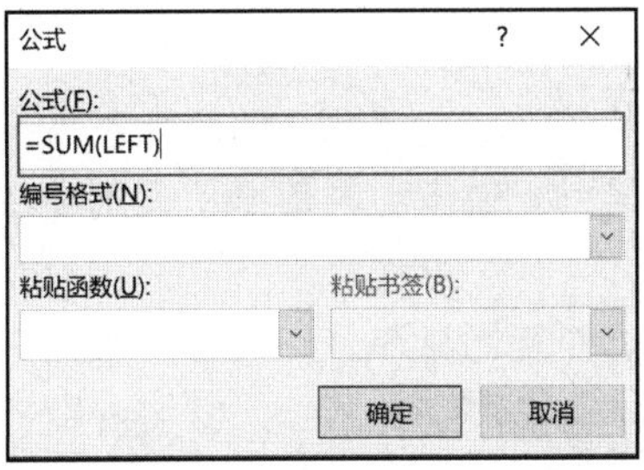


| 序号 | 姓名 | PS | FLASH | MAYA | 总分 |
|---|---|---|---|---|---|
| 1 | 张云 | 86 | 85 | 84 | 255 |
| 2 | 赵飞 | 85 | 88 | 78 | |
| 3 | 李一 | 73 | 78 | 85 | |
| 4 | 王五 | 83 | 76 | 72 | |
| 5 | 白起 | 78 | 77 | 83 | |
| 6 | 张学 | 85 | 79 | 82 | |

图3-59　“公式”对话框及计算结果

下面，我们将用更新域的方法计算“总分”列。把第一个得到的结果“255”全部复制到“总分”列的其余单元格中，只能复制，不要在里面直接输入“255”，如图3-60所示。

**设计学院2019级动漫专业成绩表**

| 序号 | 姓名 | PS | FLASH | MAYA | 总分 | 平均分 |
|---|---|---|---|---|---|---|
| 1 | 张云 | 86 | 85 | 84 | 255 | |
| 2 | 赵飞 | 85 | 88 | 78 | 255 | |
| 3 | 李一 | 73 | 78 | 85 | 255 | |
| 4 | 王五 | 83 | 76 | 72 | 255 | |
| 5 | 白起 | 78 | 77 | 83 | 255 | |
| 6 | 张学 | 85 | 79 | 82 | 255 | |
| 7 | 周杰伦 | 79 | 74 | 88 | 255 | |
| 8 | 张芳 | 83 | 73 | 89 | 255 | |
| 9 | 陈浩 | 76 | 73 | 84 | 255 | |
| 10 | 徐晓峰 | 72 | 83 | 86 | 255 | |
| 11 | 张二 | 72 | 82 | 78 | 255 | |
| 12 | 刘三 | 88 | 84 | 77 | 255 | |
| 13 | 成隆 | 76 | 88 | 72 | 255 | |
| 14 | 徐豪 | 89 | 83 | 86 | 255 | |

图3-60　复制的结果一致

按“F9”键，所有的计算结果都可以显示出来，如图3-61所示。

**设计学院 2019 级动漫专业成绩表**

| 序号 | 姓名 | PS | FLASH | MAYA | 总分 | 平均分 |
|---|---|---|---|---|---|---|
| 1 | 张云 | 86 | 85 | 84 | 255 | |
| 2 | 赵飞 | 85 | 88 | 78 | 251 | |
| 3 | 李一 | 73 | 78 | 85 | 236 | |
| 4 | 王五 | 83 | 76 | 72 | 231 | |
| 5 | 白起 | 78 | 77 | 83 | 238 | |
| 6 | 张学 | 85 | 79 | 82 | 246 | |
| 7 | 周杰伦 | 79 | 74 | 88 | 241 | |
| 8 | 张芳 | 83 | 73 | 89 | 245 | |
| 9 | 陈浩 | 76 | 73 | 84 | 233 | |
| 10 | 徐晓峰 | 72 | 83 | 86 | 241 | |
| 11 | 张二 | 72 | 82 | 78 | 232 | |
| 12 | 刘三 | 88 | 84 | 77 | 249 | |
| 13 | 成隆 | 76 | 88 | 72 | 236 | |
| 14 | 徐豪 | 89 | 83 | 86 | 258 | |

图 3-61　计算得到的结果

## 3.4.5　Word 2019 的排序

在操作 Word 2019 的过程中经常会碰到表格，插入表格比较容易处理，但是处理表格中的数据有时就犯难了，比如表格中的数据如何设置才能一目了然，使错乱的数据从大到小或者从小到大进行排列呢？下面具体介绍数据的排序。

选择表格里需要排序的数据，在“布局”功能区的“数据”组中单击“排序”按钮，在弹出的“排序”对话框中设置“主要关键字”及排序的方式，如图 3-62 所示，即可对数据进行排序。

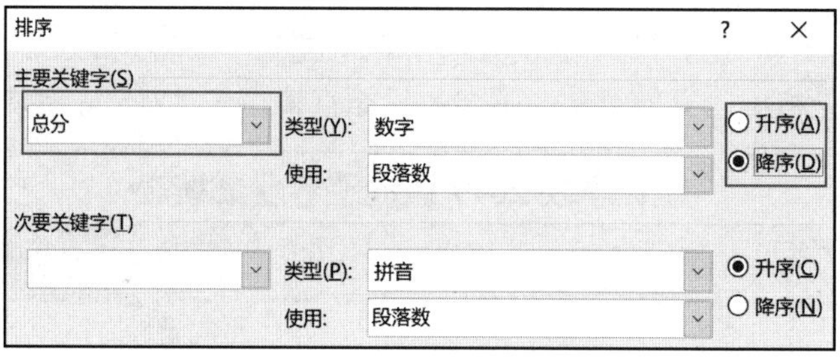


图 3-62　“排序”对话框

## 项目实施

## 3.4.6　表格的插入

在使用 Word 2019 制作表格时，首先要看一下相关数据的情况，本小节中需要创建一个 7 列 15 行的表格，其具体操作方法如下。

先输入标题文字“设计学院 2019 级动漫专业成绩表”，然后将标题文字设置为“黑体、小二、加粗、居中对齐”。

再创建一个 7 列 15 行的表格，输入相关数据，并使表格中的文字水平和垂直居中，如图 3-63 所示。

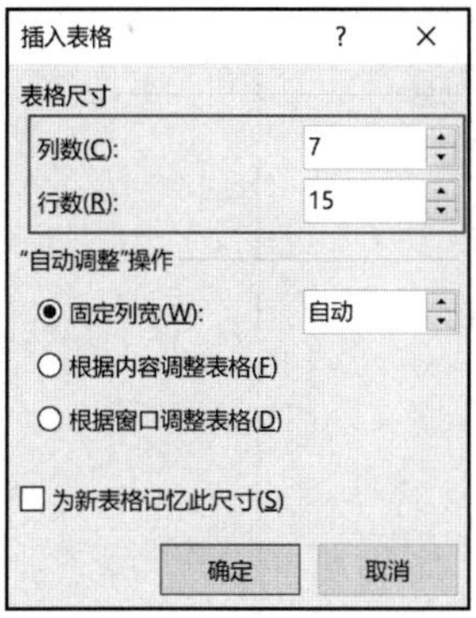

**设计学院 2019 级动漫专业成绩表**

| 序号 | 姓名 | PS | FLASH | MAYA | 总分 | 平均分 |
|---|---|---|---|---|---|---|
| 1 | 张云 | 86 | 85 | 84 | | |
| 2 | 赵飞 | 85 | 88 | 78 | | |
| 3 | 李一 | 73 | 78 | 85 | | |
| 4 | 王五 | 83 | 76 | 72 | | |
| 5 | 白起 | 78 | 77 | 83 | | |
| 6 | 张学 | 85 | 79 | 82 | | |
| 7 | 周杰伦 | 79 | 74 | 88 | | |
| 8 | 张芳 | 83 | 73 | 89 | | |
| 9 | 陈澔 | 76 | 73 | 84 | | |
| 10 | 徐晓峰 | 72 | 83 | 86 | | |
| 11 | 张二 | 72 | 82 | 78 | | |
| 12 | 刘三 | 88 | 84 | 77 | | |
| 13 | 成隆 | 76 | 88 | 72 | | |
| 14 | 徐豪 | 89 | 83 | 86 | | |

图 3-63 表格的插入和相关数据的输入

## 3.4.7 美化表格

完成表格内容的输入和编辑后，还可以对表格的边框和单元格的底纹进行颜色的填充，以达到美化表格的目的，其操作方法如下。

单击表格左上方的⊞按钮对表格进行全选，右击，在弹出的快捷菜单中选择“表格属性”命令，在弹出的“表格属性”对话框中单击“边框和底纹”按钮，打开“边框和底纹”对话框，如图 3-64 所示。

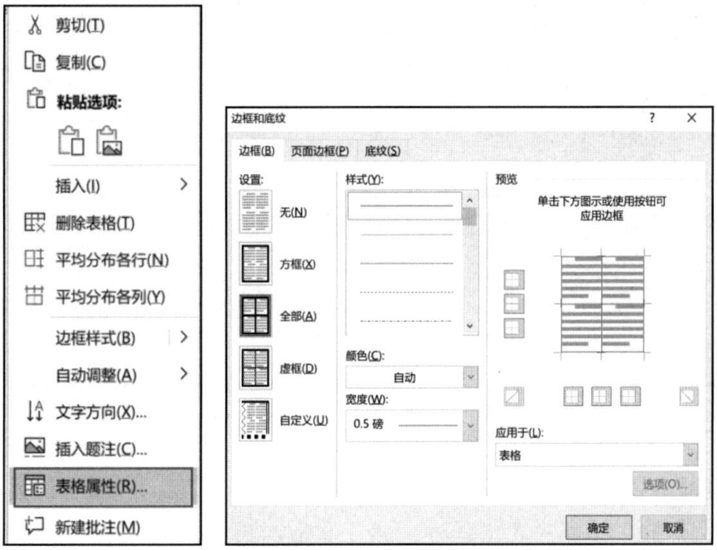


图 3-64 快捷菜单及“边框和底纹”对话框

### 1. 设置表格的底纹

选择表格的第一列，单击“底纹”选项卡，将其设置为“金色，个性色 4，淡色 80%”，如图 3-65 所示。

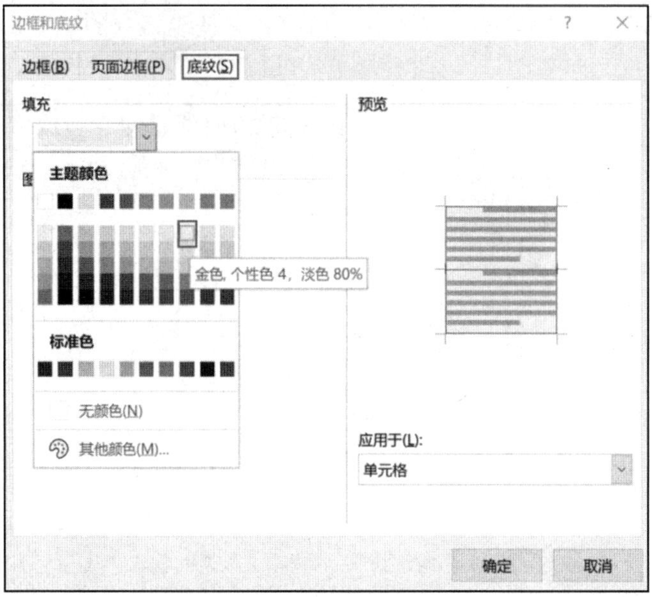


图 3-65 “底纹”的设置

按照要求，将其他表格的底纹进行同样的设置，设置后的效果如图 3-66 所示。

**设计学院 2019 级动漫专业成绩表**

| 序号 | 姓名 | PS | FLASH | MAYA | 总分 | 平均分 |
|---|---|---|---|---|---|---|
| 1 | 张云 | 86 | 85 | 84 | | |
| 2 | 赵飞 | 85 | 88 | 78 | | |
| 3 | 李一 | 73 | 78 | 85 | | |
| 4 | 王五 | 83 | 76 | 72 | | |
| 5 | 白起 | 78 | 77 | 83 | | |
| 6 | 张学 | 85 | 79 | 82 | | |
| 7 | 周杰伦 | 79 | 74 | 88 | | |
| 8 | 张芳 | 83 | 73 | 89 | | |
| 9 | 陈浩 | 76 | 73 | 84 | | |
| 10 | 徐晓峰 | 72 | 83 | 86 | | |
| 11 | 张二 | 72 | 82 | 78 | | |
| 12 | 刘三 | 88 | 84 | 77 | | |
| 13 | 成隆 | 76 | 88 | 72 | | |
| 14 | 徐豪 | 89 | 83 | 86 | | |

图 3-66 “底纹”设置最终效果

### 2. 表格线条的设置

单击表格左上方的⊞按钮对表格进行全选，右击，在弹出的快捷菜单中选择“表格属性”命令，在弹出的“表格属性”对话框中单击“边框和底纹”按钮，打开“边框和底纹”对话框，如图 3-67 所示。

在“预览”区域先取消对外框的选择，然后按照要求对外框线进行设置，如图 3-68 所示。

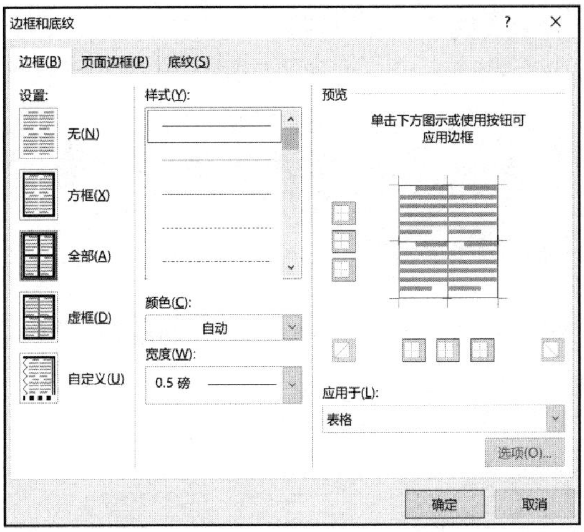


图 3-67　“边框和底纹”对话框

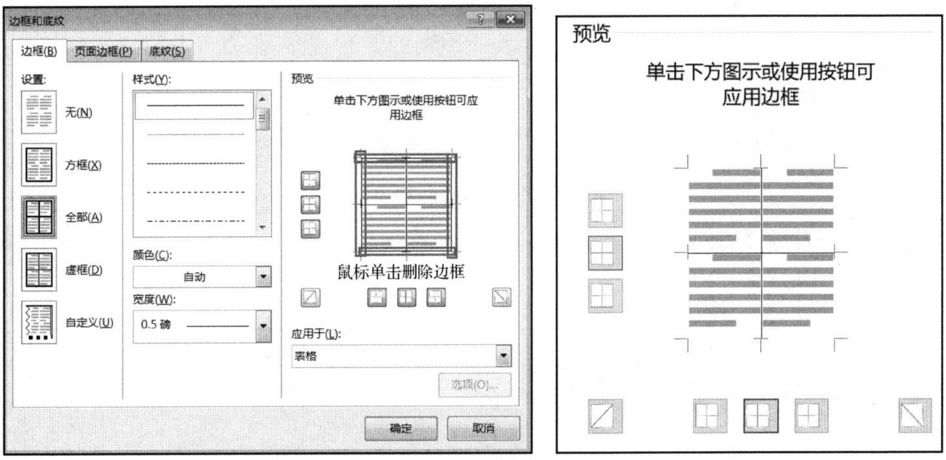


图 3-68　外框线的设置

在“样式”列表中选择三实线，颜色设置为“绿色”，然后在“预览”区域中单击表格边框，如图 3-69 所示。

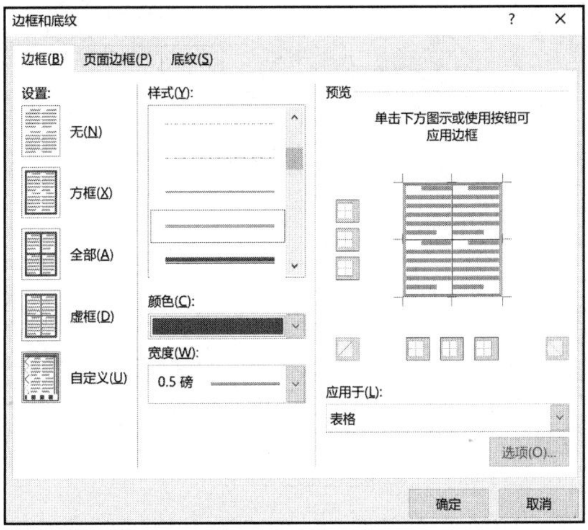


图 3-69　“三实线”外框的设置

将表格第一行和第一列交叉线的样式设置为“单实线、红色、3 磅”。首先选择第一行表格，然后打开“边框和底纹”对话框，在“预览”区域单击下面的那条线，如图 3-70 所示。

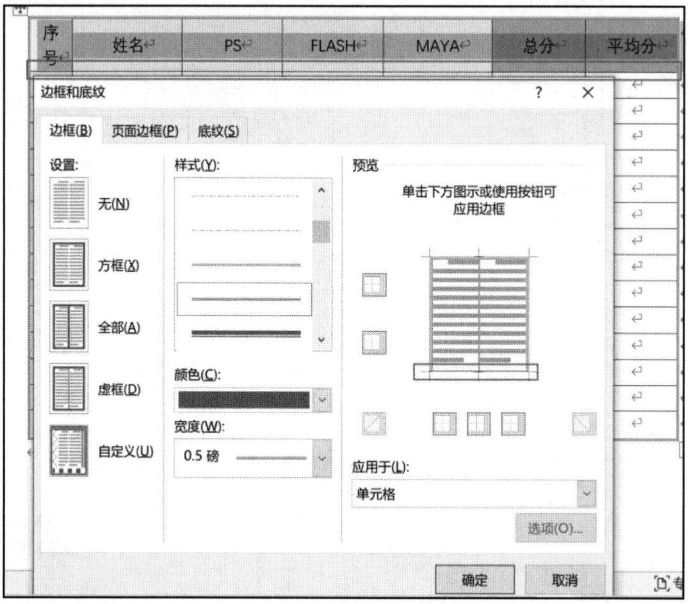


图 3-70　线条的设置

在“样式”列表框中选择“单实线”，“颜色”设置为“红色”，宽度为“3 磅”，如图 3-71 所示。

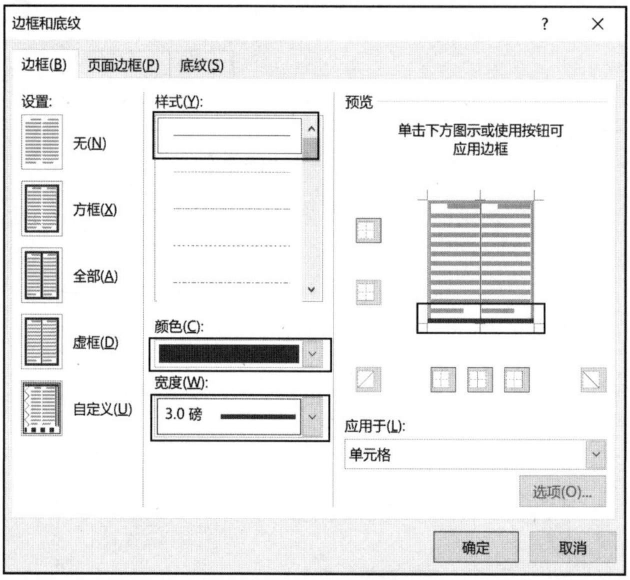


图 3-71　“单实线”的设置

用同样的操作方法把第一列的线条设置成“单实线、红色、3 磅”，最终效果如图 3-72 所示。

| 序号 | 姓名 | PS | FLASH | MAYA | 总分 | 平均分 |
|---|---|---|---|---|---|---|
| 1 | 张云 | 86 | 85 | 84 | | |
| 2 | 赵飞 | 85 | 88 | 78 | | |
| 3 | 李一 | 73 | 78 | 85 | | |
| 4 | 王五 | 83 | 76 | 72 | | |
| 5 | 白起 | 78 | 77 | 83 | | |
| 6 | 张学 | 85 | 79 | 82 | | |
| 7 | 周杰伦 | 79 | 74 | 88 | | |
| 8 | 张芳 | 83 | 73 | 89 | | |
| 9 | 陈浩 | 76 | 73 | 84 | | |
| 10 | 徐晓峰 | 72 | 83 | 86 | | |
| 11 | 张二 | 72 | 82 | 78 | | |
| 12 | 刘三 | 88 | 84 | 77 | | |
| 13 | 成隆 | 76 | 88 | 72 | | |
| 14 | 徐豪 | 89 | 83 | 86 | | |

图 3-72　线设置的最终效果

## 3.4.8　利用 fx 公式求和与求平均值

### 1. 利用 fx 公式求和

① 将插入点定位到“总分”列，在“布局/数据”组中单击 *fx* 按钮。

② 打开“公式”对话框，在“公式”文本框中输入“=SUM(LEFT)”，如图 3-73 所示。

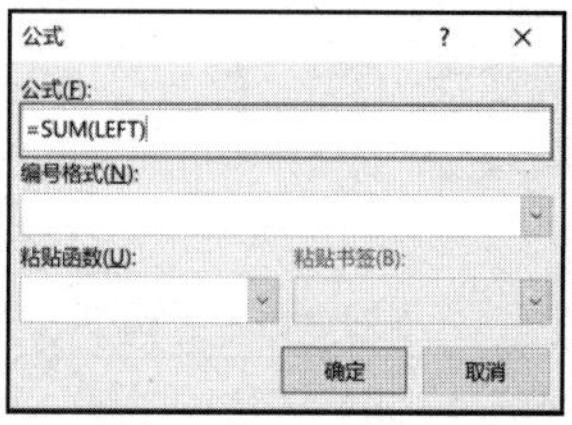


图 3-73　“公式”对话框（1）

③ 把第一个得到的结果“255”全部复制到“总分”列的其余的单元格中，只能复制，不要直接输入“255”，因为我们需要的是它的格式，如图 3-74 所示。

**设计学院 2019 级动漫专业成绩表**

| 序号 | 姓名 | PS | FLASH | MAYA | 总分 | 平均分 |
|---|---|---|---|---|---|---|
| 1 | 张云 | 86 | 85 | 84 | 255 | |
| 2 | 赵飞 | 85 | 88 | 78 | 255 | |
| 3 | 李一 | 73 | 78 | 85 | 255 | |
| 4 | 王五 | 83 | 76 | 72 | 255 | |
| 5 | 白起 | 78 | 77 | 83 | 255 | |
| 6 | 张学 | 85 | 79 | 82 | 255 | |
| 7 | 周杰伦 | 79 | 74 | 88 | 255 | |
| 8 | 张芳 | 83 | 73 | 89 | 255 | |
| 9 | 陈浩 | 76 | 73 | 84 | 255 | |
| 10 | 徐晓峰 | 72 | 83 | 86 | 255 | |
| 11 | 张二 | 72 | 82 | 78 | 255 | |
| 12 | 刘三 | 88 | 84 | 77 | 255 | |
| 13 | 成隆 | 76 | 88 | 72 | 255 | |
| 14 | 徐豪 | 89 | 83 | 86 | 255 | |

图 3-74　复制公式的格式

④ 按“F9”键，所有的总分都可以计算出来，如图 3-75 所示。

设计学院 2019 级动漫专业成绩表

| 序号 | 姓名 | PS | FLASH | MAYA | 总分 | 平均分 |
|---|---|---|---|---|---|---|
| 1 | 张云 | 86 | 85 | 84 | 255 | |
| 2 | 赵飞 | 85 | 88 | 78 | 251 | |
| 3 | 李一 | 73 | 78 | 85 | 236 | |
| 4 | 王五 | 83 | 76 | 72 | 231 | |
| 5 | 白起 | 78 | 77 | 83 | 238 | |
| 6 | 张学 | 85 | 79 | 82 | 246 | |
| 7 | 周杰伦 | 79 | 74 | 88 | 241 | |
| 8 | 张芳 | 83 | 73 | 89 | 245 | |
| 9 | 陈浩 | 76 | 73 | 84 | 233 | |
| 10 | 徐晓峰 | 72 | 83 | 86 | 241 | |
| 11 | 张二 | 72 | 82 | 78 | 232 | |
| 12 | 刘三 | 88 | 84 | 77 | 249 | |
| 13 | 成隆 | 76 | 88 | 72 | 236 | |
| 14 | 徐豪 | 89 | 83 | 86 | 258 | |

图 3-75　fx 求和的结果

**2. 利用 fx 公式求平均分**

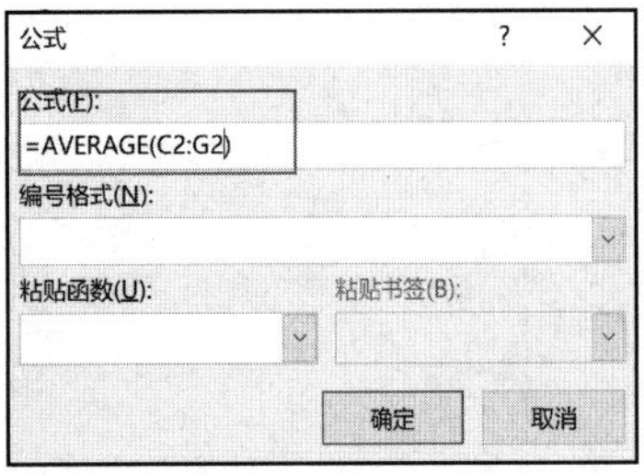


图 3-76 “公式”对话框（2）

① 将插入点定位到“平均分”列，在“布局/数据”组中单击 fx 按钮。

② 打开“公式”对话框，在“公式”文本框中输入“=AVERAGE(C2:G2)”，如图 3-76 所示。

**提示：**Word 2019 的公式计算和 Excel 2019 类似，“行号”用英文字母 A、B、C……来表示，“列号”用阿拉伯数字 1、2、3……来表示。

③ 利用相同的方法把其他表格的“平均分”计算出来，如图 3-77 所示。

设计学院 2019 级动漫专业成绩表

| 序号 | 姓名 | PS | FLASH | MAYA | 总分 | 平均分 |
|---|---|---|---|---|---|---|
| 1 | 张云 | 86 | 85 | 84 | 255 | 85.00 |
| 2 | 赵飞 | 85 | 88 | 78 | 251 | 83.67 |
| 3 | 李一 | 73 | 78 | 85 | 236 | 78.67 |
| 4 | 王五 | 83 | 76 | 72 | 231 | 77.00 |
| 5 | 白起 | 78 | 77 | 83 | 238 | 79.33 |
| 6 | 张学 | 85 | 79 | 82 | 246 | 82.00 |
| 7 | 周杰伦 | 79 | 74 | 88 | 241 | 80.33 |
| 8 | 张芳 | 83 | 73 | 89 | 245 | 81.67 |
| 9 | 陈浩 | 76 | 73 | 84 | 233 | 77.67 |
| 10 | 徐晓峰 | 72 | 83 | 86 | 241 | 80.33 |
| 11 | 张二 | 72 | 82 | 78 | 232 | 77.33 |
| 12 | 刘三 | 88 | 84 | 77 | 249 | 83.00 |
| 13 | 成隆 | 76 | 88 | 72 | 236 | 78.67 |
| 14 | 徐豪 | 89 | 83 | 86 | 258 | 86.00 |

图 3-77　平均分的计算

### 3.4.9　排序

前面我们把每位学生的成绩都算出来了，现在想查看哪些学生的排名靠前，哪些学生的排名靠后，这就需要使用 Word 2019 的排序功能，其具体操作方法如下。

单击表格左上角的全选按钮⊞，然后在“表格工具–布局/数据”组中单击“排序”按钮，打开“排序”对话框。按照要求，在“主要关键字”下拉列表中选择“平均分”选项，然后选择“降序”，最后单击“确定”按钮，如图 3-78 所示。

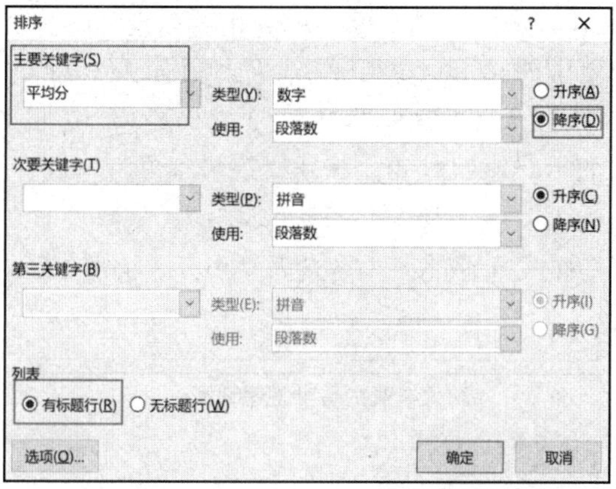


图 3-78　“排序”对话框的设置

排序后的效果如图 3-79 所示。

设计学院 2019 级动漫专业成绩表

| 序号 | 姓名 | PS | FLASH | MAYA | 总分 | 平均分 |
|---|---|---|---|---|---|---|
| 14 | 徐豪 | 89 | 83 | 86 | 258 | 86.00 |
| 1 | 张云 | 86 | 85 | 84 | 255 | 85.00 |
| 2 | 赵飞 | 85 | 88 | 78 | 251 | 83.67 |
| 12 | 刘三 | 88 | 84 | 77 | 249 | 83.00 |
| 6 | 张学 | 85 | 79 | 82 | 246 | 82.00 |
| 8 | 张芳 | 83 | 73 | 89 | 245 | 81.67 |
| 7 | 周杰伦 | 79 | 74 | 88 | 241 | 80.33 |
| 10 | 徐晓峰 | 72 | 83 | 86 | 241 | 80.33 |
| 5 | 白起 | 78 | 77 | 83 | 238 | 79.33 |
| 3 | 李一 | 73 | 78 | 85 | 236 | 78.67 |
| 13 | 成隆 | 76 | 88 | 72 | 236 | 78.67 |
| 9 | 陈浩 | 76 | 73 | 84 | 233 | 77.67 |
| 11 | 张二 | 72 | 82 | 78 | 232 | 77.33 |
| 4 | 王五 | 83 | 76 | 72 | 231 | 77.00 |

图 3-79　排序后的效果

**提示：**“主要关键字”就是排序时首先使用的标准，当主要关键字相同时，再依据用户定义的“次要关键字”来排序，次要关键字如果也相同则依据“第三关键字”来排序。排序的内容如果有标题，则应选择“有标题行”，这样标题行不参与排序；如果没有标题行，则选择“无标题行”，这样所有内容都参与排序。

# 3.5 班级考勤规章制度的排版

## 项目要求

张云成为班级的副班长。最近，辅导员发现大家的学习态度不是很端正，于是决定让张云设计一份班级日常管理制度。经过研究，最后决定用 Word 2019 的相关功能进行制作，设计完成后的参考效果图如图 3-80 所示。考勤制度文档的相关要求如下。

（1）自定义页面的“宽度”和“高度”，分别为“20 厘米”和“28 厘米”。

（2）页边距“上”“下”均为“3 厘米”，“左”“右”均为“2 厘米”。

（3）为标题应用内置的“标题”样式，新建“班级制度”样式，设置格式为“华文楷体、五号、1.5 倍行距”，底纹为“白色，背景 1，深色 50%”。

（4）修改“班级制度”样式，设置字体格式为“小三、褐色 RGB 113.59.18”，设置底纹为“白色，背景 1，深色 15%”。

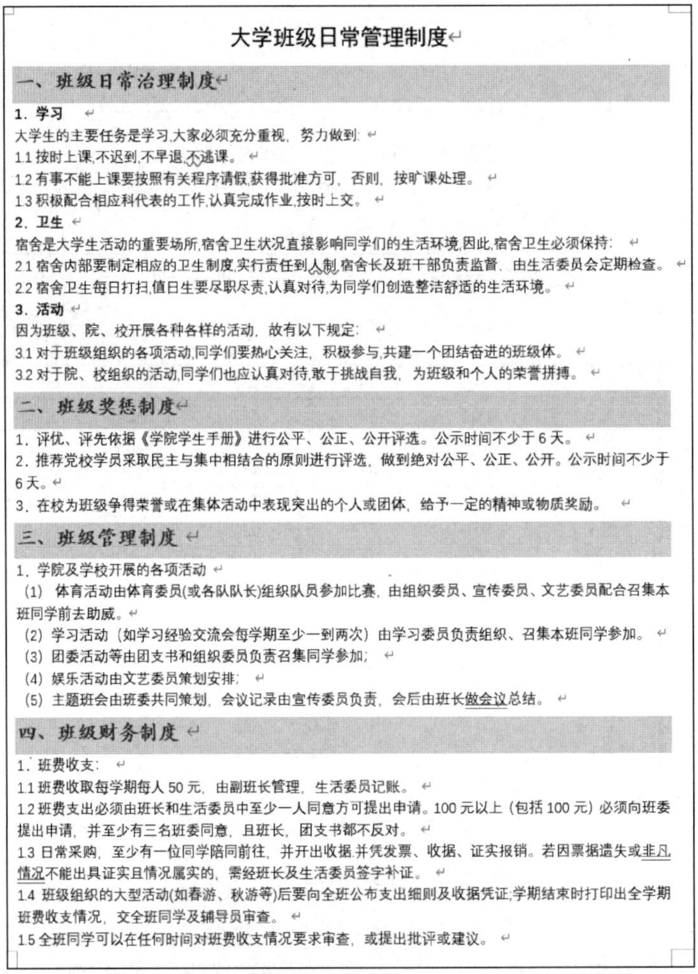

大学班级日常管理制度

一、班级日常治理制度

1. 学习

大学生的主要任务是学习,大家必须充分重视，努力做到：

1.1 按时上课,不迟到,不早退,不逃课。

1.2 有事不能上课要按照有关程序请假,获得批准方可，否则，按旷课处理。

1.3 积极配合相应科代表的工作,认真完成作业,按时上交。

2. 卫生

宿舍是大学生活动的重要场所,宿舍卫生状况直接影响同学们的生活环境,因此,宿舍卫生必须保持：

2.1 宿舍内部要制定相应的卫生制度,实行责任到人制,宿舍长及班干部负责监督，由生活委员会定期检查。

2.2 宿舍卫生每日打扫,值日生要尽职尽责,认真对待,为同学们创造整洁舒适的生活环境。

3. 活动

因为班级、院、校开展各种各样的活动，故有以下规定：

3.1 对于班级组织的各项活动,同学们要热心关注，积极参与,共建一个团结奋进的班级体。

3.2 对于院、校组织的活动,同学们也应认真对待,敢于挑战自我，为班级和个人的荣誉拼搏。

二、班级奖惩制度

1. 评优、评先依据《学院学生手册》进行公平、公正、公开评选。公示时间不少于 6 天。

2. 推荐党校学员采取民主与集中相结合的原则进行评选，做到绝对公平、公正、公开。公示时间不少于 6 天。

3. 在校为班级争得荣誉或在集体活动中表现突出的个人或团体，给予一定的精神或物质奖励。

三、班级管理制度

1. 学院及学校开展的各项活动

（1）体育活动由体育委员(或各队队长)组织队员参加比赛，由组织委员、宣传委员、文艺委员配合召集本班同学前去助威。

（2）学习活动（如学习经验交流会每学期至少一到两次）由学习委员负责组织、召集本班同学参加。

（3）团委活动等由团支书和组织委员负责召集同学参加；

（4）娱乐活动由文艺委员策划安排；

（5）主题班会由班委共同策划，会议记录由宣传委员负责，会后由班长做会议总结。

四、班级财务制度

1. 班费收支：

1.1 班费收取每学期每人 50 元，由副班长管理，生活委员记账。

1.2 班费支出必须由班长和生活委员中至少一人同意方可提出申请。100 元以上（包括 100 元）必须向班委提出申请，并至少有三名班委同意，且班长，团支书都不反对。

1.3 日常采购，至少有一位同学陪同前往，并开出收据,并凭发票、收据、证实报销。若因票据遗失或非凡情况不能出具证实且情况属实的，需经班长及生活委员签字补证。

1.4 班级组织的大型活动(如春游、秋游等)后要向全班公布支出细则及收据凭证;学期结束时打印出全学期班费收支情况，交全班同学及辅导员审查。

1.5 全班同学可以在任何时间对班费收支情况要求审查，或提出批评或建议。

图 3-80　利用“样式”排版的效果图

## 相关知识

### 3.5.1 模板和样式

模板和样式是 Word 2019 中常见的排版工具，下面分别介绍相关知识。

**1. 模板**

当我们编辑文档时，有时会遇到使用一个格式修饰文档，这时可以使用模板。用模板创建一个新的文档，可以按照这个模板的样式修饰文档，这样就不用每次都做格式了，其操作方法如下。

单击“文件”→“新建”命令，选择所需要的模板，如图 3-81 所示。

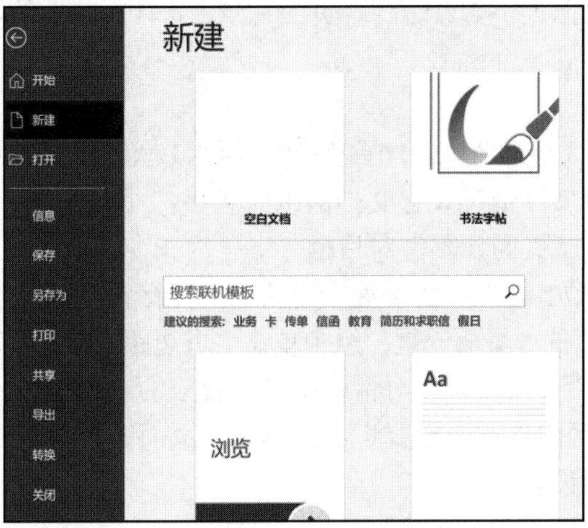


图 3-81 “新建”模板选项

选择好模板后单击，会弹出下载对话框，单击“创建”按钮，如图 3-82 所示。

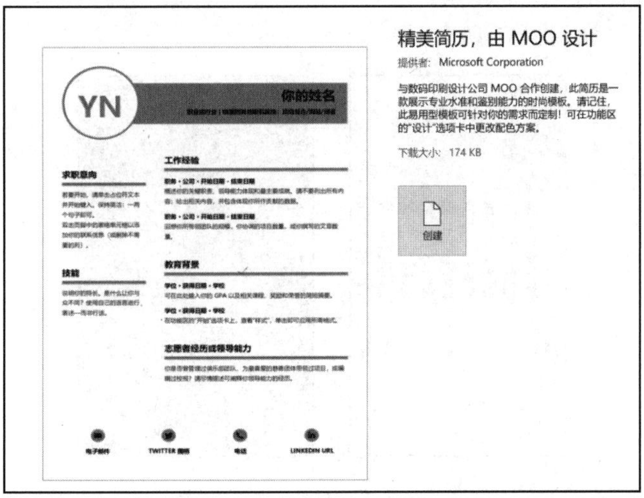


图 3-82 创建新的模板

**2. 样式**

当编排一篇较长的文档时，需要对许多文字和段落进行相同的设置，如果只是利用字体格式和段落格式进行排版，就非常浪费时间，也很难使文档的格式保持一致，使用“样式”功能能减少很多重复的操作，并且排版后的格式是一致的。

样式是一组已经命名的字符和段落格式，它可以设置文档中的标题、题注及正文等各个文档元素的格式，对文档主要有以下作用。

① 使文档的格式便于统一。

② 便于构筑大纲，使文档更有条理，编辑和修改更简单。

③ 可生成目录。

## 3.5.2 页面设置

页面设置包括设置页面大小、页边距、页面背景、水印、封面等，这些设置将应用于文档的所有页面。

### 1. 设置页面大小

Word 2019 默认页面大小为 A4（21 厘米×29.7 厘米），但是在实际生活中，编辑完成 Word 2019 文档之后，需要根据实际情况设置文档的纸张大小，“页面设置”可以调整页面纸张大小。有以下 3 种方法可以打开“页面设置”对话框。

① 双击标尺栏，在弹出的“页面设置”对话框中进行相应的设置。

② 在“布局”功能区的“页面设置”组中单击“页边距”按钮，在弹出的选项中选择“自定义页边距”，在弹出的“页面设置”对话框中进行相应的设置。

③ 在“布局”功能区的“页面设置”组中单击“页面设置”按钮，在弹出的“页面设置”对话框中进行相应的设置。

### 2. 设置页面颜色

在 Word 2019 中，页面背景可以是纯色背景，也可以是渐变色背景或图片背景，其设置方法如下。

在“设计”功能区的“页面背景”组中单击“页面颜色”按钮，在弹出的列表中选择一种颜色作为背景色，如图 3-83 所示。

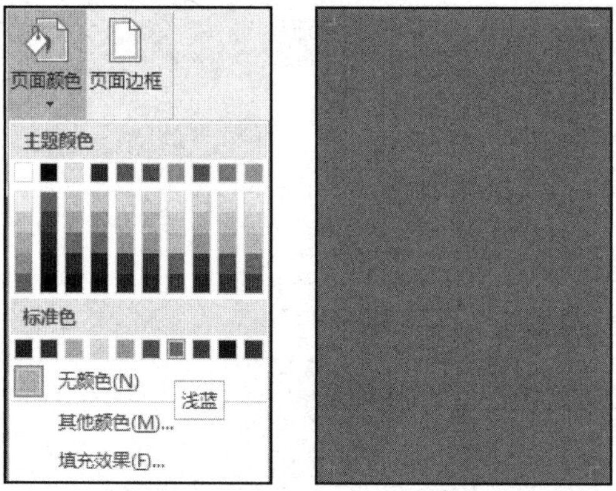


图 3-83 “页面颜色”的设置

也可以设置背景色为渐变色或者以图片的方式作为文档的背景，其操作方法如下。

在“设计”功能区的“页面背景”组中单击“页面颜色”按钮，在弹出的列表中选择“填充效果”，在弹出的“填充效果”对话框中单击“渐变”选项卡，在“颜色”选项组中选择

“双色”，此时可以对“颜色 1”和“颜色 2”进行设置。设置好后，可以对颜色的透明度进行设置，在“底纹样式”中还可以设置渐变的样式。也可以选择“预设”，在“预设颜色”中选择一种需要的预设颜色，如图 3-84 所示。

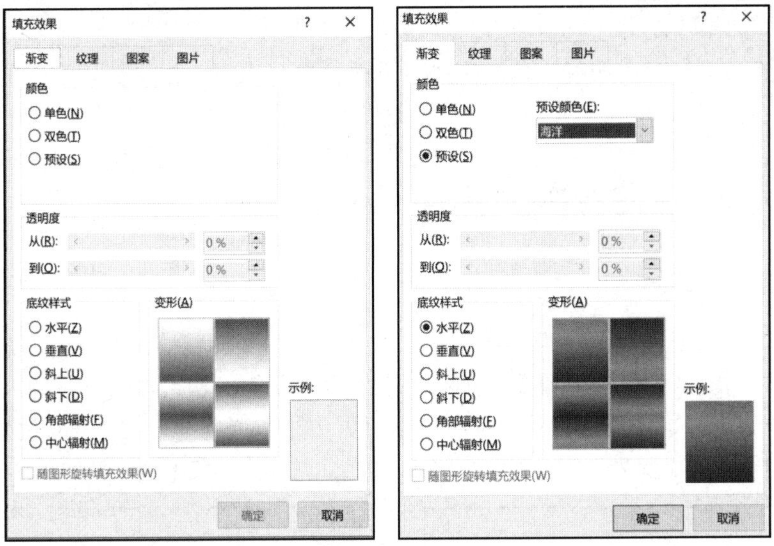


图 3-84　设置页面背景为渐变色

设置背景图片的方法如下。

在“设计”功能区的“页面背景”组中单击“页面颜色”按钮，在弹出的列表中选择“填充效果”，在弹出的“填充效果”对话框中单击“图片”选项卡，找到相应的图片，再单击“确定”按钮即可完成设置。

**3. 添加水印**

在制作文档时，为了表明所有权和出处，可以为文档添加水印背景，其操作方法如下：在“设计”功能区的“页面背景”组中单击“水印”按钮，在弹出的列表中选择所需要的水印效果，如图 3-85 所示。

除了软件自带的几种水印，还可以根据需要对“水印”进行设置，其操作方法如下：在“设计”功能区的“页面背景”组中单击“水印”按钮，在弹出的列表中选择“自定义水印”，在弹出的“水印”对话框中进行设置，如图 3-86 所示。

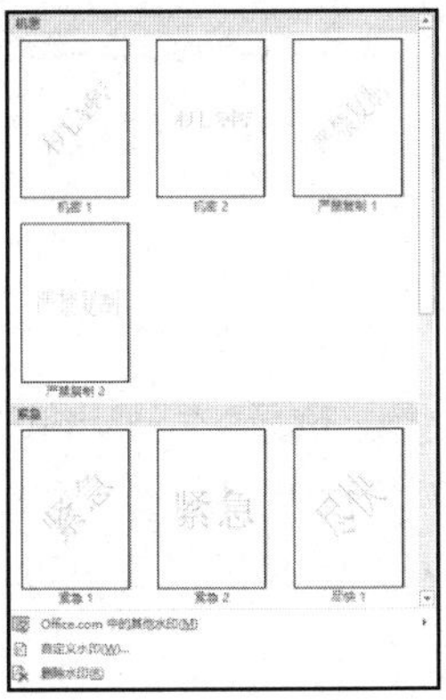


图 3-85　水印效果

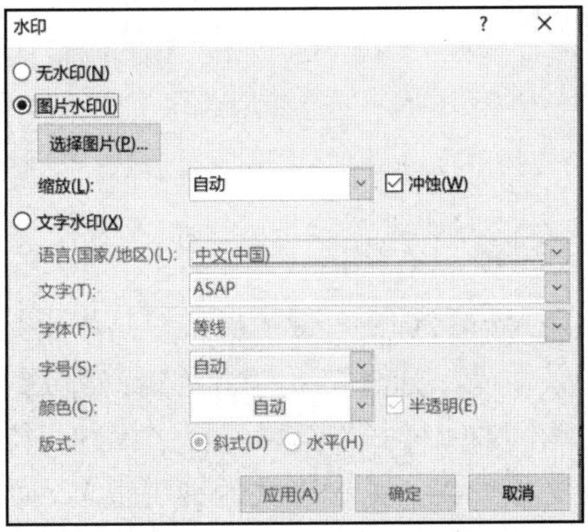


图 3-86　“水印”对话框

**项目实施**

### 3.5.3 设置页面的大小

文档录入完成后，在“布局”功能区的“页面设置”组中单击“页边距”按钮，在下拉列表中选择“自定义边距”，就会弹出“页面设置”对话框。单击“纸张”选项卡，在“纸张大小”下拉列表中选择“自定义大小”，“宽度”和“高度”分别设置为“20 厘米”和“28 厘米”，设置完后单击“确定”按钮，如图 3-87 所示。

### 3.5.4 设置页边距

文档排版时常需要设置页边距，这样可以让排版更加美观整洁，其操作方法如下。

在“布局”功能区的“页面设置”组中单击“页边距”按钮，在下拉列表中选择“自定义边距”，就会弹出“页面设置”对话框。单击“页边距”选项卡，在“页边距”组中的“上”“下”数值框中输入“3 厘米”，在“左”“右”数值框中输入“2 厘米”，如图 3-88 所示。

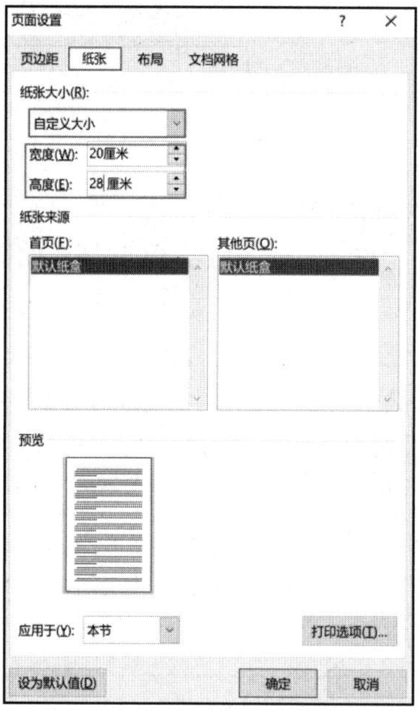


图 3-87 “纸张”选项卡的设置

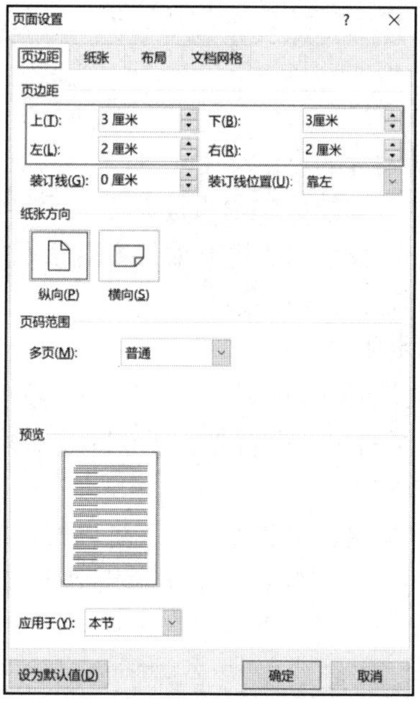


图 3-88 “页边距”选项卡的设置

### 3.5.5 套用内置样式

内置样式是 Word 2019 自带的样式，其作用是使文档中的标题、正文等格式保持一致，套用内置样式的具体操作方法如下：将插入点定位到“大学班级日常管理制度”的左侧或者右侧，在“开始”功能区的“样式”组中选择“标题”样式，返回文档编辑区，就可以查看设置“标题”样式后的文档效果。内置样式的种类很多，如图 3-89 所示。

图 3-89 内置样式

## 3.5.6 创建样式

Word 2019 中内置样式的功能是有限的，若用户需要使用的样式在 Word 2019 中没有，则可以创建样式，其具体的操作方法如下。

选择“1. 学习”文字或者将插入点定位到其右侧，在“开始”功能区的“样式”组中单击“样式”按钮。单击其中的“新建样式”按钮，在弹出的“根据格式化创建新样式”对话框中将“名称”设置为“班级制度”，如图 3-90 所示。

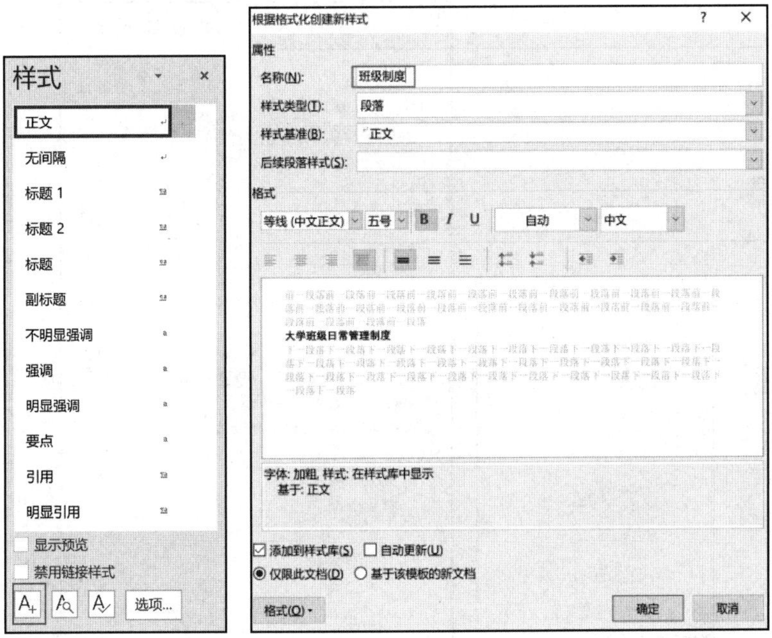

图 3-90 新建“样式”

在“格式”组中设置字体为“华文楷体”，字号为“五号”，如图 3-91 所示。

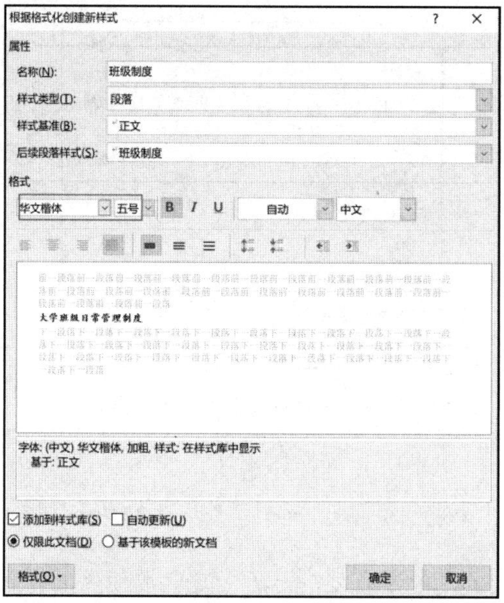


图 3-91　字体、字号的设置

单击“格式”按钮，在弹出的下拉列表中选择“段落”，在弹出的“段落”对话框中把“间距”组的“行距”设置为“1.5 倍行距”，单击“确定”按钮，如图 3-92 所示。

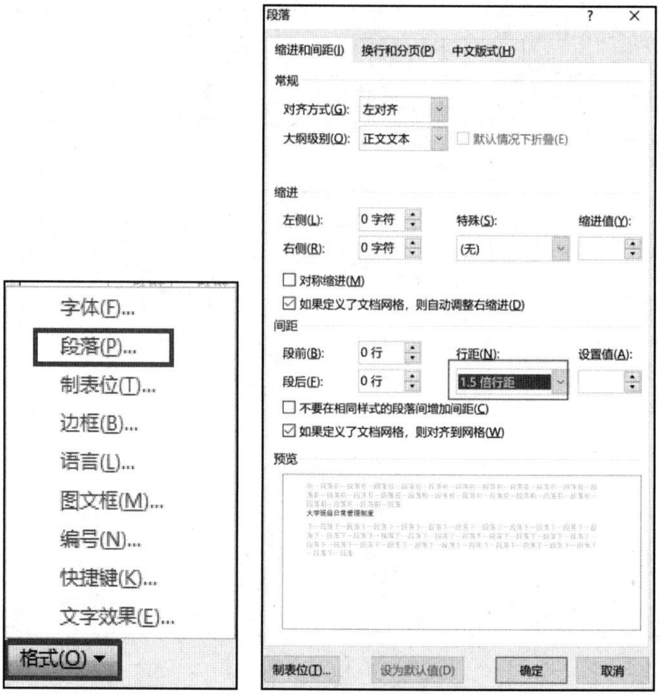


图 3-92　“段落”的设置

再次单击“格式”按钮，在弹出的下拉列表中选择“边框”，在弹出的“边框和底纹”对话框中单击“底纹”选项卡，在“填充”组的下拉列表中选择“白色，背景 1，深色 50%”，单击“确定”按钮，如图 3-93 所示。

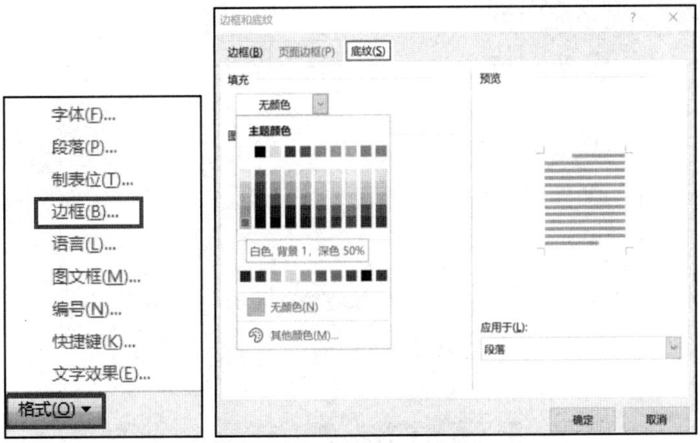


图 3-93　“底纹”的设置

设置完成后的样式效果如图 3-94 所示。

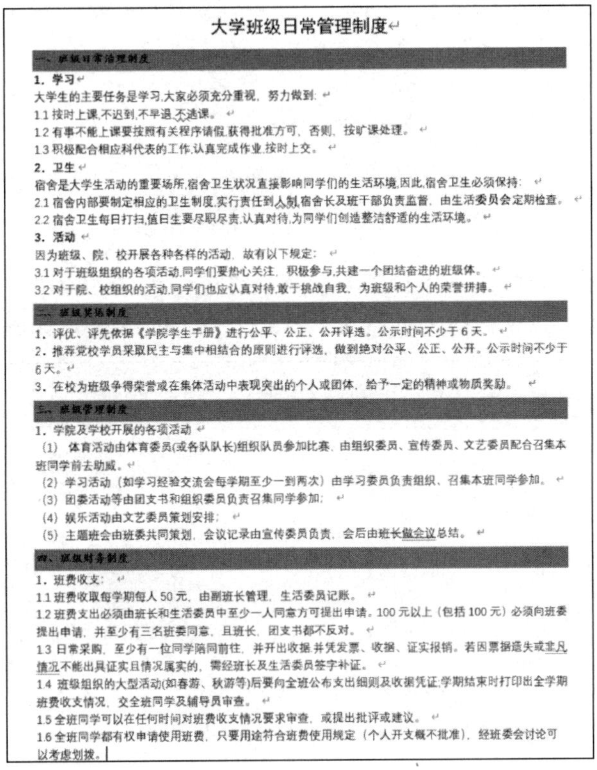

大学班级日常管理制度

一、班级日常治理制度

1. 学习

大学生的主要任务是学习,大家必须充分重视，努力做到:

1.1 按时上课,不迟到,不早退,不逃课。

1.2 有事不能上课要按照有关程序请假,获得批准方可、否则、按旷课处理。

1.3 积极配合相应科代表的工作,认真完成作业,按时上交。

2. 卫生

宿舍是大学生活动的重要场所,宿舍卫生状况直接影响同学们的生活环境,因此,宿舍卫生必须保持:

2.1 宿舍内部要制定相应的卫生制度,实行责任到人制,宿舍长及班干部负责监督，由生活委员会定期检查。

2.2 宿舍卫生每日打扫,值日生要尽职尽责,认真对待,为同学们创造整洁舒适的生活环境。

3. 活动

因为班级、院、校开展各种各样的活动，故有以下规定:

3.1 对于班级组织的各项活动,同学们要热心关注，积极参与,共建一个团结奋进的班级体。

3.2 对于院、校组织的活动,同学们也应认真对待,敢于挑战自我，为班级和个人的荣誉拼搏。

二、班级奖惩制度

1. 评优、评先依据《学院学生手册》进行公平、公正、公开评选。公示时间不少于 6 天。

2. 推荐党校学员采取民主与集中相结合的原则进行评选，做到绝对公平、公正、公开。公示时间不少于 6 天。

3. 在校为班级争得荣誉或在集体活动中表现突出的个人或团体，给予一定的精神或物质奖励。

三、班级管理制度

1. 学院及学校开展的各项活动

(1) 体育活动由体育委员(或各队队长)组织队员参加比赛，由组织委员、宣传委员、文艺委员配合召集本班同学前去助威。

(2) 学习活动（如学习经验交流会每学期至少一到两次）由学习委员负责组织、召集本班同学参加。

(3) 团委活动等由团支书和组织委员负责召集同学参加;

(4) 娱乐活动由文艺委员策划安排;

(5) 主题班会由班委共同策划，会议记录由宣传委员负责，会后由班长做会议总结。

四、班级财务制度

1. 班费收支:

1.1 班费收取每学期每人 50 元，由副班长管理，生活委员记账。

1.2 班费支出必须由班长和生活委员中至少一人同意方可提出申请。100 元以上（包括 100 元）必须向班委提出申请，并至少有三名班委同意，且班长、团支书都不反对。

1.3 日常采购，至少有一位同学陪同前往，并开出收据并凭发票、收据、证实报销。若因票据遗失或非凡情况不能出具证实且情况属实的，需经班长及生活委员签字补证。

1.4 班级组织的大型活动(如春游、秋游等)后要向全班公布支出细则及收据凭证;学期结束时打印出全学期班费收支情况，交全班同学及辅导员审查。

1.5 全班同学可以在任何时间对班费收支情况要求审查，或提出批评或建议。

1.6 全班同学都有权申请使用班费，只要用途符合班费使用规定（个人开支概不批准），经班委会讨论可以考虑划拨。

图 3-94　设置完成后的样式效果

## 3.5.7　修改样式

样式创建完成后，如果有不满意的地方，可通过“修改样式”功能对其进行修改，操作方法如下。

在“样式”列表中找到“班级制度”样式，右击，在弹出的快捷菜单中选择“修改”命令，在弹出的“修改样式”对话框中设置字号为“小三”，“颜色”为“褐色”，“褐色”的 RGB 值是“113、59、18”，如图 3-95 所示。

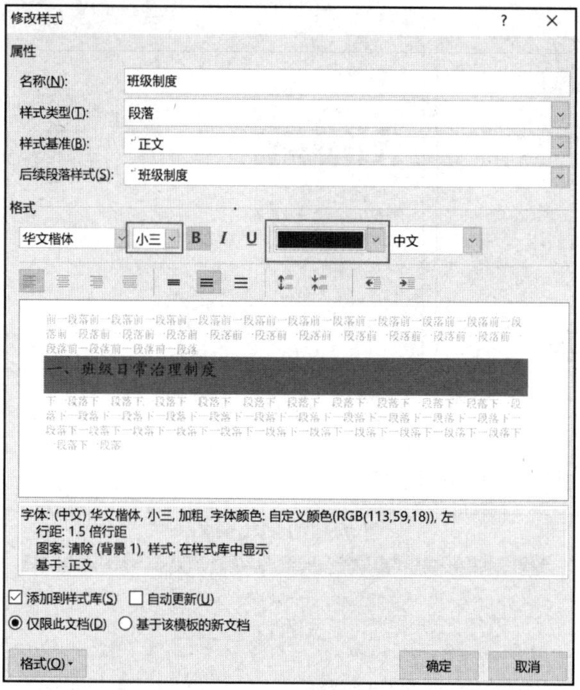


图 3-95　修改样式的字号和字体颜色

单击“格式”按钮，在弹出的下拉列表中选择“边框”，在弹出的“边框和底纹”对话框中单击“底纹”选项卡，设置底纹为“白色，背景 1，深色 15%”，如图 3-96 所示。

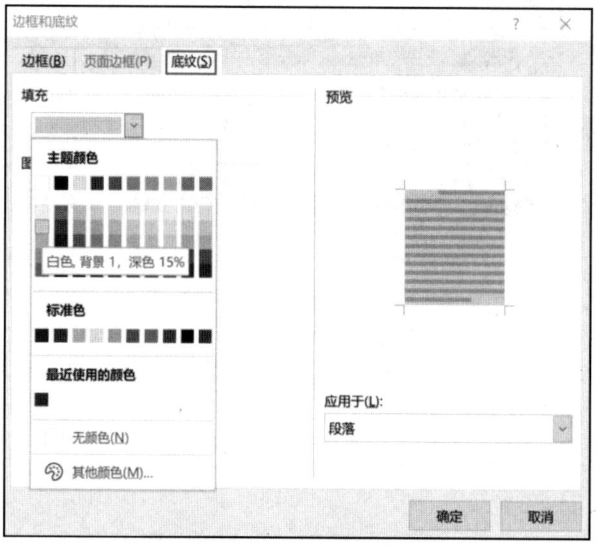


图 3-96　修改样式的底纹

使用“样式”对长文档进行排版非常节省时间，并且格式也能得到统一，最终制作的文档效果如图 3-80 所示。

# 项目 4

# 电子表格软件 Excel 2019

## 能力目标

党的二十大报告提出，以国家战略需求为导向，集聚力量进行原创性引领性科技攻关，坚决打赢关键核心技术攻坚战。关键核心技术是“国之重器”，是增强科技创新引领作用的重要抓手，是实现高水平科技自立自强的保证。

软件是新一代信息技术的灵魂，是数字经济发展的基础，是制造强国、网络强国、数字中国建设的关键支撑。基础软件产业是关系国民经济和社会发展全局的基础性、战略性、先导性产业，对于支撑经济社会发展、提升国家安全保障能力具有重要意义。

Excel 2019 是一款功能强大、易于操作、深受广大用户喜爱的表格制作软件，主要用于将庞大的数据转换为比较直观的表格或图表。本项目将通过 7 个子项目介绍 Excel 2019 的使用方法，包括基本操作、编辑数据、设置格式、制作图表、高级筛选、创建数据透视表和数据透视图等内容。

## 素养目标

1. 理解“推进教育数字化，建设全民终身学习的学习型社会、学习型大国”。
2. 提升数据分析、处理等信息素养能力。

## 教学目标

1. 通过制作学生成绩表，掌握新建空白工作簿、数据填充、合并单元格、设置单元格格式的方法。
2. 通过制作职工工资分析表，掌握各种函数，如求和函数 SUM、求平均值函数 AVERAGE、求最大值函数 MAX、求最小值函数 MIN 等函数的用法。
3. 通过制作职工职称工资分析表，熟悉各种函数，如排序函数 RANK.EQ、条件分类函数 IF、条件计数函数 COUNTIF、条件求和函数 SUMIF 等函数的用法。

4. 通过制作销售情况分析图，掌握设置各种单元格格式的方法。
5. 通过制作学生成绩分析表，掌握自动筛选、排序、分类汇总的操作方法。
6. 通过对工作表中的数据进行高级筛选，掌握高级筛选的操作方法。
7. 通过创建职工学历信息数据透视表和数据透视图，掌握数据透视表和数据透视图的作用及操作方法。

# 4.1 制作学生成绩表

## 项目要求

期末考试后，班长夏小雪要利用 Excel 制作一份本班同学的成绩表，并以“学生成绩表”为名称进行保存。她取得各位学生的成绩单后，利用 Excel 进行表格设置，以方便各位同学查看，如图 4-1 所示，相关要求如下。

（1）新建一个空白工作簿，并以“学生成绩表”为名称进行保存。

（2）在 A1 单元格中输入“计算机应用 1 班学生成绩表”，然后在 A2:G2 单元格中输入相关数据。

（3）在 A3、A4 单元格中分别输入“1”和“2”，然后选中 A3、A4 单元格并向下拖动单元格“填充柄”进行序列填充。

（4）使用与上述相同的方法输入学号列的数据，然后依次输入姓名和各科成绩。

（5）合并 A1:G1 单元格区域，设置单元格文字格式为“黑体、18 号”。

（6）选择 A2:G2 单元格区域，设置单元格文字格式为“宋体、12 号、居中对齐”，设置底纹为“茶色，背景 2，深色 25%”。

（7）自动设置各列列宽，手动调整各行行高。

| | A | B | C | D | E | F | G |
|---|---|---|---|---|---|---|---|
| 1 | 计算机应用1班学生成绩表 | | | | | | |
| 2 | 序号 | 学号 | 姓名 | 英语 | 数据库原理 | 操作系统 | 体系结构 |
| 3 | 1 | 20170901 | 李新 | 90 | 78 | 69 | 95 |
| 4 | 2 | 20170902 | 王文辉 | 55 | 70 | 67 | 73 |
| 5 | 3 | 20170903 | 张磊 | 65 | 67 | 78 | 65 |
| 6 | 4 | 20170904 | 郝心怡 | 87 | 91 | 73 | 87 |
| 7 | 5 | 20170905 | 王力 | 68 | 89 | 90 | 63 |
| 8 | 6 | 20170906 | 孙英 | 69 | 66 | 学 | 52 |
| 9 | 7 | 20170907 | 张在旭 | 89 | 50 | 69 | 80 |
| 10 | 8 | 20170908 | 金翔 | 72 | 91 | 75 | 77 |
| 11 | 9 | 20170909 | 扬海东 | 78 | 68 | 80 | 71 |
| 12 | 10 | 20170910 | 黄立 | 64 | 77 | 53 | 84 |
| 13 | 11 | 20170911 | 王春晓 | 59 | 95 | 87 | 78 |

学生成绩表效果图

图 4-1 “计算机应用 1 班学生成绩表”工作簿最终效果

## 相关知识

### 4.1.1 熟悉 Excel 2019 的工作界面

Excel 2019 工作界面与 Word 2019 工作界面基本相似，由快速访问工具栏、标题栏、功能区、编辑栏和工作表编辑区等部分组成，如图 4-2 所示。下面介绍编辑栏、名称栏等术语及其作用。

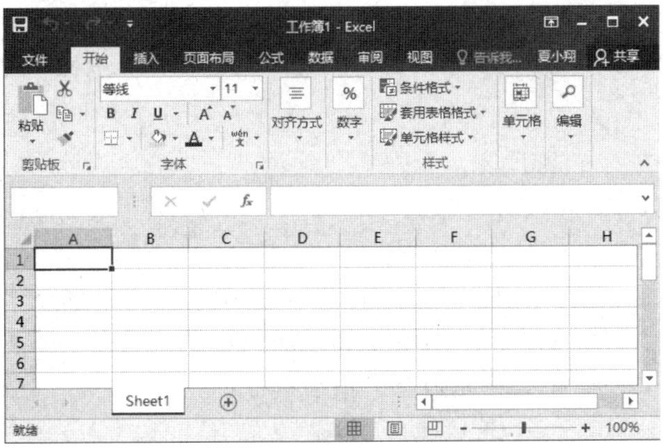


图 4-2　Excel 2019 的工作界面

编辑栏用于输入、编辑数据或公式，单击函数按钮“*fx*”，编辑栏变为函数输入栏。输入函数前编辑栏如图 4-3 所示，输入函数后编辑栏如图 4-4 所示。

图 4-3　编辑栏（输入函数前）

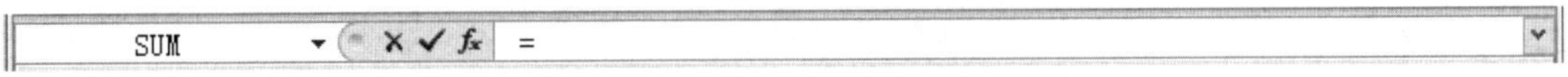


图 4-4　编辑栏（输入函数后）

（1）名称栏

名称栏位于编辑栏的左侧，用来显示当前活动单元格或区域的位置，如图 4-3 所示的单元格编号为“C1”。

（2）行、列标题

行、列标题用于定位单元格。列号为 A、B、C、…、Z、AA、AB、…、XFD，共 16384 列；行号为 1～1048576，共 1048576 行。

## 4.1.2　认识工作簿、工作表、单元格

### 1. 新建工作簿

在 Excel 2019 中，工作簿是存储数据的文件，其默认扩展名为“.xlsx”。Excel 在启动后会自动创建一个名为“工作簿 1”的空白工作簿，在关闭“工作簿 1”之前，再新建工作簿时，系统会自动命名为“工作簿 2”“工作簿 3”……

### 2. 保存工作表

当完成一个工作簿的创建、编辑后，就需要将工作簿文件保存起来，Excel 2019 提供了“保存”和“另存为”两种方法保存工作簿文件，其操作步骤如下。

（1）选择“文件”→“保存”命令，此时如果要保存的文件是第一次存盘，将弹出“另存为”对话框，在该对话框中可设置“保存位置”，然后输入文件名；如果该文件已经被保存过，则不弹出“另存为”对话框，同时也不执行后面的操作。

（2）选择“文件”→“另存为”命令，将已保存过的文件再保存一个副本。

**3. 工作表的插入、删除与重命名**

右击“工作表标签”，在弹出的快捷菜单中选择“插入”命令，即可在所选工作表之前插入一个新的工作表；选择“删除”命令，即可删除所选工作表；选择“重命名”命令，即可给所选工作表重新命名。

**4. 工作表区域**

工作表区域即用来记录数据的区域。

**5. 单元格**

每个单元格的位置由交叉的“行标签”和“列标签”表示，如“A5”“B6”。每个单元格中可以存放多达3200个字符的信息，单元格是表格的最小单位。

**6. 活动单元格**

活动单元格是当前正在操作的单元格，被文本框框住，如图4-5所示。

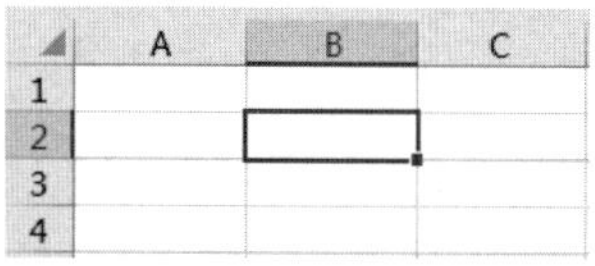

图4-5　活动单元格

**7. 工作表标签**

工作表标签默认为“Sheet1”，用于显示工作表的名称，当前活动的工作表是白色的，其余为灰色，利用标签可切换显示工作表。

**8. 状态栏**

状态栏位于窗口的底部，可显示操作信息。

### 4.1.3　数据输入

单击要输入数据的单元格，可输入所需数据。在Excel工作表的单元格中，可以输入“数值型”“字符型”“日期时间型”等不同类型的数据。下面分别对不同类型数据的输入方法进行介绍。

**1. 输入数值型数据**

数值型数据是类似于“100”“3.14”“−2.418”等形式的数据，它表示一个数量的概念。其中的正号“+”会被忽略，当用户需要输入普通的实数类型的数据时，只需直接在单元格中输入，其默认对齐方式是“右对齐”。输入的数据长度超过单元格宽度时（多于11位的数字，其中包括小数点和类似“E”“+”这样的字符），Excel会自动以科学计数法表示。

**2. 输入字符型数据**

字符型数据是指字母、数字和其他特殊字符的任意组合，如“ABC”“汉字”“@￥%”“010-88888888”等形式的数据。

当用户输入的字符型数据超过单元格的宽度时，如果右侧的单元格中没有数据，则字符型数据会跨越单元格显示；如果右侧的单元格中有数据，则只会显示未超出部分数据。

如果用户需要在单元格中输入多行文字，那么可以在一行输入结束后，按“Alt + Enter”组合键实现换行，然后输入后续的文字，字符型数据的默认对齐方式是“左对齐”。

**3. 输入日期时间型数据**

对于日期时间型数据，按日期和时间的表示方法输入即可。输入日期时，用连字符“-”或斜杠“/”分隔日期的年、月、日；输入时间时用“:”分隔。例如，“2004-1-1”“2004/1/1”“8:30:20 AM”等均为正确的日期时间型数据。当日期时间型数据太长而超过列宽时，会显示

“####”，表示当前列宽太窄，用户只要适当调整列宽就可以正常显示数据。

**4. 数据自动填充**

输入一个工作表时，经常会遇到有规律的数据。例如，需要在相邻的单元格中填入序号 1、3、5、7 等序列，这时就可以使用 Excel 的自动填充功能。自动填充是指将数据填写到相邻的单元格中，是一种快速填写数据的方法。

**5. 使用鼠标左键填充**

使用鼠标自动填充时，需要用到“填充柄”。“填充柄”位于选定单元格区域的右下角，如图 4-6 所示。

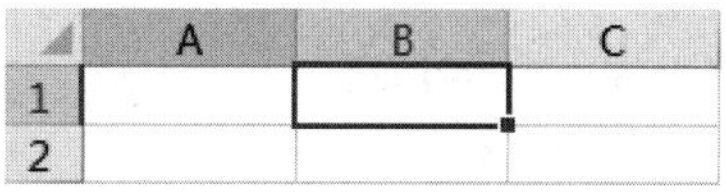


图 4-6　填充柄

使用鼠标左键填充的具体操作方法是：选择含有数据的起始单元格，移动鼠标指针到填充柄，当鼠标指针变成实心十字形“**+**”时，按住鼠标左键拖动鼠标到目标单元格。

**6. 使用鼠标右键填充**

按住鼠标右键拖动填充的方式，提供了更为强大的填充功能，其操作步骤如下。

（1）选定待填充区域的起始单元格，然后输入序列的初始值并确认。

（2）移动鼠标指针到初始值的单元格右下角的填充柄（指针变为实心“**+**”形）。

（3）按住鼠标右键拖动填充柄，经过待填充的区域，在弹出的快捷菜单中选择要填充的方式。

## 4.1.4　合并单元格

选中要合并的单元格，右击，在弹出的快捷菜单中选择“设置单元格格式”命令，打开如图 4-7 所示的“设置单元格格式”对话框。单击“对齐”选项卡，选择“文本控制”组中的“合并单元格”复选框，再单击“确定”按钮。

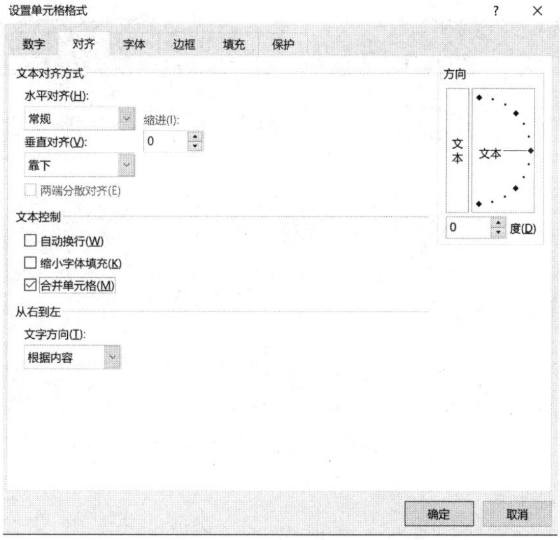


图 4-7　“设置单元格格式”对话框

## 4.1.5　行高和列宽的调整

工作表中的行高和列宽是 Excel 默认设定的，如果需要调整，可以手动完成。

**1. 调整行高**

（1）第一种方法

把鼠标指针移动到行与上下行边界处，当鼠标指针变成“╪”形状时，拖动鼠标调整行高，这时 Excel 会自动显示行的高度值。

（2）第二种方法

选择需要调整的行或行所在的单元格，单击“开始”功能区，在“单元格”组中单击“格式”下拉菜单，选择“行高”命令，在弹出的“行高”对话框中输入行的高度值。

**2. 调整列宽**

（1）第一种方法

把鼠标指针移动到列与左右列的边界处，当鼠标指针变成“╫”形状时，拖动鼠标调整列宽，这时 Excel 会自动显示列的宽度值。

（2）第二种方法

选择需要调整的列或列所在的单元格，单击“开始”功能区，在“单元格”组中单击“格式”下拉菜单，选择“列宽”命令，在弹出的“列宽”对话框中输入列的宽度值。

## 项目实施

**步骤 1：新建并保存工作簿**

启动 Excel 2019，系统将自动创建一个名为“工作簿 1”的空白工作簿，如图 4-8 所示。为了满足需求，用户还可新建更多的空白工作簿。单击工作表标签“Sheet1”右侧的“⊕”，系统将新建一个名为“Sheet2”的空白工作表，选择“文件”→“保存”命令，在打开的“另存为”对话框的“地址栏”下拉列表框中选择文件保存路径，在“文件名”下拉列表框中输入“学生成绩表”，然后单击“保存”按钮。

图 4-8　空白工作簿

**步骤 2：输入工作表数据**

输入数据是制作表格的基础，Excel 支持各种类型数据的输入，如文本和数字等，具体操作如下。

① 选择 A1 单元格，在其中输入“计算机应用 1 班学生成绩表”，然后按“Enter”键切换到 A2 单元格，在其中输入“序号”文本。

② 按“→”键切换到 B2 单元格，在其中输入“学号”，再使用相同的方法依次在后面单元格中输入“姓名”“英语”“数据库原理”“操作系统”“体系结构”等文字。

③ 选择 A3 单元格，在其中输入“1”，将鼠标指针移动到活动单元格右下角，出现填充柄，按住鼠标左键不放拖动到 A31 单元格，此时 A3:A31 单元格区域将自动生成序号。

④ 拖动鼠标选择 B3:B31 单元格区域，单击“开始”功能区，在“数字”组的“数字”选项卡中选择“文本”选项，然后在 B3 单元格中输入学号“20170901”，按住鼠标右键拖动填充柄到 B31 单元格，在右键快捷菜单中选择“填充序列”，完成后的效果如图 4-9 所示。

| | A | B | C | D | E | F | G |
|---|---|---|---|---|---|---|---|
| 1 | 计算机应用1班学生成绩表 | | | | | | |
| 2 | 序号 | 学号 | 姓名 | 英语 | 数据库原 | 操作系统 | 体系结构 |
| 3 | 1 | 20170901 | 李新 | 90 | 78 | 69 | 95 |
| 4 | 2 | 20170902 | 王文辉 | 55 | 70 | 67 | 73 |
| 5 | 3 | 20170903 | 张磊 | 65 | 67 | 78 | 65 |
| 6 | 4 | 20170904 | 郝心怡 | 87 | 91 | 73 | 87 |
| 7 | 5 | 20170905 | 王力 | 68 | 89 | 90 | 63 |
| 8 | 6 | 20170906 | 孙英 | 69 | 66 | 82 | 52 |
| 9 | 7 | 20170907 | 张在旭 | 89 | 50 | 69 | 80 |
| 10 | 8 | 20170908 | 金翔 | 72 | 91 | 75 | 77 |
| 11 | 9 | 20170909 | 扬海东 | 78 | 68 | 80 | 71 |
| 12 | 10 | 20170910 | 黄立 | 64 | 77 | 53 | 84 |
| 13 | 11 | 20170911 | 王春晓 | 59 | 95 | 87 | 78 |

图 4-9　自动填充数据

**步骤 3：设置单元格格式**

输入数据后通常还需要对单元格设置相关的格式，以美化表格，具体操作如下。

① 在 C3:C31 单元格区域输入姓名，在 D3:G31 单元格区域分别输入各课程的分数。

② 选择 A1:G1 单元格区域，单击“开始”功能区，在“对齐方式”组中单击“合并后居中”按钮，则可看到其中的数据自动居中显示。

③ 保持选择状态，单击“开始”功能区，在“字体”组的“字体”下拉列表中选择“黑体”，在“字号”下拉列表中选择“18”。

④ 选择 A2:G2 单元格区域，设置字体为“宋体”、字号为“12”，单击“开始”功能区，在“对齐方式”组中单击“居中对齐”按钮。

⑤ 单击“开始”功能区，在“字体”组的“填充颜色”下拉列表中选择“茶色，背景 2，深色 25%”选项。选择剩余的数据，设置对齐方式为“居中对齐”，完成后的效果如图 4-10 所示。

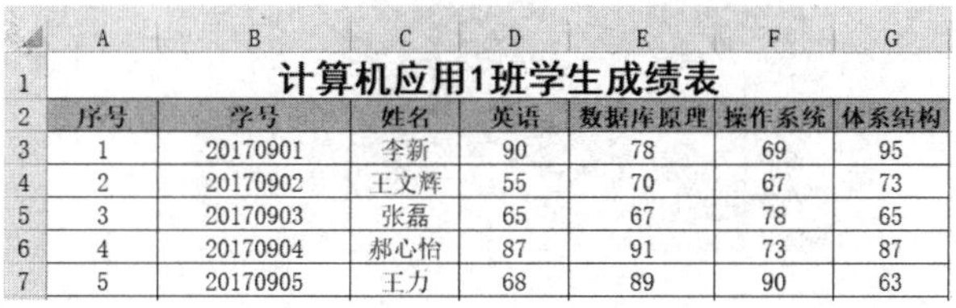

| | A | B | C | D | E | F | G |
|---|---|---|---|---|---|---|---|
| 1 | 计算机应用1班学生成绩表 | | | | | | |
| 2 | 序号 | 学号 | 姓名 | 英语 | 数据库原理 | 操作系统 | 体系结构 |
| 3 | 1 | 20170901 | 李新 | 90 | 78 | 69 | 95 |
| 4 | 2 | 20170902 | 王文辉 | 55 | 70 | 67 | 73 |
| 5 | 3 | 20170903 | 张磊 | 65 | 67 | 78 | 65 |
| 6 | 4 | 20170904 | 郝心怡 | 87 | 91 | 73 | 87 |
| 7 | 5 | 20170905 | 王力 | 68 | 89 | 90 | 63 |

图 4-10　设置单元格格式

**步骤 4：调整行高与列宽**

默认状态下，单元格的行高与列宽是固定不变的，但是当单元格中的数据太多不能完全显示其内容时，需要调整单元格的行高或列宽，使其符合单元格大小，具体操作如下。

① 选择 A2:G31 单元格区域，单击“开始”功能区，在“单元格”组中单击“格式”按钮，在打开的下拉列表中选择“自动调整列宽”选项，调整后的效果如图 4-11 所示。

② 将鼠标指针移动到第 1 行行号与第 2 行行号中间的间隔线上，当鼠标指针变成“+”形状时，按住鼠标左键不放向下拖动，待拖动到适合的行高后释放鼠标。

计算机应用1班学生成绩表

| 序号 | 学号 | 姓名 | 英语 | 数据库原理 | 操作系统 | 体系结构 |
|---|---|---|---|---|---|---|
| 1 | 20170901 | 李新 | 90 | 78 | 69 | 95 |
| 2 | 20170902 | 王文辉 | 55 | 70 | 67 | 73 |
| 3 | 20170903 | 张磊 | 65 | 67 | 78 | 65 |
| 4 | 20170904 | 郝心怡 | 87 | 91 | 73 | 87 |
| 5 | 20170905 | 王力 | 68 | 89 | 90 | 63 |

图 4-11　自动调整列宽后的效果

③ 选择 A2:G31 单元格区域，单击“开始”功能区，在“单元格”组中单击“格式”按钮，在打开的下拉列表中选择“行高”选项，在打开的“行高”对话框中输入“18”，单击“确定”按钮。此时，行高变高，如图 4-12 所示。

计算机应用1班学生成绩表

| 序号 | 学号 | 姓名 | 英语 | 数据库原理 | 操作系统 | 体系结构 |
|---|---|---|---|---|---|---|
| 1 | 20170901 | 李新 | 90 | 78 | 69 | 95 |
| 2 | 20170902 | 王文辉 | 55 | 70 | 67 | 73 |
| 3 | 20170903 | 张磊 | 65 | 67 | 78 | 65 |
| 4 | 20170904 | 郝心怡 | 87 | 91 | 73 | 87 |
| 5 | 20170905 | 王力 | 68 | 89 | 90 | 63 |

图 4-12　设置行高后的效果

# 4.2　制作职工工资分析表

## 项目要求

李经理让小王对职工的工资进行统计，统计后制作一份“职工工资分析表”，以便查看员工的工资情况。数据参考效果如图 4-13 所示，相关要求如下。

| 序号 | 姓名 | 原来工资 | 浮动工资 | 总工资 |
|---|---|---|---|---|
| 1 | 吕凤玲 | 2500 | 360 | 2860 |
| 2 | 王艳琴 | 9800 | 540 | 10340 |
| 3 | 范丽芳 | 2400 | 298 | 2698 |
| 总计 | | 14700 | 1198 | |
| 平均值 | | 4900.00 | 399.33 | |
| 最大值 | | 9800 | 540 | |
| 最小值 | | 2400 | 298 | |

图 4-13　“职工工资分析表”参考效果

（1）使用公式在 E2:E4 单元格区域求出职工工资的总工资。

（2）使用求和函数 SUM 在 C5:D5 单元格区域计算职工工资的总计。

（3）使用平均值函数 AVERAGE 在 C6:D6 单元格区域计算原来工资和浮动工资的平均值，并保留两位小数。

（4）使用最大值函数 MAX 在 C7:D7 单元格区域计算原来工资和浮动工资的最大值。

（5）使用最小值函数 MIN 在 C8:D8 单元格区域计算原来工资和浮动工资的最小值。

（6）给表格添加外边框和内边框。

## 相关知识

## 4.2.1　基本公式和基本函数

**1. 公式的输入**

Excel 通过引进公式，增强了对数据的运算分析能力。在 Excel 中，公式在形式上由等号“=”开始，其语法可表示为“=表达式”。

当用户按“Enter”键确认公式输入完成后，单元格显示的是公式的计算结果。如果用户需要查看或者修改公式，则可以双击单元格，在单元格中查看或修改公式。

**2. 使用函数**

函数是 Excel 中预先定义好、经常使用的一种公式。Excel 提供了 200 多个内部函数，当需要使用时，可按照函数的格式直接引用，函数的输入有“手工输入”和“使用粘贴函数输入”两种方式。

（1）手工输入

对于一些比较简单的函数，用户可以用输入公式的方法直接在单元格中输入函数。例如，可在对应单元格中直接输入“=SUM(E4:G4)”，然后按“Enter”键确认，即可得到相应单元格数据之和。

（2）使用粘贴函数输入

对于参数较多或比较复杂的函数，一般采用“粘贴函数”按钮来输入，常用的函数有求和（SUM）、求平均值（AVERAGE）、计算“指定字符串”的个数（COUNT）、求参数的最大值（MAX）、求参数的最小值（MIN）等。

## 4.2.2　设置单元格格式

在“设置单元格格式”对话框中有“数字”“对齐”“字体”“边框”“填充”及“保护”6 个选项卡，如图 4-14 所示。

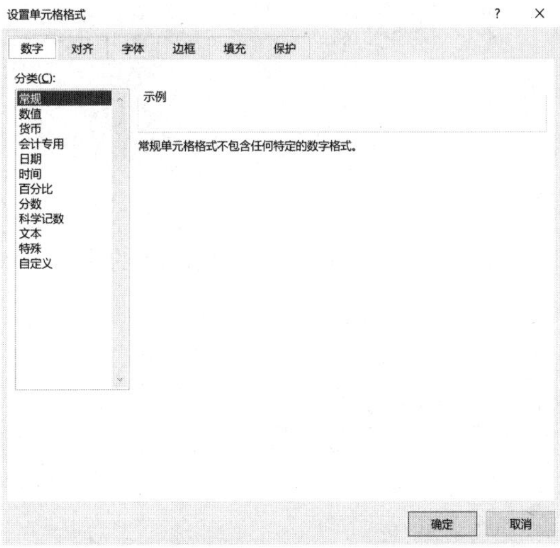


图 4-14　“设置单元格格式”对话框

## 项目实施

**步骤 1：新建工作表并利用公式计算出职工工资总工资**

① 启动 Excel 2019，创建一个工作簿“职工工资表”，并按任务要求输入数据，如图 4-15 所示。

② 在 E2 单元格中输入公式“=C2+D2”，如图 4-16 所示。

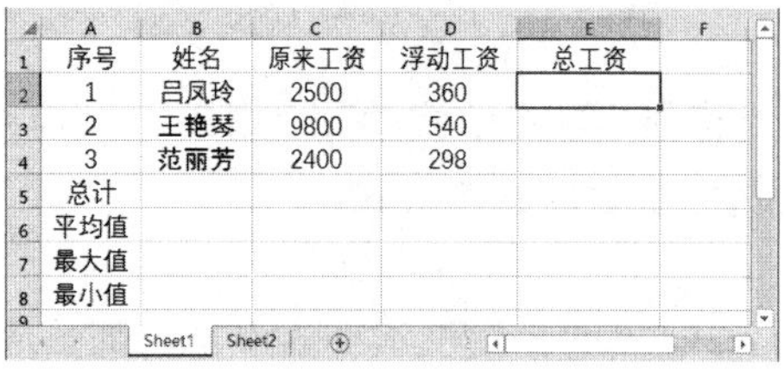


图 4-15　计算前的“职工工资表”

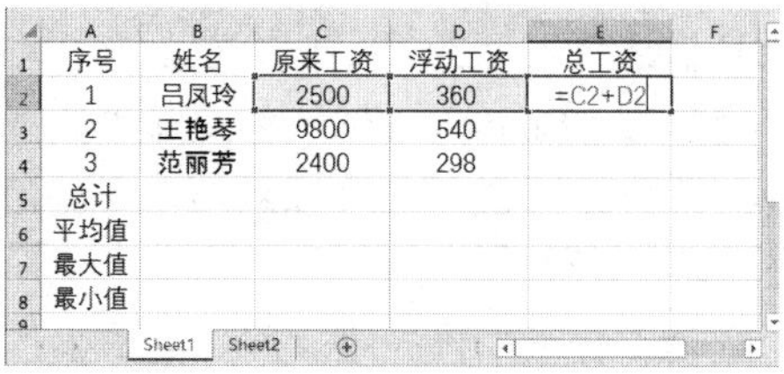


图 4-16　输入公式

③ 按“Enter”键，即可将“吕凤玲”的总工资算出来，将鼠标放在活动单元格的右下角，待空心十字形变成实心十字形“**+**”时，按住鼠标左键拖动填充柄到 E4 单元格区域，则所有职工的总工资都可以算出来，如图 4-17 所示。

**步骤 2：使用函数求和、求平均值、求最大值和最小值**

① 先将光标放在 C5 单元格中，然后选择“公式”功能区，单击“插入函数”按钮，弹出“插入函数”对话框，在“或选择类别”下拉列表中选择“常用函数”，在“选择函数”列表框中选择“SUM”函数，如图 4-18 所示。

图 4-17　计算后的“职工工资表”

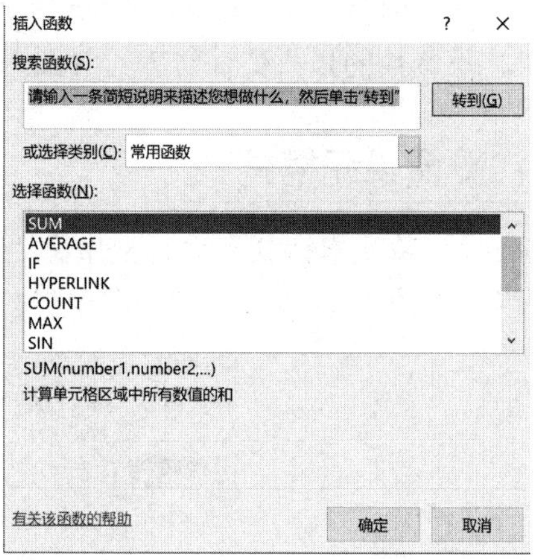


图 4-18　“插入函数”对话框

② 单击“确定”按钮，确定计算职工原来工资的总和的函数，如图 4-19 所示。

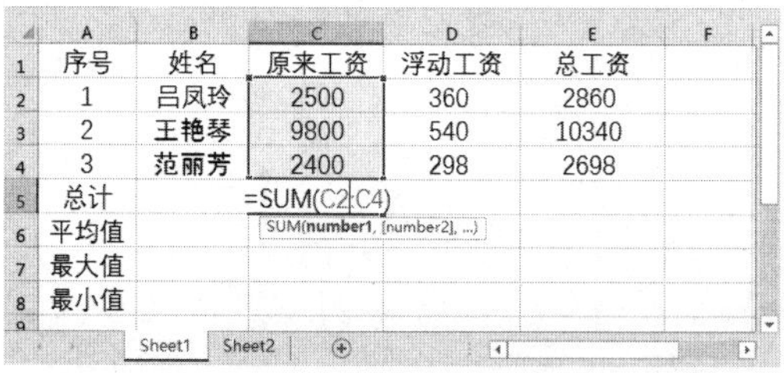


图 4-19　确定计算职工原来工资的总和的函数

③ 按“Enter”键，并按下鼠标左键，拖动活动单元格的填充柄至 D5 单元格区域，求出职工原来工资和浮动工资的总计，如图 4-20 所示。

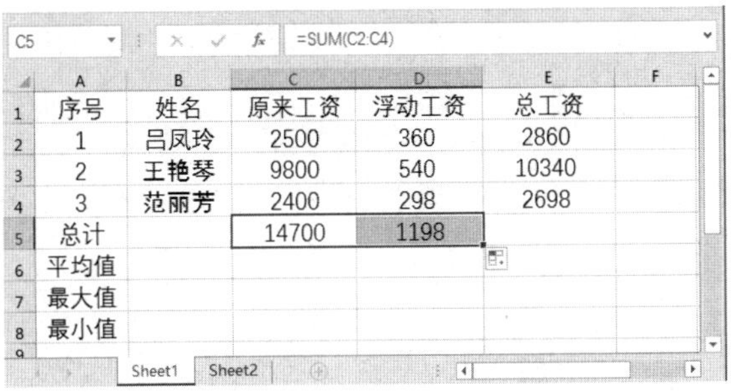


图 4-20 求出职工原来工资和浮动工资的总计

④ 先将光标放在 C6 单元格中，然后选择“公式”功能区，单击 “插入函数”按钮，弹出“插入函数”对话框，在“或选择类别”下拉列表中选择“全部”，在“选择函数”列表框中选择“AVERAGE”函数，如图 4-21 所示。

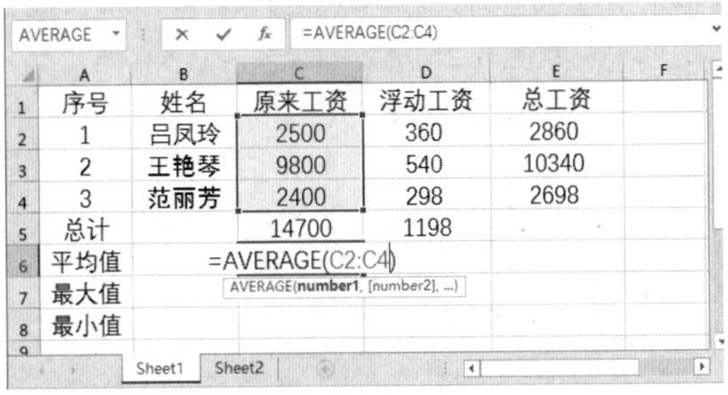


图 4-21 选择计算职工原来工资和浮动工资平均值的函数

⑤ 按“Enter”键，并按下鼠标左键，拖动活动单元格的填充柄至 D6 单元格区域，求出职工原来工资和浮动工资的平均值，如图 4-22 所示。

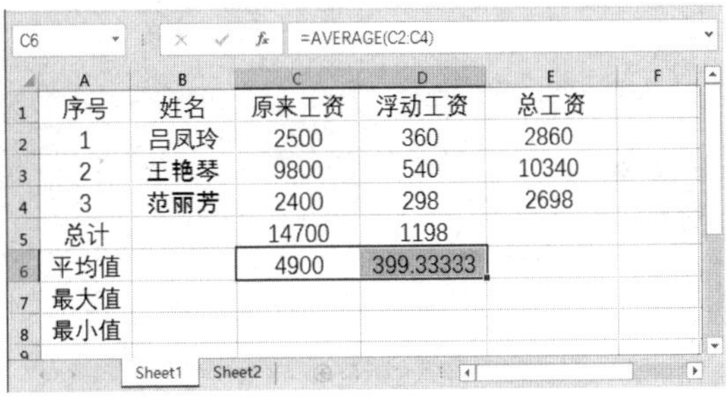


图 4-22 求出职工原来工资和浮动工资的平均值

⑥ 在 C7 单元格中插入 MAX 函数（求最大值），格式为“=MAX(C2:C4)”，如图 4-23 所示，按“Enter”键，并拖动活动单元格的填充柄至 D7 单元格区域，求出职工原来工资和浮动工资的最大值。在 C8 单元格中插入 MIN 函数（求最小值），格式为“=MIN(C2:C4)”，如图 4-24 所示，按“Enter”键，并拖动活动单元格的填充柄至 D8 单元格区域，求出职工原来工资和浮动工资的最小值。

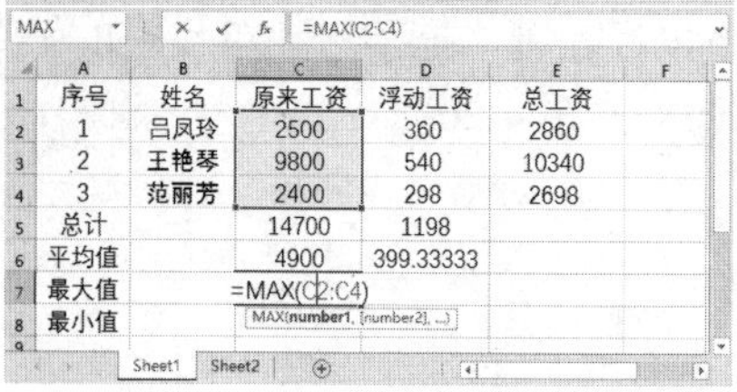


图 4-23　确定计算职工原来工资和浮动工资最大值的函数

图 4-24　确定计算职工原来工资和浮动工资最小值的函数

**步骤 3：设置平均值单元格格式，并对工作表进行命名和添加边框**

① 选中 C6:D6 单元格区域，如图 4-25 所示。

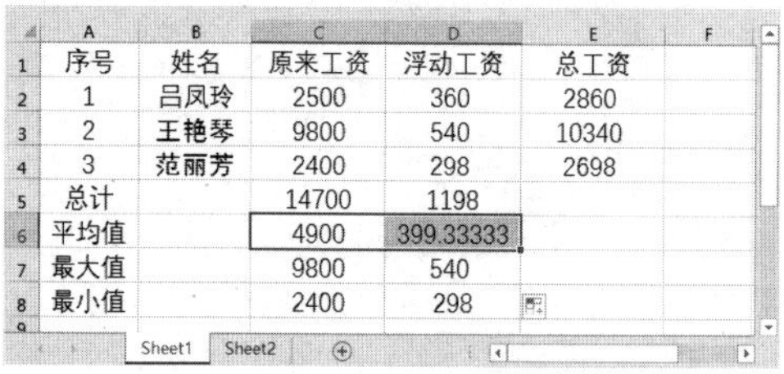


图 4-25　选中小数单元格

② 右击，在弹出的快捷菜单中选择“设置单元格格式”命令，弹出“设置单元格格式”对话框，单击“数字”选项卡，在“分类”列表框中选择“数值”类型，调整“小数位数”为“2”，如图 4-26 所示。

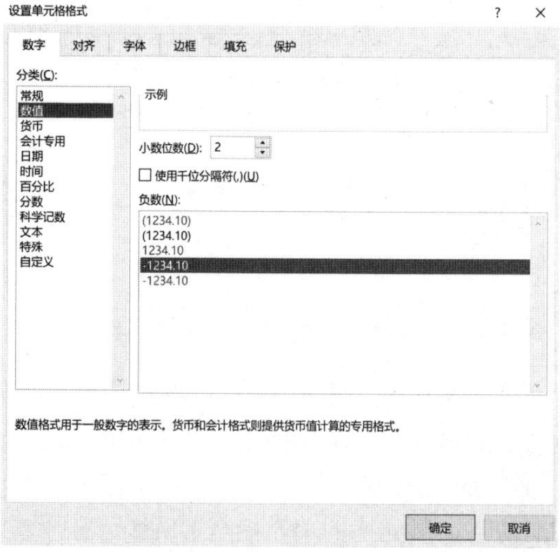


图 4-26　单元格小数位数的设置

③ 单击“确定”按钮，原来工资、浮动工资的平均值均变为只保留两位小数，如图 4-27 所示。

| | A | B | C | D | E | F |
|---|---|---|---|---|---|---|
| 1 | 序号 | 姓名 | 原来工资 | 浮动工资 | 总工资 | |
| 2 | 1 | 吕凤玲 | 2500 | 360 | 2860 | |
| 3 | 2 | 王艳琴 | 9800 | 540 | 10340 | |
| 4 | 3 | 范丽芳 | 2400 | 298 | 2698 | |
| 5 | 总计 | | 14700 | 1198 | | |
| 6 | 平均值 | | 4900.00 | 399.33 | | |
| 7 | 最大值 | | 9800 | 540 | | |
| 8 | 最小值 | | 2400 | 298 | | |

职工工资表　Sheet2

图 4-27　小数位数保留两位

④ 选中 A1:E8 单元格区域，右击，在弹出的快捷菜单中选择“设置单元格格式”命令，弹出“设置单元格格式”对话框，单击“边框”选项卡，选择“外边框”和“内边框”，单击“确定”按钮，效果如图 4-28 所示。

| | A | B | C | D | E | F |
|---|---|---|---|---|---|---|
| 1 | 序号 | 姓名 | 原来工资 | 浮动工资 | 总工资 | |
| 2 | 1 | 吕凤玲 | 2500 | 360 | 2860 | |
| 3 | 2 | 王艳琴 | 9800 | 540 | 10340 | |
| 4 | 3 | 范丽芳 | 2400 | 298 | 2698 | |
| 5 | 总计 | | 14700 | 1198 | | |
| 6 | 平均值 | | 4900.00 | 399.33 | | |
| 7 | 最大值 | | 9800 | 540 | | |
| 8 | 最小值 | | 2400 | 298 | | |

职工工资表　Sheet2

图 4-28　添加外边框和内边框

# 4.3　制作职工职称工资分析表

## 项目要求

张经理让小王对职工的职称、工资进行统计，统计后制作一份“职工职称工资分析表”，以便公司查看员工的职称工资情况。数据参考效果如图 4-29 所示，相关要求如下。

| | B | C | D | E | F | G | H | I | J | K |
|---|---|---|---|---|---|---|---|---|---|---|
| 1 | 姓名 | 职称 | 工资 | 工资/总工资 | 排序 | 工资级别 | | | | |
| 2 | 李红 | 教授 | 9876.4 | 17.49% | 2 | 高工资 | | | | |
| 3 | 桑晨 | 教授 | 10238.6 | 18.13% | 1 | 高工资 | | 职称 | 人数 | 平均工资 |
| 4 | 武妍 | 讲师 | 5890.8 | 10.43% | 5 | 一般工资 | | 助教 | 2 | 4951.35 |
| 5 | 葛华 | 助教 | 5026.6 | 8.90% | 7 | 一般工资 | | 讲师 | 3 | 5827.933 |
| 6 | 吕继红 | 讲师 | 5566.3 | 9.86% | 6 | 一般工资 | | 教授 | 3 | 9697.3 |
| 7 | 沈雪芳 | 助教 | 4876.1 | 8.63% | 8 | 一般工资 | | | | |
| 8 | 熊正春 | 教授 | 8976.9 | 15.89% | 3 | 高工资 | | | | |
| 9 | 杨全刚 | 讲师 | 6026.7 | 10.67% | 4 | 一般工资 | | | | |

职工职称工资表

图 4-29　职工职称工资分析表效果

（1）使用公式在 E2:E9 单元格区域求出职称工资占总工资的百分比，用百分比类型，保留两位小数。

（2）使用 RANK.EQ 函数在 F2:F9 单元格区域按降序计算“工资”列的内容。

（3）使用 IF 函数在 G2:G9 单元格区域对工资级别进行分类，工资大于或等于 8000 的设置为“高工资”，其他设置为“一般工资”。

（4）使用 COUNTIF 函数在 J4:J6 单元格区域分别求出助教、讲师及教授的人数。

（5）使用 SUMIF 函数在 K4:K6 单元格区域求出各职称职工的平均工资。

### 相关知识

## 4.3.1 单元格的引用

单元格引用用于标识工作表中的单元格或单元格区域，它在公式中指明了公式所使用数据的位置。在 Excel 中有相对引用、绝对引用及混合引用，它们分别适用于不同的场合。

#### 1. 相对引用

Excel 默认的单元格引用为相对引用。相对引用是指某一单元格的地址是相对于当前单元格的相对位置，是由单元格的行号和列号组成的，如 A1、B2、E5 等。在相对引用中，当复制或移动公式时，Excel 会根据移动的位置自动调节公式中引用单元格的地址。例如，E5 单元格中的公式“=C5*D5/10”，在被复制到 E6 单元格时会自动变为“=C6*D6/10”，从而使得 E6 单元格中也能得到正确的计算结果。

#### 2. 绝对引用

绝对引用是指某一单元格的地址是其在工作表中的绝对位置，其构成形式是在行号和列号前面各加一个“$”符号。例如，$A$2、$B$4、$H$5 都是对单元格的绝对引用。其特点在于，当把一个含有绝对引用的单元格中的公式移动或复制到一个新的位置时，公式中的单元格地址不会发生变化。例如，若在 E5 单元格中有公式“=$B$3+$C$3”，如果将其复制到 E6 单元格中，则 E6 单元格中的公式还是“=$B$3+$C$3”，可用于分数运算时，使分母的值固定不变。

#### 3. 混合引用

在公式中同时使用相对引用和绝对引用，称为混合引用。

## 4.3.2 几个常用函数

#### 1. RANK.EQ 函数

RANK.EQ 函数返回某数字在一列数字中相对于其他数值的大小排名，如果多个数值排名相同，则返回该组数值的最佳排名。

#### 2. IF 函数

IF 函数用于判断是否满足某个条件，如果满足则返回一个值，如果不满足则返回另一个值。

#### 3. COUNTIF 函数

COUNTIF 函数用于计算某个区域中满足给定条件单元格的数目。

#### 4. SUMIF 函数

SUMIF 函数用于对满足条件的单元格中的数据求和。

### 项目实施

**步骤 1：利用公式计算职工工资占总工资的百分比**

① 在 E2 单元格中输入公式“=D2/SUM($D$2:$D$9)”，如图 4-30 所示。

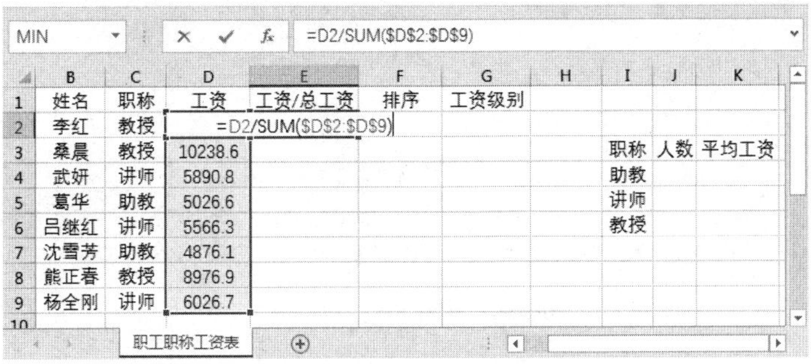
MIN　=D2/SUM($D$2:$D$9)

| | B | C | D | E | F | G | H | I | J | K |
|---|---|---|---|---|---|---|---|---|---|---|
| 1 | 姓名 | 职称 | 工资 | 工资/总工资 | 排序 | 工资级别 | | | | |
| 2 | 李红 | 教授 | =D2/SUM($D$2:$D$9) | | | | | | | |
| 3 | 桑晨 | 教授 | 10238.6 | | | | | 职称 | 人数 | 平均工资 |
| 4 | 武妍 | 讲师 | 5890.8 | | | | | 助教 | | |
| 5 | 葛华 | 助教 | 5026.6 | | | | | 讲师 | | |
| 6 | 吕继红 | 讲师 | 5566.3 | | | | | 教授 | | |
| 7 | 沈雪芳 | 助教 | 4876.1 | | | | | | | |
| 8 | 熊正春 | 教授 | 8976.9 | | | | | | | |
| 9 | 杨全刚 | 讲师 | 6026.7 | | | | | | | |

职工职称工资表

图 4-30　输入混合引用公式

② 按“Enter”键，并拖动活动单元格的填充柄至 E9 单元格区域，直到求出各职工职称工资占总工资的百分比，如图 4-31 所示。

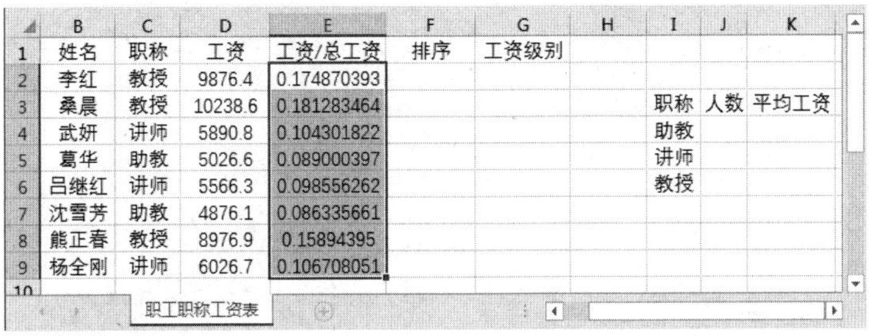

| | B | C | D | E | F | G | H | I | J | K |
|---|---|---|---|---|---|---|---|---|---|---|
| 1 | 姓名 | 职称 | 工资 | 工资/总工资 | 排序 | 工资级别 | | | | |
| 2 | 李红 | 教授 | 9876.4 | 0.174870393 | | | | | | |
| 3 | 桑晨 | 教授 | 10238.6 | 0.181283464 | | | | 职称 | 人数 | 平均工资 |
| 4 | 武妍 | 讲师 | 5890.8 | 0.104301822 | | | | 助教 | | |
| 5 | 葛华 | 助教 | 5026.6 | 0.089000397 | | | | 讲师 | | |
| 6 | 吕继红 | 讲师 | 5566.3 | 0.098556262 | | | | 教授 | | |
| 7 | 沈雪芳 | 助教 | 4876.1 | 0.086335661 | | | | | | |
| 8 | 熊正春 | 教授 | 8976.9 | 0.15894395 | | | | | | |
| 9 | 杨全刚 | 讲师 | 6026.7 | 0.106708051 | | | | | | |

职工职称工资表

图 4-31　求出职工职称工资占总工资的百分比（常规类型）

③ 选中 E2:E9 单元格区域，右击，在弹出的快捷菜单中选择“设置单元格格式”命令，在弹出的对话框中单击“数字”选项卡，在“分类”列表框中选择“百分比”，调整“小数位数”为“2”，单击“确定”按钮。设置后的效果如图 4-32 所示。

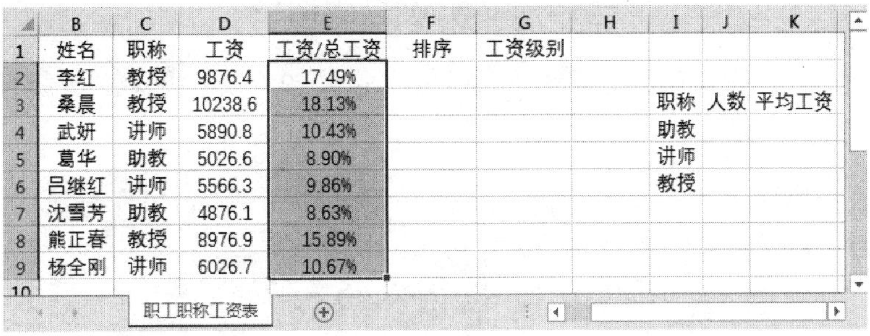

| | B | C | D | E | F | G | H | I | J | K |
|---|---|---|---|---|---|---|---|---|---|---|
| 1 | 姓名 | 职称 | 工资 | 工资/总工资 | 排序 | 工资级别 | | | | |
| 2 | 李红 | 教授 | 9876.4 | 17.49% | | | | | | |
| 3 | 桑晨 | 教授 | 10238.6 | 18.13% | | | | 职称 | 人数 | 平均工资 |
| 4 | 武妍 | 讲师 | 5890.8 | 10.43% | | | | 助教 | | |
| 5 | 葛华 | 助教 | 5026.6 | 8.90% | | | | 讲师 | | |
| 6 | 吕继红 | 讲师 | 5566.3 | 9.86% | | | | 教授 | | |
| 7 | 沈雪芳 | 助教 | 4876.1 | 8.63% | | | | | | |
| 8 | 熊正春 | 教授 | 8976.9 | 15.89% | | | | | | |
| 9 | 杨全刚 | 讲师 | 6026.7 | 10.67% | | | | | | |

职工职称工资表

图 4-32　职工职称工资占总工资的百分比（百分比类型）

**步骤 2：使用 RANK.EQ 函数按工资降序计算“工资”列的内容**

① 将光标置于 F2 单元格中，单击“公式”功能区，在“函数库”组中单击“插入函数”按钮，弹出“插入函数”对话框，在“或选择类别”下拉列表中选择“全部”，在“选择函数”列表框中选择“RANK.EQ”函数，单击“确定”按钮，弹出如图 4-33 所示对话框。

② 将光标置于“Number”文本框中，单击 E2 单元格；将光标置于“Ref”文本框中，用鼠标选中 E2:E9 单元格区域，手动将相对引用“E2:E9”改成绝对引用“$E$2:$E$9”；在“Order”文本框中输入“0”，表示降序排列。设置如图 4-34 所示。

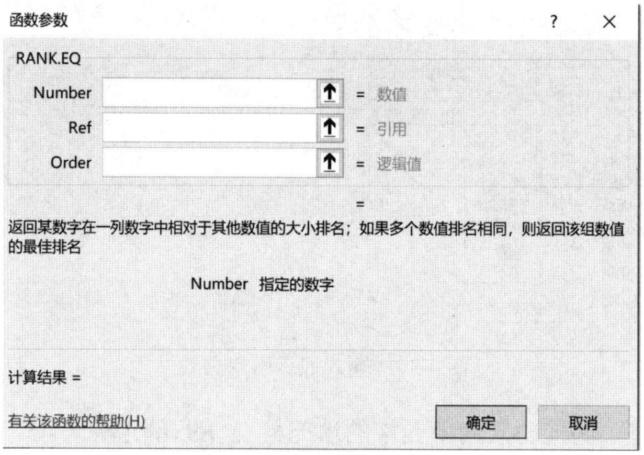


图 4-33　RANK.EQ 函数参数设置界面

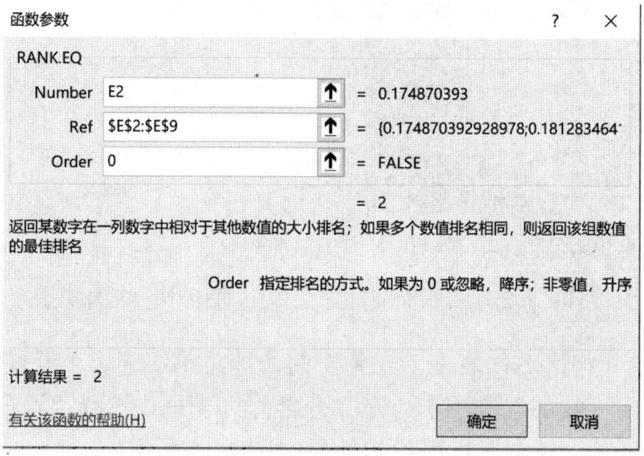


图 4-34　RANK.EQ 函数参数设置

③ 单击“确定”按钮，并拖动活动单元格填充柄至 F9 单元格区域，将所有职工的职称工资进行排序，如图 4-35 所示。

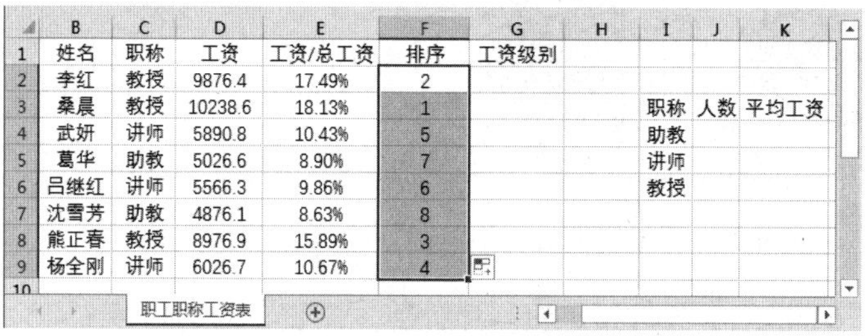


图 4-35　对职工职称工资进行排序

**步骤 3：使用 IF 函数对工资级别进行分类**

① 将光标置于 G2 单元格中，单击“公式”功能区，在“函数库”组中单击“插入函数”按钮，弹出“插入函数”对话框，在“或选择类别”下拉列表中选择“全部”，在“选择函数”列表框中选择“IF”函数。单击“确定”按钮，弹出“函数参数”对话框，将光标置于“Logical_test”文本框中，单击 D2 单元格，在“Logical_test”文本框中输入“D2>=8000”，在“Value_if_true”

文本框中输入“高工资”，在“Value_if_false”文本框中输入“一般工资”，如图 4-36 所示。

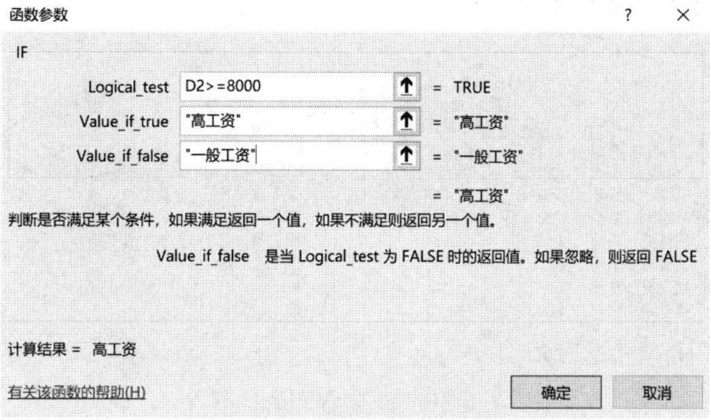


图 4-36　IF 函数参数设置

② 单击“确定”按钮，并拖动活动单元格填充柄至 G9 单元格区域，将所有职工的工资级别进行分类，如图 4-37 所示。

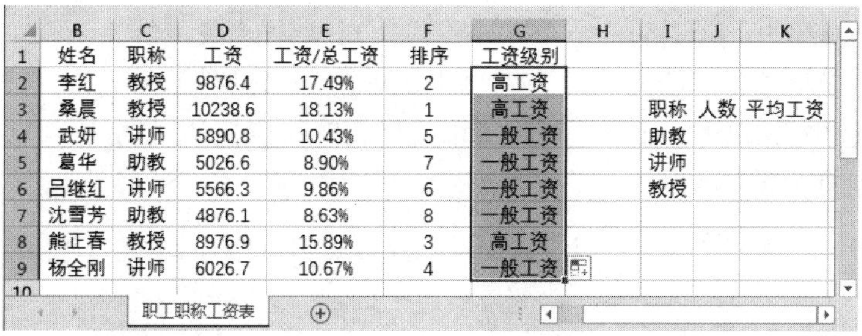

| | B | C | D | E | F | G | H | I | J | K |
|---|---|---|---|---|---|---|---|---|---|---|
| 1 | 姓名 | 职称 | 工资 | 工资/总工资 | 排序 | 工资级别 | | | | |
| 2 | 李红 | 教授 | 9876.4 | 17.49% | 2 | 高工资 | | | | |
| 3 | 桑晨 | 教授 | 10238.6 | 18.13% | 1 | 高工资 | | 职称 | 人数 | 平均工资 |
| 4 | 武妍 | 讲师 | 5890.8 | 10.43% | 5 | 一般工资 | | 助教 | | |
| 5 | 葛华 | 助教 | 5026.6 | 8.90% | 7 | 一般工资 | | 讲师 | | |
| 6 | 吕继红 | 讲师 | 5566.3 | 9.86% | 6 | 一般工资 | | 教授 | | |
| 7 | 沈雪芳 | 助教 | 4876.1 | 8.63% | 8 | 一般工资 | | | | |
| 8 | 熊正春 | 教授 | 8976.9 | 15.89% | 3 | 高工资 | | | | |
| 9 | 杨全刚 | 讲师 | 6026.7 | 10.67% | 4 | 一般工资 | | | | |



图 4-37　职工工资级别分类结果

**步骤 4：使用 COUNTIF 函数统计职称人数**

① 将光标置于 J4 单元格，单击“公式”功能区，在“函数库”组中单击“插入函数”按钮，弹出“插入函数”对话框，在“或选择类别”下拉列表中选择“全部”，在“选择函数”列表框中选择“COUNTIF”函数，单击“确定”按钮，弹出“函数参数”对话框。将光标置于“Range”文本框中，选中 C2:C9 单元格区域，将单元格相对引用区域“C2:C9”改为绝对引用区域“$C$2:$C$9”；将光标置于“Criteria”文本框中，单击 I4（助教）单元格，如图 4-38 所示。

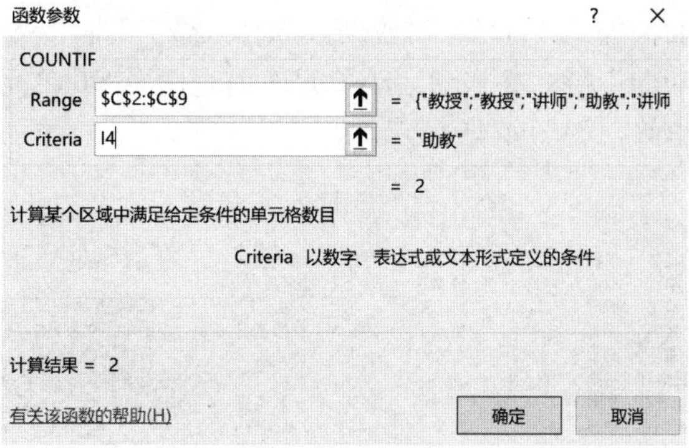


图 4-38　COUNTIF 函数参数设置

② 按“Enter”键，并拖动活动单元格填充柄至 J6 单元格区域，将所有职工的职称对应人数计算出来，结果如图 4-39 所示。

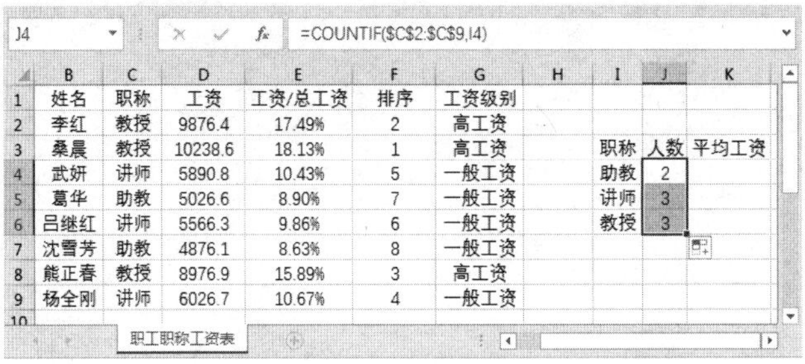


| | B | C | D | E | F | G | H | I | J | K |
|---|---|---|---|---|---|---|---|---|---|---|
| 1 | 姓名 | 职称 | 工资 | 工资/总工资 | 排序 | 工资级别 | | | | |
| 2 | 李红 | 教授 | 9876.4 | 17.49% | 2 | 高工资 | | | | |
| 3 | 桑晨 | 教授 | 10238.6 | 18.13% | 1 | 高工资 | | 职称 | 人数 | 平均工资 |
| 4 | 武妍 | 讲师 | 5890.8 | 10.43% | 5 | 一般工资 | | 助教 | 2 | |
| 5 | 葛华 | 助教 | 5026.6 | 8.90% | 7 | 一般工资 | | 讲师 | 3 | |
| 6 | 吕继红 | 讲师 | 5566.3 | 9.86% | 6 | 一般工资 | | 教授 | 3 | |
| 7 | 沈雪芳 | 助教 | 4876.1 | 8.63% | 8 | 一般工资 | | | | |
| 8 | 熊正春 | 教授 | 8976.9 | 15.89% | 3 | 高工资 | | | | |
| 9 | 杨全刚 | 讲师 | 6026.7 | 10.67% | 4 | 一般工资 | | | | |

图 4-39　职工各职称人数

**步骤 5：使用 SUMIF 函数求各职称职工平均工资**

① 将光标置于 K4 单元格，单击“公式”功能区，在“函数库”组中单击“插入函数”按钮，弹出“插入函数”对话框，在“或选择类别”下拉列表中选择“全部”，在“选择函数”列表框中选择“SUMIF”函数，单击“确定”按钮，弹出“函数参数”对话框。将光标置于“Range”文本框中，选中 C2:C9 单元格区域，将单元格相对引用区域“C2:C9”改为绝对引用区域“$C$2:$C$9”；将光标置于“Criteria”文本框中，单击 I4（助教）单元格（注意，此时不能单击 C5 单元格）；选中 D2:D9 单元格区域，将单元格相对引用区域“D2:D9”改为绝对引用区域“$D$2:$D$9”，设置如图 4-40 所示。

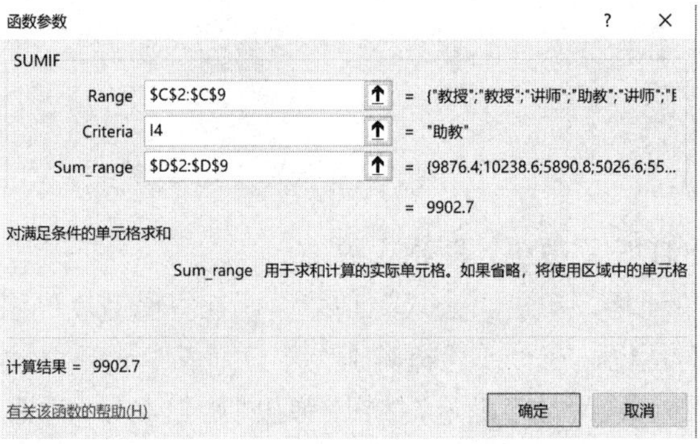


图 4-40　SUMIF 函数参数设置

② 单击“确定”按钮，在 K4 单元格中将出现公式“=SUMIF($C$2:$C$9，I4，$D$2:$D$9)”。此时，在公式的小括号后面加上“/J4”（对应助教职称人数），即“=SUMIF($C$2:$C$9，I4，$D$2:$D$9) /J4”，按“Enter”键，并拖动活动单元格填充柄至 K6 单元格区域，将所有职工对应的职称平均工资计算出来，如图 4-41 所示。

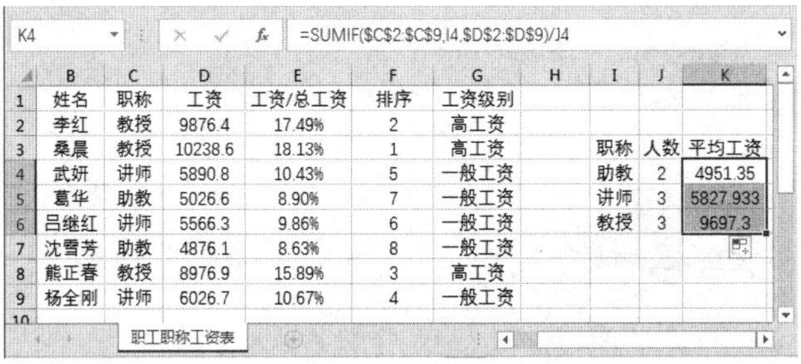


| | B | C | D | E | F | G | H | I | J | K |
|---|---|---|---|---|---|---|---|---|---|---|
| 1 | 姓名 | 职称 | 工资 | 工资/总工资 | 排序 | 工资级别 | | | | |
| 2 | 李红 | 教授 | 9876.4 | 17.49% | 2 | 高工资 | | | | |
| 3 | 桑晨 | 教授 | 10238.6 | 18.13% | 1 | 高工资 | | 职称 | 人数 | 平均工资 |
| 4 | 武妍 | 讲师 | 5890.8 | 10.43% | 5 | 一般工资 | | 助教 | 2 | 4951.35 |
| 5 | 葛华 | 助教 | 5026.6 | 8.90% | 7 | 一般工资 | | 讲师 | 3 | 5827.933 |
| 6 | 吕继红 | 讲师 | 5566.3 | 9.86% | 6 | 一般工资 | | 教授 | 3 | 9697.3 |
| 7 | 沈雪芳 | 助教 | 4876.1 | 8.63% | 8 | 一般工资 | | | | |
| 8 | 熊正春 | 教授 | 8976.9 | 15.89% | 3 | 高工资 | | | | |
| 9 | 杨全刚 | 讲师 | 6026.7 | 10.67% | 4 | 一般工资 | | | | |

图 4-41　职工各职称平均工资

# 4.4　制作销售情况分析图

## 项目要求

年关将至，李经理让小王制作一份设备销售情况分析图，以便辅助预测设备销售的发展趋势。数据参考效果如图 4-42 所示，相关要求如下。

（1）将表格中所有数据居中。

（2）将各种设备销售额单元格的格式设置为“货币”，货币符号为“￥”，小数位数为 0。

（3）选取“设备销售情况分析表”的“设备名称”和“销售额”两列内容，建立“簇状柱形图”。

（4）X 轴为“设备名称”，图表标题为“设备销售情况分析图”，不显示图例。

（5）将图插入工作表的 A9:E22 单元格区域内。

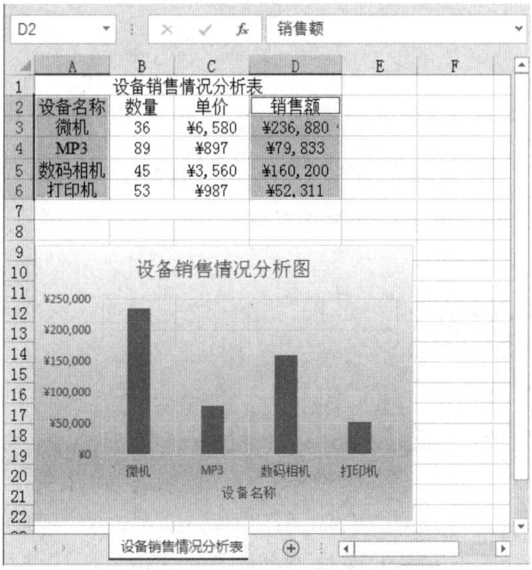


图 4-42　设备销售情况分析图效果

## 相关知识

### 4.4.1　设置单元格的对齐方式

Excel 中单元格数据的水平对齐方式默认是文本左对齐、数字右对齐、逻辑值居中对齐，垂直对齐方式默认为靠下对齐。

**1．用功能区按钮改变数据的对齐方式**

选定要设置对齐方式的单元格，单击“开始”功能区的“对齐方式”按钮可设置对齐方式。

**2. 用菜单格式化数字**

① 选定要格式化数字所在的单元格区域。

② 右击，在弹出的快捷菜单中选择“设置单元格格式”命令，打开如图 4-43 所示的“设置单元格格式”对话框，单击“对齐”选项卡，选择相应的文本对齐方式，再单击“确定”按钮。

图 4-43 “设置单元格格式”对话框

## 4.4.2 单元格区域的选择

**1. 选择工作表中所有单元格**

单击 A1 单元格左上角的“全选”按钮，如图 4-44 所示。

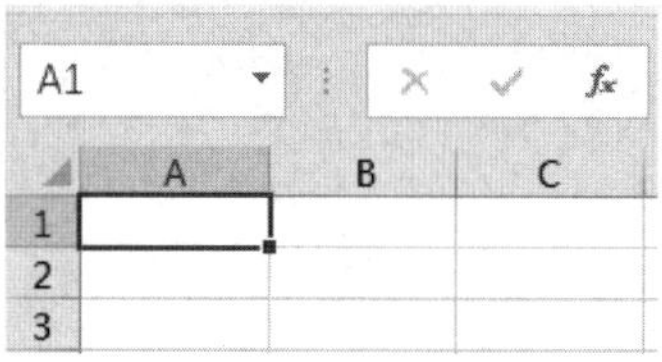


图 4-44 “全选”按钮

**2. 选择一行（列）或多行（列）**

① 选择一行（列）：单击行（列）号。

② 选择相邻多行（列）：在行（列）号上拖动鼠标。

③ 选择不相邻的多行（列）：先单击其中一行（列）的行（列）号，然后按住“Ctrl”键，单击其他行的行（列）号。

**3. 选择一个或多个单元格**

① 选择一个单元格：单击该单元格。

② 选择一个矩形区域内多个相邻单元格：在矩形区域的某一角位置按下鼠标左键，然后沿矩形对角线拖动鼠标进行选取操作。

③ 选择多个不相邻的单元格：选择一个单元格，然后按住“Ctrl”键，单击其他单元格。

## 4.4.3 图表的组成

创建好图表后，可以看到图表包括绘图区、图例、分类名称、坐标值、图表标题、分类轴标题、数值轴标题，如图 4-45 所示。

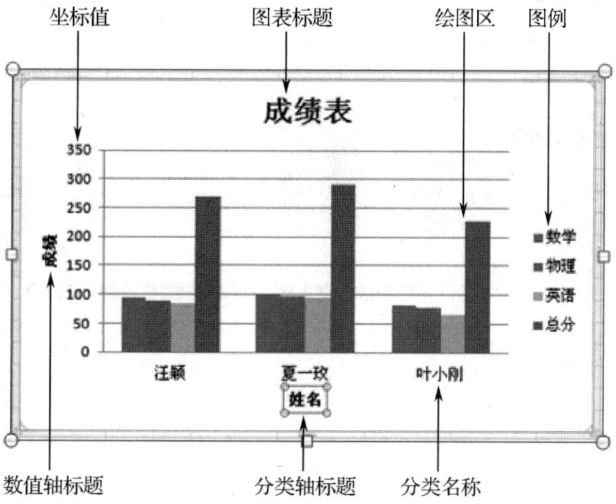


图 4-45　图表的组成

## 4.4.4　图表的编辑

### 1. 选取图表

在对图表进行编辑时，首先要选取图表。如果是嵌入式图表，则单击图表；如果是图表工作表，则需单击此工作表标签。

### 2. 移动图表和改变图表大小

选中图表后，图表四周会出现 8 个黑色的小方块，这时可以对图表进行移动和改变大小的操作，与 Word 相同。

### 3. 删除图表

选中图表后，按“Delete”键即可删除图表。

### 4. 改变图表类型

选中图表，单击“功能区/更改图表类型”按钮，选择合适的图表类型。

### 5. 更改图表中的标题

选中“标题”文本框，重新输入标题即可。

## 项目实施

**步骤 1：设置文字居中、货币符号及小数位数**

① 选中 A2:D6 单元格区域，在“开始”功能区的“对齐方式”组中单击“居中”按钮。

② 选中 C3:D6 单元格区域，右击，在弹出的快捷菜单中选择“设置单元格格式”命令，弹出“设置单元格格式”对话框，单击“数字”选项卡，在“分类”列表框中选择“货币”，调整“小数位数”为“0”，在“货币符号”下拉列表中选择“￥”，如图 4-46 所示。

③ 单击“确定”按钮，设置后的效果如图 4-47 所示。

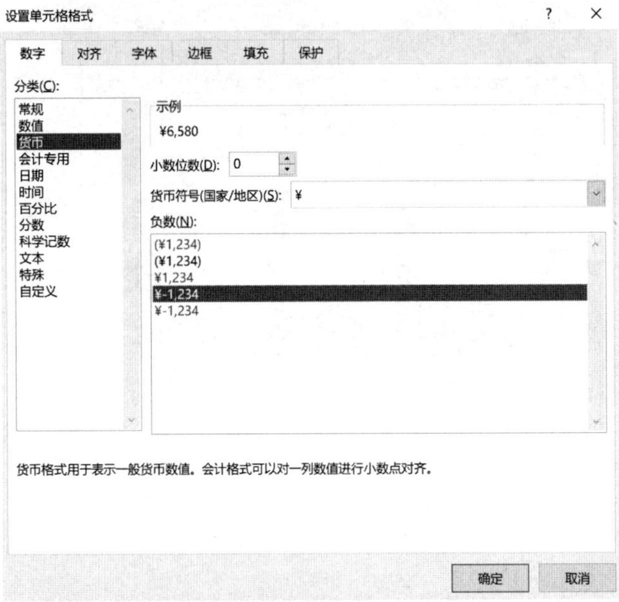


图 4-46　设置货币单元格格式

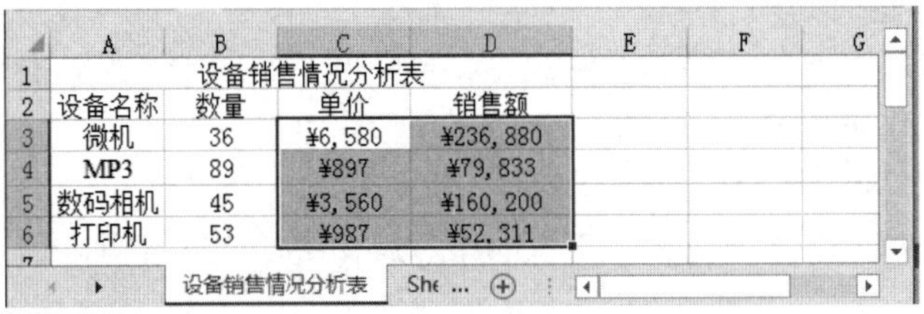


图 4-47　给表格中数据设置货币符号

**步骤 2：插入图表**

① 选中 A2:A6 单元格区域，按住“Ctrl”键的同时用鼠标选中 D2:D6 单元格区域，如图 4-48 所示。

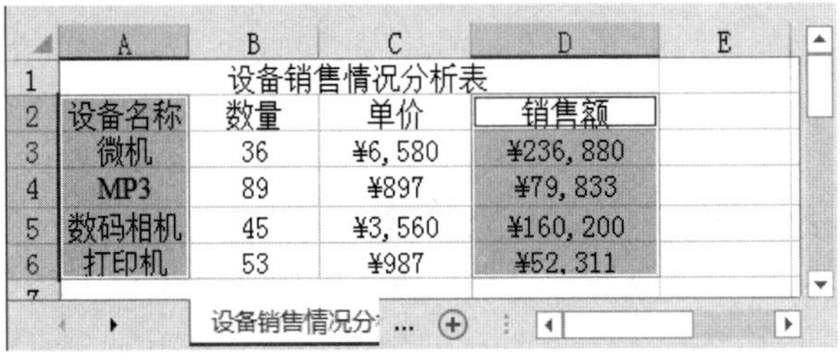


图 4-48　选择不连续的两列

② 在“插入”功能区的“图表”组中打开“插入图表”对话框，在“所有图表”选项卡中选择“柱形图”，在“图表类型”中选择“簇状柱形图”，如图 4-49 所示。

③ 单击“确定”按钮，选中图表，在“设计”功能区的“图表布局”组中打开“添加图表元素”下拉列表，选择“轴标题”中的“主要横坐标轴”，单击，如图 4-50 所示。

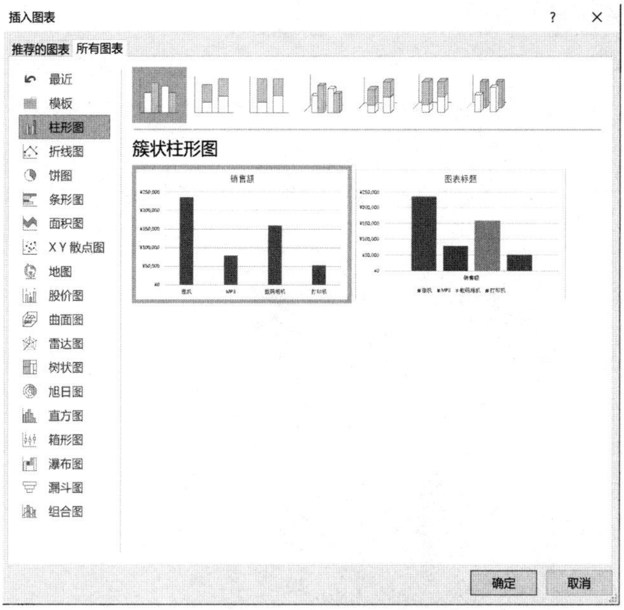


图 4-49　图表类型设置

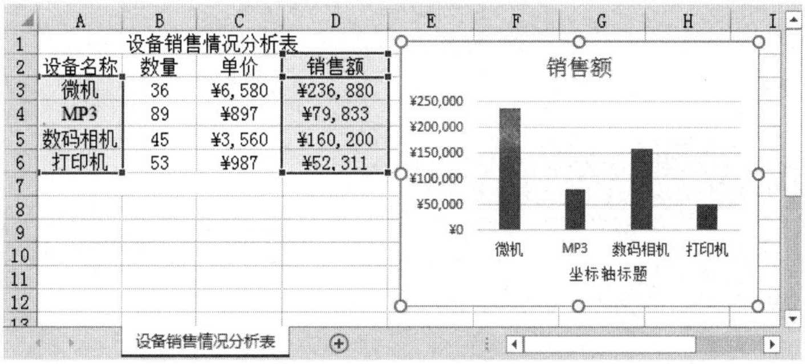


图 4-50　设置横坐标轴标题

④ 单击“销售额”标题，更改标题为“设备销售情况分析图”；单击“坐标轴标题”，更改标题为“设备名称”。选中图表，在“设计”功能区的“图表布局”组中打开“添加图表元素”下拉列表，选择“网格线”中的“主轴主要水平网格线”“主轴主要垂直网格线”，单击，设置后的效果如图 4-51 所示。此图表添加了背景墙的渐变填充颜色，请读者自行探究设置。

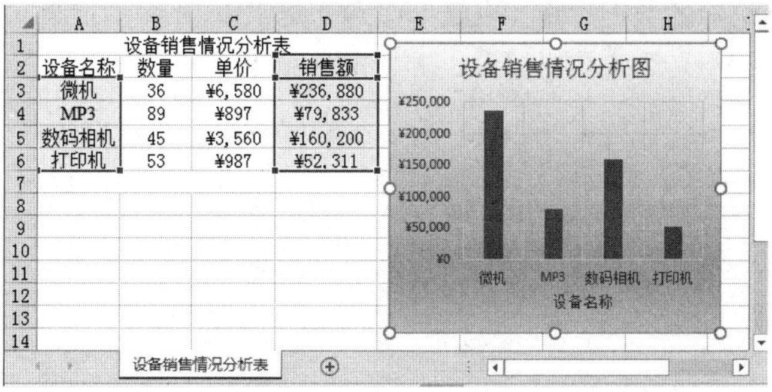


图 4-51　设置图表标题、坐标轴标题及主要网格线

**步骤 3：移动图表位置**

选中图表，将光标移动到图表右下角的小圆圈上，当出现对角线箭头（从矩形左上到右下）时，按住鼠标左键进行拖放，即可改变图表大小，将图表移动到 A9:E22 单元格区域内。设置后的效果如图 4-52 所示。

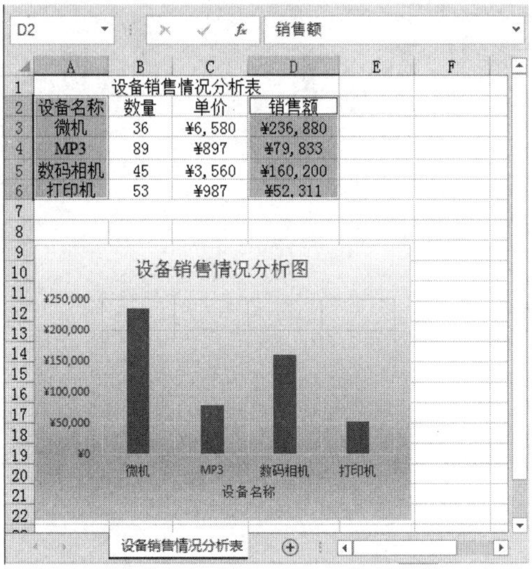


图 4-52　将图表放置到指定位置

# 4.5　制作学生成绩分析表

## 项目要求

期末考试后，班主任李老师让小王对各班成绩进行数据分析，制作一份能反映各班成绩的分析表。数据参考效果如图 4-53 所示，相关要求如下。

（1）对“计算机应用学生成绩表”的数据按主要关键字“班级”的升序和次要关键字“操作系统”的降序进行排序。

（2）对排序后的数据进行自动筛选，条件为“数据库原理”“操作系统”“体系结构”3 门课程成绩均大于或等于 70 分。

（3）对于排序筛选后的数据，将“班级”作为分类字段，“平均值”作为汇总方式，“数据库原理”和“体系结构”作为选定汇总项，并使汇总结果显示在数据下方，进行分类汇总。

| 计算机应用学生成绩表 | | | | | | | |
|---|---|---|---|---|---|---|---|
| 序号 | 学号 | 班级 | 姓名 | 英语 | 数据库原 | 操作系 | 体系结 |
| 8 | 201709011708 | 1 | 金翔 | 72 | 91 | 75 | 77 |
| 4 | 201709011704 | 1 | 郝心怡 | 87 | 91 | 73 | 87 |
| | | 1 平均值 | | | 91 | | 82 |
| 29 | 201709011429 | 2 | 王文辉 | 80 | 82 | 84 | 80 |
| 25 | 201709011425 | 2 | 陈松 | 72 | 94 | 81 | 90 |
| | | 2 平均值 | | | 88 | | 85 |
| 11 | 201709011411 | 3 | 王春晓 | 59 | 95 | 87 | 78 |
| 20 | 201709011720 | 3 | 李新 | 90 | 84 | 82 | 77 |
| 26 | 201709011726 | 3 | 张雨涵 | 86 | 78 | 80 | 82 |
| | | 3 平均值 | | | 85.66666667 | | 79 |
| | | 总计平均值 | | | 87.85714286 | | 81.57143 |

图 4-53　计算机应用学生成绩表效果

# 相关知识

## 4.5.1　数据排序

在 Excel 中经常需要对工作表中的某列数据进行排序，以方便分析使用。Excel 对数据的排序依据是：如果字段是数值型或日期时间型数据，则按照数据大小进行排序；如果字段是字符型数据，则英文字符按照 ASCII 码排序，汉字按照汉字机内码或者笔画排序。

**1. 单列数据的排序**

将光标放在工作表区域中需要排序的列中的任一单元格内，在“数据”功能区中单击“排序和筛选”组中的按钮，可按“升序”或“降序”对表中数据重新进行排列。

**2. 多列数据的排序**

当需要对工作表中的多列数据进行排序，如按单列数据排序时会出现值相同的情况，如果以此单列数据为主要关键字，则值相同的情况只能随机排序。遇到这种情况时，可以将“另一字段”作为次要关键字进行排序。

## 4.5.2　数据筛选

数据筛选的含义是只显示符合条件的记录，隐藏不符合条件的记录。数据筛选的具体操作方法如下。

**1. 选取数据**

选中数据清单中含有数据的任一单元格。

在“数据”功能区中，单击“排序和筛选”组中的“筛选”按钮，这时工作表标题行上增加了下三角按钮。

**2. 设置筛选条件**

单击选定数据列的下三角按钮，设置筛选条件。这时，Excel 就会根据设置的筛选条件隐藏不满足条件的记录。如果对所列记录还有其他筛选要求，则可以重复上述步骤继续筛选。重复步骤 1 可以取消自动筛选。

## 4.5.3　分类汇总

分类汇总的含义是首先对记录按照某一字段的内容进行分类，然后计算每类记录指定字段的汇总值，如总和、平均值等。在进行分类汇总前，应先对数据清单中的数据按某一规则进行排序，数据清单的第一行必须有字段名。

分类汇总的具体操作步骤如下。

① 对数据清单中的记录按照需要分类汇总的字段进行排序，单击数据清单中含有数据的任一单元格。

② 在“数据”功能区中，在“分级显示”组中单击“分类汇总”按钮，弹出如图 4-54 所示“分类汇总”对话框。

③ 在“分类字段”下拉列表中选择进行分类的字段名（所选字段必须与排序字段相同）。

图 4-54 “分类汇总”对话框

④ 在“汇总方式”下拉列表中选择所需的用于进行分类汇总的方式，如“计数”等。

⑤ 在“选定汇总项”列表框中选择要进行汇总的数值字段（可以是 1 个或多个），选中“汇总结果显示在数据下方”复选框。

## 项目实施

### 步骤 1：对“计算机应用学生成绩表”内的数据进行排序和筛选

① 选中“班级”所在单元格，在“数据”功能区中，在“排序和筛选”组中单击“升序”图标，如图 4-55 所示，排序后的表格如图 4-56 所示。

图 4-55 “升序”图标

| | A | B | C | D | E | F | G | H |
|---|---|---|---|---|---|---|---|---|
| 1 | 计算机应用学生成绩表 | | | | | | | |
| 2 | 序号 | 学号 | 班级 | 姓名 | 英语 | 数据库原理 | 操作系统 | 体系结构 |
| 3 | 1 | 201709011401 | 1 | 李新 | 90 | 78 | 69 | 95 |
| 4 | 4 | 201709011704 | 1 | 郝心怡 | 87 | 91 | 73 | 87 |
| 5 | 7 | 201709011407 | 1 | 张在旭 | 89 | 50 | 69 | 80 |
| 6 | 8 | 201709011708 | 1 | 金翔 | 72 | 91 | 75 | 77 |
| 7 | 13 | 201709011413 | 1 | 姚林 | 64 | 65 | 76 | 67 |
| 8 | 16 | 201709011716 | 1 | 高晓东 | 85 | 52 | 91 | 66 |
| 9 | 17 | 201709011417 | 1 | 张平 | 78 | 80 | 78 | 50 |
| 10 | 22 | 201709011722 | 1 | 王力 | 86 | 75 | 65 | 67 |
| 11 | 24 | 201709011724 | 1 | 扬海东 | 81 | 86 | 63 | 73 |
| 12 | 27 | 201709011427 | 1 | 高晓东 | 74 | 66 | 77 | 69 |
| 13 | 2 | 201709011702 | 2 | 王文辉 | 55 | 70 | 67 | 73 |
| 14 | 3 | 201709011403 | 2 | 张磊 | 65 | 67 | 78 | 65 |
| 15 | 9 | 201709011409 | 2 | 扬海东 | 78 | 68 | 80 | 71 |
| 16 | 10 | 201709011710 | 2 | 黄立 | 64 | 77 | 53 | 84 |
| 17 | 19 | 201709011419 | 2 | 黄红 | 89 | 71 | 76 | 68 |
| 18 | 23 | 201709011423 | 2 | 张在旭 | 63 | 52 | 87 | 78 |
| 19 | 25 | 201709011425 | 2 | 陈松 | 72 | 94 | 81 | 90 |
| 20 | 28 | 201709011728 | 2 | 李英 | 83 | 76 | 51 | 75 |
| 21 | 29 | 201709011429 | 2 | 王文辉 | 80 | 82 | 84 | 80 |
| 22 | 5 | 201709011405 | 3 | 王力 | 68 | 89 | 90 | 63 |

图 4-56 按“班级”排序后的表格

② 选中表格中任一单元格区域，在“数据”功能区中，在“排序和筛选”组中单击“筛选”按钮，则“计算机应用学生成绩表”表格标题的每个字段旁边都会出现一个下三角按钮，如图 4-57 所示。

| | A | B | C | D | E | F | G | H |
|---|---|---|---|---|---|---|---|---|
| 1 | 计算机应用学生成绩表 | | | | | | | |
| 2 | 序号 | 学号 | 班级 | 姓名 | 英语 | 数据库原 | 操作系 | 体系结 |
| 3 | 1 | 201709011401 | 1 | 李新 | 90 | 78 | 69 | 95 |
| 4 | 4 | 201709011704 | 1 | 郝心怡 | 87 | 91 | 73 | 87 |
| 5 | 7 | 201709011407 | 1 | 张在旭 | 89 | 50 | 69 | 80 |
| 6 | 8 | 201709011708 | 1 | 金翔 | 72 | 91 | 75 | 77 |
| 7 | 13 | 201709011413 | 1 | 姚林 | 64 | 65 | 76 | 67 |
| 8 | 16 | 201709011716 | 1 | 高晓东 | 85 | 52 | 91 | 66 |
| 9 | 17 | 201709011417 | 1 | 张平 | 78 | 80 | 78 | 50 |
| 10 | 22 | 201709011722 | 1 | 王力 | 86 | 75 | 65 | 67 |
| 11 | 24 | 201709011724 | 1 | 扬海东 | 81 | 86 | 63 | 73 |
| 12 | 27 | 201709011427 | 1 | 高晓东 | 74 | 66 | 77 | 69 |
| 13 | 2 | 201709011702 | 2 | 王文辉 | 55 | 70 | 67 | 73 |
| 14 | 3 | 201709011403 | 2 | 张磊 | 65 | 67 | 78 | 65 |
| 15 | 9 | 201709011409 | 2 | 扬海东 | 78 | 68 | 80 | 71 |
| 16 | 10 | 201709011710 | 2 | 黄立 | 64 | 77 | 53 | 84 |
| 17 | 19 | 201709011419 | 2 | 黄红 | 89 | 71 | 76 | 68 |
| 18 | 23 | 201709011423 | 2 | 张在旭 | 63 | 52 | 87 | 78 |
| 19 | 25 | 201709011425 | 2 | 陈松 | 72 | 94 | 81 | 90 |
| 20 | 28 | 201709011728 | 2 | 李英 | 83 | 76 | 51 | 75 |
| 21 | 29 | 201709011429 | 2 | 王文辉 | 80 | 82 | 84 | 80 |
| 22 | 5 | 201709011405 | 3 | 王力 | 68 | 89 | 90 | 63 |

图 4-57 “计算机应用学生成绩表”自动筛选

③ 单击“数据库原理”旁边的下三角按钮，打开“数字筛选”菜单，单击“大于或等于”子菜单，弹出“自定义自动筛选方式”对话框，在“大于或等于”组合框后面的文本框中输入“70”，如图 4-58 所示。单击“操作系统”和“体系结构”旁边的下三角按钮，用同样的方法设置筛选方式，排序后的效果如图 4-59 所示。

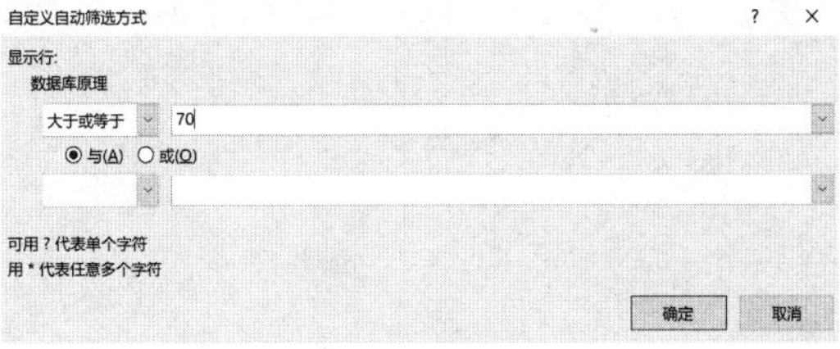


图 4-58　“自定义自动筛选方式”对话框

| | A | B | C | D | E | F | G | H |
|---|---|---|---|---|---|---|---|---|
| 1 | 计算机应用学生成绩表 | | | | | | | |
| 2 | 序号 | 学号 | 班级 | 姓名 | 英语 | 数据库原 | 操作系 | 体系结 |
| 4 | 4 | 201709011704 | 1 | 郝心怡 | 87 | 91 | 73 | 87 |
| 6 | 8 | 201709011708 | 1 | 金翔 | 72 | 91 | 75 | 77 |
| 19 | 25 | 201709011425 | 2 | 陈松 | 72 | 94 | 81 | 90 |
| 21 | 29 | 201709011429 | 2 | 王文辉 | 80 | 82 | 84 | 80 |
| 24 | 11 | 201709011411 | 3 | 王春晓 | 59 | 95 | 87 | 78 |
| 29 | 20 | 201709011720 | 3 | 李新 | 90 | 84 | 82 | 77 |
| 31 | 26 | 201709011726 | 3 | 张雨涵 | 86 | 78 | 80 | 82 |

图 4-59　自定义 3 个课程条件自动筛选后的效果

**步骤 2：对“计算机应用学生成绩表”排序后的数据进行自动筛选**

选中表格中任一单元格区域，在“数据”功能区的“排序和筛选”组中，单击“排序”按钮，弹出“排序”对话框，首先设置“班级”为主要关键字，“次序”为“升序”，然后单击“添加条件”，设置“操作系统”为次要关键字，“次序”为“降序”，如图 4-60 所示。单击“确定”按钮，排序后的效果如图 4-61 所示。

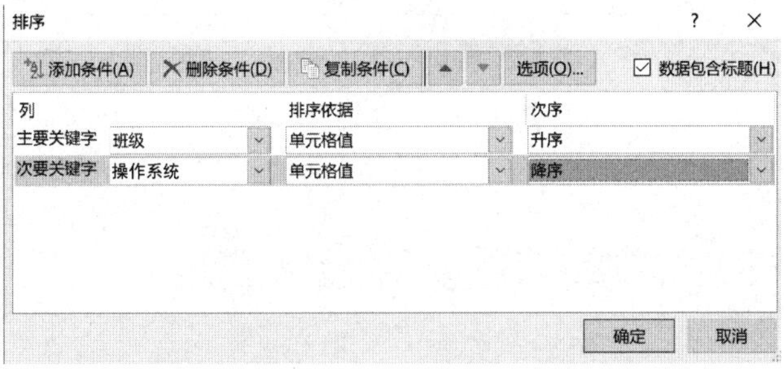


图 4-60　设置主要、次要关键字及次序

| | A | B | C | D | E | F | G | H |
|---|---|---|---|---|---|---|---|---|
| 1 | 计算机应用学生成绩表 | | | | | | | |
| 2 | 序号 | 学号 | 班级 | 姓名 | 英语 | 数据库原 | 操作系 | 体系结 |
| 6 | 8 | 201709011708 | 1 | 金翔 | 72 | 91 | 75 | 77 |
| 10 | 4 | 201709011704 | 1 | 郝心怡 | 87 | 91 | 73 | 87 |
| 13 | 29 | 201709011429 | 2 | 王文辉 | 80 | 82 | 84 | 80 |
| 22 | 25 | 201709011425 | 2 | 陈松 | 72 | 94 | 81 | 90 |
| 27 | 11 | 201709011411 | 3 | 王春晓 | 59 | 95 | 87 | 78 |
| 28 | 20 | 201709011720 | 3 | 李新 | 90 | 84 | 82 | 77 |
| 31 | 26 | 201709011726 | 3 | 张雨涵 | 86 | 78 | 80 | 82 |
| 32 | | | | | | | | |

学生成绩表原始数据

图 4-61　主要、次要关键字排序设置后的效果

**步骤 3：对"计算机应用学生成绩表"内排序筛选后的数据进行分类汇总**

在"数据"功能区的"分级显示"组中，单击"分类汇总"命令，弹出"分类汇总"对话框，选择"班级"作为分类字段，"平均值"作为汇总方式，"数据库原理"和"体系结构"作为选定汇总项，并设置汇总结果显示在数据下方，如图 4-62 所示。单击"确定"按钮进行分类汇总，可以求出 1 班、2 班、3 班满足给定条件各科成绩的平均值，效果如图 4-63 所示。

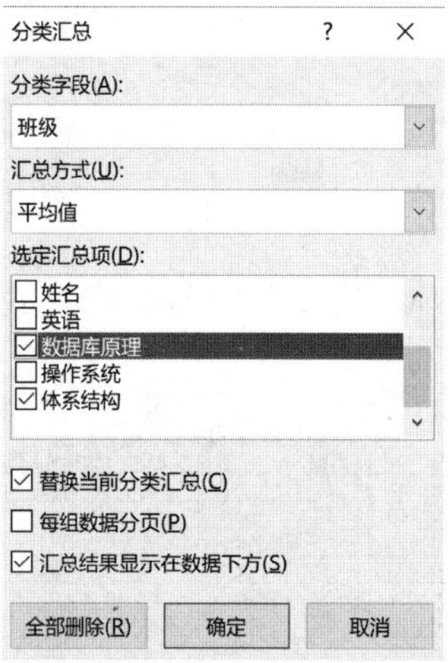


图 4-62 "分类汇总"设置

| 计算机应用学生成绩表 | | | | | | | |
|---|---|---|---|---|---|---|---|
| 序号 | 学号 | 班级 | 姓名 | 英语 | 数据库原 | 操作系 | 体系结 |
| 8 | 201709011708 | 1 | 金翔 | 72 | 91 | 75 | 77 |
| 4 | 201709011704 | 1 | 郝心怡 | 87 | 91 | 73 | 87 |
| | | 1 平均值 | | | 91 | | 82 |
| 29 | 201709011429 | 2 | 王文辉 | 80 | 82 | 84 | 80 |
| 25 | 201709011425 | 2 | 陈松 | 72 | 94 | 81 | 90 |
| | | 2 平均值 | | | 88 | | 85 |
| 11 | 201709011411 | 3 | 王春晓 | 59 | 95 | 87 | 78 |
| 20 | 201709011720 | 3 | 李新 | 90 | 84 | 82 | 77 |
| 26 | 201709011726 | 3 | 张雨涵 | 86 | 78 | 80 | 82 |
| | | 3 平均值 | | | 85.66666667 | | 79 |
| | | 总计平均值 | | | 87.85714286 | | 81.57143 |

图 4-63 分类汇总效果

# 4.6 对工作表中的数据进行高级筛选

## 项目要求

期末考试后，张老师让小王对"选修课程成绩单"内的数据进行筛选，选出"系别"为"计算机"、"选修课程名称"为"人工智能"的学生。数据参考效果如图 4-64 所示，相关要求如下。

（1）对"选修课程成绩单"内的数据进行高级筛选。

（2）"系别"为"计算机"，"课程名称"为"人工智能"。

（3）在数据表前插入 3 行，前 2 行作为条件区域，筛选后的结果显示在原有区域，筛选后的工作表名不变。

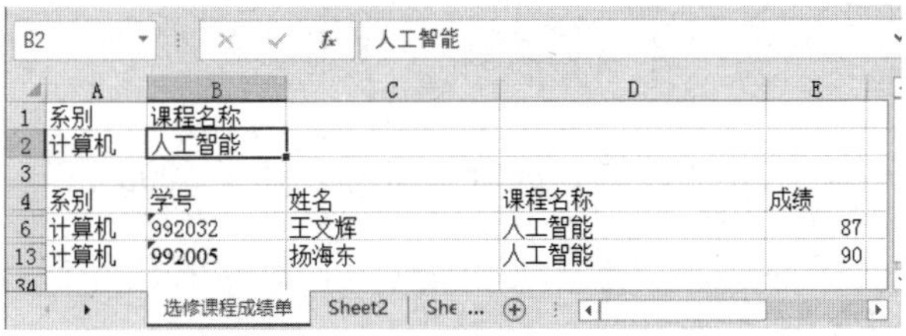


图 4-64　高级筛选后的效果

## 相关知识

## 4.6.1　高级筛选的用途

高级筛选通过多组、多类、多个，并（AND）、或（OR）等的逻辑条件可以实现很多不同的筛选（Excel 在筛选文本数据时不区分大小写）。

**1. 一类多个条件，至少一个条件符合**

筛选条件：市场人员 =“吕凤玲” OR 市场人员 =“吕惠萍”，筛选出吕凤玲或者吕惠萍的数据。

**2. 一类多组条件**

筛选条件：（销售额 > 6000 AND 销售额 < 6500）OR（销售额 < 5000），筛选出销售额大于 6000 小于 6500 或者销售额小于 5000 的数据。

**3. 多类多个条件，所有条件都符合**

筛选条件：产品大类 =“五金” AND 销售额 > 10000，筛选出产品大类为五金并且销售额大于 10000 的数据。

**4. 多类多个条件，至少一个条件符合**

筛选条件：产品大类 =“五金” OR 市场人员=“吕凤玲”，筛选出产品大类为五金或者市场人员是吕凤玲的数据。

**5. 多类多组条件**

筛选条件：（市场人员 = “吕凤玲” AND 产品大类 = 五金）OR（市场人员 = “李雪霞” AND 销售额 =4550），筛选出“吕凤玲，销售产品大类为五金”的数据或者“李雪霞，销售额为 4550”的数据。

## 4.6.2　高级筛选的规则

筛选规则主要包括比较运算符和逻辑运算符两部分。

**1. 比较运算符**

当使用比较运算符比较两个值时，结果为逻辑值。比较运算符主要有以下几个：大于（>）、小于（<）、大于或等于（>=）、小于或等于（<=）、等于（=）、不等于（<>）。

**2. 逻辑运算符**

高级筛选中用表格的位置来代表“或”和“并”两种逻辑关系。具体为：作为条件的公式必须使用相对引用来使用第一行数据中相应的单元格；数据放在同一行中，表示并，即需要同时满足两个条件；数据放在不同行，表示或，即只要条件满足其一即可。

例如：

| 姓名 | 工资 |
|---|---|
| 王艳琴 | >5000 |

表示“姓名是王艳琴，并且工资必须高于 5000 元”。

| 姓名 | 工资 |
|---|---|
| 王艳琴 | |
| | >5000 |

表示“姓名是王艳琴，或者工资必须高于 5000 元”。

## 4.6.3　行、列的删除与插入

**1. 删除行、列**

① 单击要删除行的行号或列的列标，选定该行或列。

② 右击，在弹出的快捷菜单中选择“删除”命令，然后选择相应单选按钮。

**2. 插入行、列**

① 单击要插入行、列所在的任一单元格，选定要插入行的行号或列的列标。

② 右击，在弹出的快捷菜单中选择“插入”命令，然后选择相应单选按钮。

特别注意：单元格的删除和插入与行、列的删除和插入操作方法相似。

## 项目实施

**步骤 1：在“选修课程成绩单”工作表前插入 3 行**

将光标放置于第一行，右击，在弹出的快捷菜单中选择“插入”命令，弹出“插入”对话框，选中“整行”单选按钮，如图 4-65 所示，单击“确定”按钮，则在表格的第一行前插入一行。重复上面的操作两次，插入 3 行，效果如图 4-66 所示。

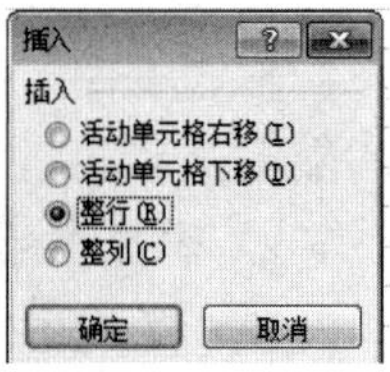


图 4-65　插入设置

| | A | B | C | D | E | F |
|---|---|---|---|---|---|---|
| 1 | | | | | | |
| 2 | | | | | | |
| 3 | | | | | | |
| 4 | 系别 | 学号 | 姓名 | 课程名称 | 成绩 | |
| 5 | 信息 | 991021 | 李新 | 多媒体技术 | 74 | |
| 6 | 计算机 | 992032 | 王文辉 | 人工智能 | 87 | |
| 7 | 自动控制 | 993023 | 张磊 | 计算机图形学 | 65 | |
| 8 | 经济 | 995034 | 郝心怡 | 多媒体技术 | 86 | |
| 9 | 信息 | 991076 | 王力 | 计算机图形学 | 91 | |
| 10 | 数学 | 994056 | 孙英 | 多媒体技术 | 77 | |
| 11 | 自动控制 | 993021 | 张在旭 | 计算机图形学 | 60 | |
| 12 | 计算机 | 992089 | 金翔 | 多媒体技术 | 73 | |
| 13 | 计算机 | 992005 | 扬海东 | 人工智能 | 90 | |
| 14 | 自动控制 | 993082 | 黄立 | 计算机图形学 | 85 | |
| 15 | 信息 | 991062 | 王春晓 | 多媒体技术 | 78 | |
| 16 | 经济 | 995022 | 陈松 | 人工智能 | 69 | |
| 17 | 数学 | 994034 | 姚林 | 多媒体技术 | 89 | |
| 18 | 信息 | 991025 | 张雨涵 | 计算机图形学 | 62 | |
| 19 | 自动控制 | 993026 | 钱民 | 多媒体技术 | 66 | |
| 20 | 数学 | 994086 | 高晓东 | 人工智能 | 78 | |
| 21 | 经济 | 995014 | 张平 | 多媒体技术 | 80 | |
| 22 | 自动控制 | 993053 | 李英 | 计算机图形学 | 93 | |
| 23 | 数学 | 994027 | 黄红 | 人工智能 | 68 | |
| 24 | 信息 | 991021 | 李新 | 人工智能 | 87 | |
| 25 | 自动控制 | 993023 | 张磊 | 多媒体技术 | 75 | |
| 26 | 信息 | 991076 | 王力 | 多媒体技术 | 81 | |
| 27 | 自动控制 | 993021 | 张在旭 | 人工智能 | 75 | |
| 28 | 计算机 | 992005 | 扬海东 | 计算机图形学 | 67 | |
| 29 | 经济 | 995022 | 陈松 | 计算机图形学 | 71 | |



图 4-66　在表格的第一行前插入 3 行

**步骤 2：在“选修课程成绩单”工作表前 2 行设置高级筛选条件**

在 A1:B2 单元格区域分别输入如图 4-67 所示信息。

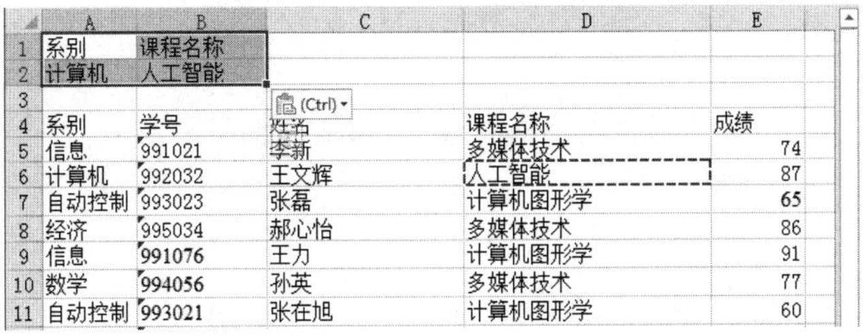


图 4-67　设置高级筛选条件

**步骤 3：执行“高级筛选”操作**

选中表格中任一单元格，在“数据”功能区的“排序和筛选”组中单击“高级”按钮，弹出“高级筛选”对话框，在“方式”组中选择“在原有区域显示筛选结果”单选按钮，在“列表区域”文本框中输入“课程成绩单!$A$4:$E$33”，在“条件区域”文本框中输入“课程成绩单!$A$1:$B$2”，如图 4-68 所示。单击“确定”按钮，出现如图 4-69 所示的筛选结果。

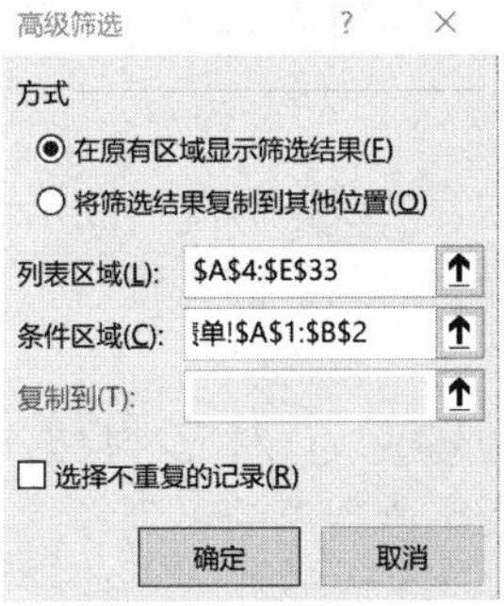


图 4-68　高级筛选条件设置

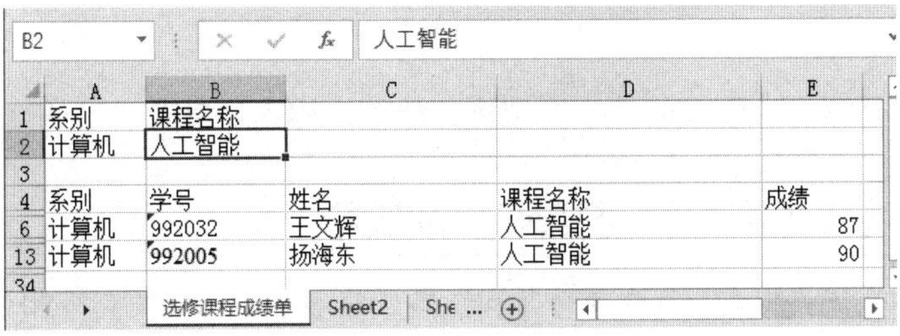


图 4-69　高级筛选结果

## 4.7　创建职工学历信息数据透视表和数据透视图

### 项目要求

张总想直观地看出部门职工学历信息的规律，让小王从不同角度对数据进行分类汇总。数据参考效果如图 4-70 所示，相关要求如下。

| 计数项:学历 | 学历 | | | | |
|---|---|---|---|---|---|
| 部门 | 本科 | 博士 | 大专 | 硕士 | 总计 |
| 行政部 | | 2 | 1 | | 3 |
| 开发部 | | 1 | 1 | | 2 |
| 市场部 | 2 | | | 1 | 3 |
| 销售部 | 1 | | | 1 | 2 |
| 总计 | 3 | 3 | 2 | 2 | 10 |

图 4-70　数据透视表效果

（1）现有数据透视表的位置从工作表的 G2 位置开始存放。

（2）“部门”字段作为行标签，“学历”字段作为列标签，“学历”字段作为数值，采用求和的方式。

（3）修改行标签名称为“部门”，列标签名称为“学历”。

（4）选择“行政部”“开发部”的“博士”建立数据透视表。

### 相关知识

## 4.7.1　数据透视表（或数据透视图）的几个重要概念

**1. 行区域**

数据透视表中最左边的标题称为行字段，对应“数据透视表字段列”表中“行”区域的内容，可以拖动字段名到“数据透视表字段列”的“行”。

**2. 列字段**

数据透视表中最上边的标题称为列字段，对应“数据透视表字段列”表中“列”区域的内容，可以拖动字段名到“数据透视表字段列”的“列”。

**3. 筛选字段**

数据透视表中列字段上边的标题称为筛选字段，对应“数据透视表字段列”表中“筛选”区域的内容。

**4. 值字段**

数据透视表中“筛选字段”的数字区域执行计算，称为值字段，默认显示“求和项”。

## 4.7.2　数据透视表（或数据透视图）的作用

数据透视表是交互式报表，可快速合并和比较大量数据，可旋转其行和列以查看“源数据”的不同汇总，还可显示感兴趣区域的明细数据。如果要分析相关的汇总值，尤其是在要合计较大的列表并对每个数字进行多种比较时，可以使用数据透视表。由于数据透视表是交互式的，因此可以随意使用数据的布局进行试验，以便查看更多明细数据或计算不同的汇总值，如计数或平均值。

### 项目实施

**步骤 1：建立数据透视表和数据透视图**

① 将光标放在数据区中任一单元格内，在“插入”功能区的“图表”组中单击“数据透视图”的下三角按钮，选择“数据透视图”，如图 4-71 所示。

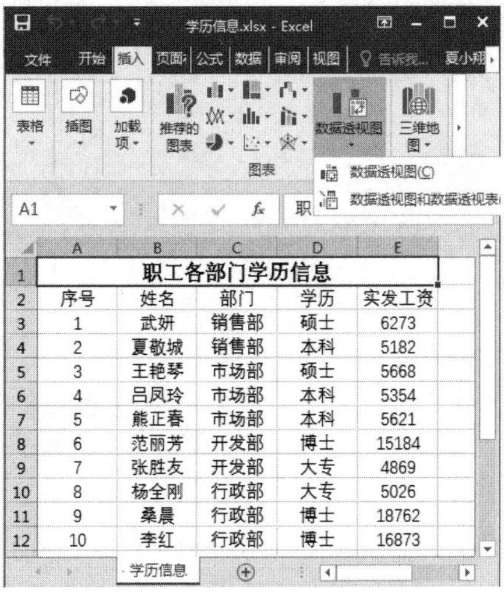


图 4-71 选择“数据透视图”

② 单击“确定”按钮，弹出“创建数据透视图”对话框，在“请选择要分析的数据”组中选中“选择一个表或区域”单选按钮，在“表/区域”文本框中输入“学历信息!$A$2:$E$12”；在“选择放置数据透视图的位置”组中选中“现有工作表”单选按钮，在“位置”文本框中输入“学历信息!$G$2”，确定数据透视表左上角的起始位置，如图 4-72 所示。

③ 单击“确定”按钮，弹出如图 4-73 所示的“数据透视图字段”设置界面。

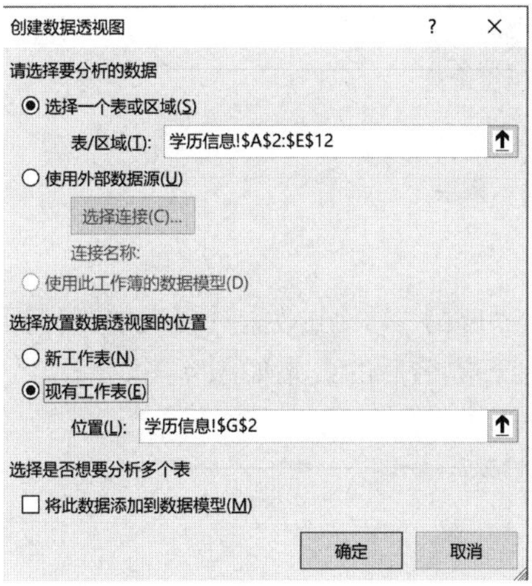


图 4-72 创建数据透视图参数设置

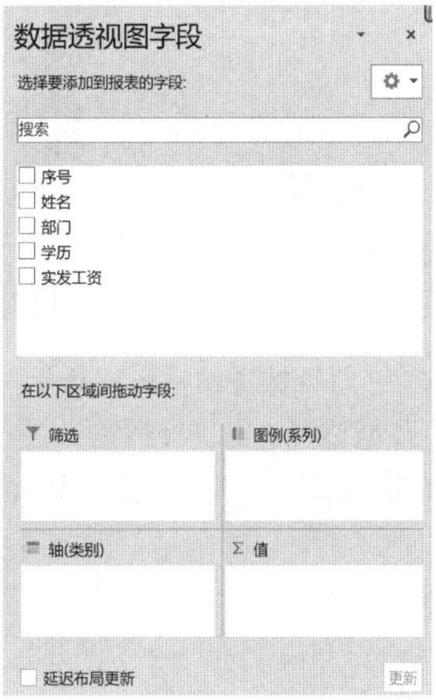


图 4-73 “数据透视图字段”设置界面

④ 选择“选择要添加到报表的字段”中的“部门”字段，按住鼠标左键不放，拖动到“在以下区域间拖动字段”的“轴(类别)”中；选择“选择要添加到报表的字段”中的“学历”字段，按住鼠标左键不放，拖动到“在以下区域间拖动字段”的“图例(系列)”和“Σ 值”中，如图 4-74 所示。数据透视表显示效果如图 4-75 所示，数据透视图显示效果如图 4-76 所示。

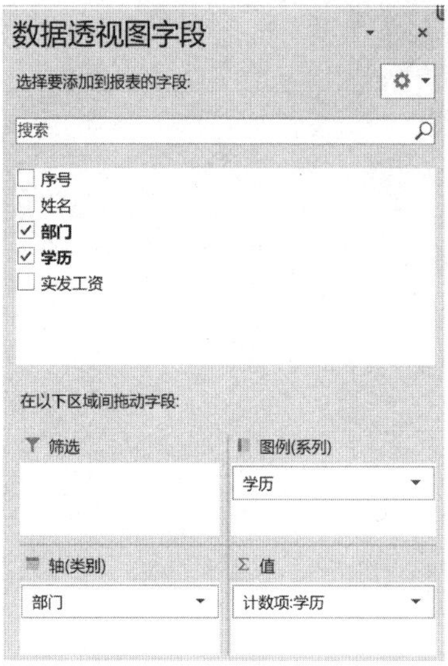


图 4-74　创建数据透视表参数设置

| 计数项:学历 | 列标签 | | | | |
|---|---|---|---|---|---|
| 行标签 | 本科 | 博士 | 大专 | 硕士 | 总计 |
| 行政部 | | 2 | 1 | | 3 |
| 开发部 | | 1 | 1 | | 2 |
| 市场部 | 2 | | | 1 | 3 |
| 销售部 | 1 | | | 1 | 2 |
| 总计 | 3 | 3 | 2 | 2 | 10 |

图 4-75　数据透视表显示效果

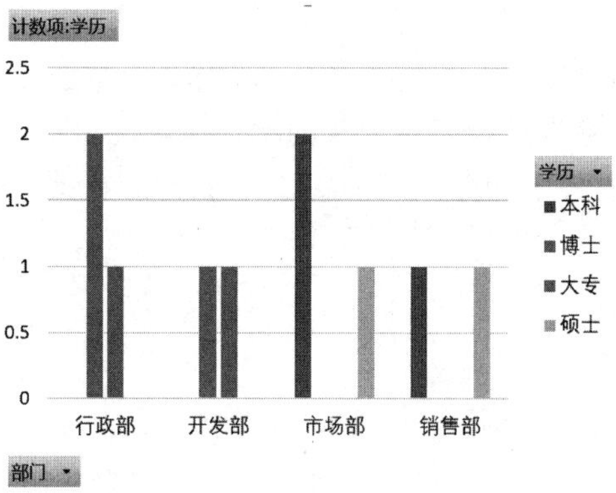


图 4-76　数据透视图显示效果

**步骤 2：修改数据透视表的行标签和列标签**

双击数据透视表的“行标签”，将“行标签”改为“部门”；双击数据透视表的“列标签”，将“列标签”改为“学历”。按“Enter”键，数据透视表更名后的效果如图 4-77 所示。

| 计数项:学历 | 学历 | | | | |
|---|---|---|---|---|---|
| 部门 | 本科 | 博士 | 大专 | 硕士 | 总计 |
| 行政部 | | 2 | 1 | | 3 |
| 开发部 | | 1 | 1 | | 2 |
| 市场部 | 2 | | | 1 | 3 |
| 销售部 | 1 | | | 1 | 2 |
| 总计 | 3 | 3 | 2 | 2 | 10 |

图 4-77　数据透视表更名后的效果

**步骤 3：筛选“行政部”“开发部”的“博士”**

单击数据透视表中“学历”或“部门”右侧的下三角按钮，可以对“学历”或“部门”列进行筛选。例如，要选择“行政部”“开发部”的“博士”，可单击“部门”的下三角按钮，选中“行政部”“开发部”，再单击“学历”的下三角按钮，选中“博士”。数据透视表筛选后的效果如图 4-78 所示，数据透视图筛选后的效果如图 4-79 所示。

| 计数项:学历 | 学历 | |
|---|---|---|
| 部门 | 博士 | 总计 |
| 行政部 | 2 | 2 |
| 开发部 | 1 | 1 |
| 总计 | 3 | 3 |

图 4-78　数据透视表筛选后的效果

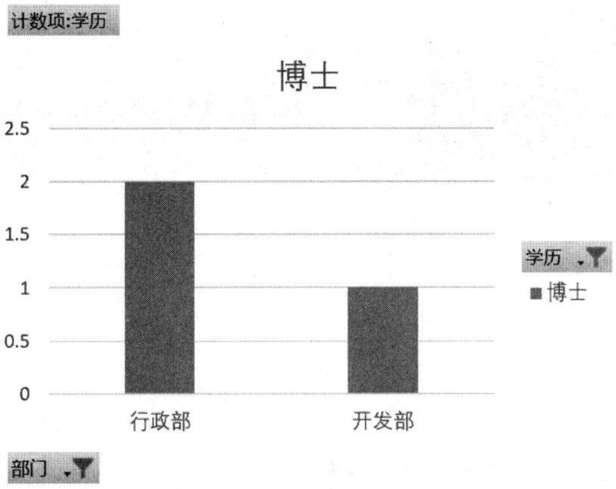


图 4-79　数据透视图筛选后的效果

# 项目 5

# 演示文稿软件 PowerPoint 2019

## 能力目标

党的十八大以来，以习近平同志为核心的党中央从进行具有许多新的历史特点的伟大斗争出发，重视互联网、发展互联网、治理互联网，统筹协调涉及政治、经济、文化、社会、军事等领域网络安全和信息化重大问题，做出一系列重大决策、实施一系列重大举措，推动我国网信事业取得历史性成就，走出一条中国特色治网之道。习近平同志围绕网络强国建设发表一系列重要论述，提出一系列新思想、新观点、新论断，为新时代网信事业发展提供了根本依据。认真学习习近平同志关于网络强国的重要论述，对于我们做好网络安全和信息化各项工作、推进网络强国建设，开启全面建设社会主义现代化国家新征程、实现中华民族伟大复兴的中国梦具有十分重要的意义。

PowerPoint 简称 PPT，是微软公司 Office 办公软件中的重要组成部分，是集文字、图形、动画、声音于一体的专门制作演示文稿的多媒体软件，并且可以生成网页。PowerPoint 在工作总结、项目介绍、会议会展、项目投标、项目研讨、工作汇报、企业宣传、产品介绍、咨询报告、培训课件及竞聘演说等方面发挥着重要作用。PowerPoint 2019 提供了新增和改进的工具，可使制作出的演示文稿更具感染力。

## 素养目标

1. 理解“加快实施创新驱动发展战略”。
2. 了解我国在信息产业领域的成就，增强民族自豪感。

## 教学目标

1. 通过制作个人求职简历演示文稿，清楚演示文稿和幻灯片的关系，掌握 PowerPoint 2019 的打开、创建、保存、导出和关闭；掌握 PowerPoint 2019 幻灯片的插入、复制、移动和删除；掌握在幻灯片内插入图片、文本、图形和艺术字的方法。

2. 通过制作年度工作总结演示文稿，明白母版的作用及修改，掌握在 PowerPoint 2019 幻灯片中插入 SmartArt、表格和图表、超链接、动作和各种动画效果的方法。

3. 通过制作优秀员工表彰大会演示文稿，掌握在 PowerPoint 2019 幻灯片中插入声音、视频的方法；掌握幻灯片切换动画的制作方法；了解演示文稿自定义播放的设置方法；清楚演示文稿打包的方法。

## 5.1 制作个人求职简历

### 项目要求

王尔培大学毕业后，决定去应聘匹匹缇公司技术创新部的项目经理助理一职。公司在收到王尔培的简历后，人事部经理通过 E-mail 通知他一周后参加面试。

王尔培决定使用 PowerPoint 2019 软件展示自己的求职简历。如图 5-1 所示为制作完成后的“个人简历”演示文稿效果，具体要求如下。

（1）启动 PowerPoint 2019，选择幻灯片模板，以“个人简历”命名保存。

（2）新建多张不同版式的幻灯片，组织制作幻灯片结构。

（3）复制幻灯片及移动幻灯片。

（4）插入图片、形状和文本框并输入相关内容。

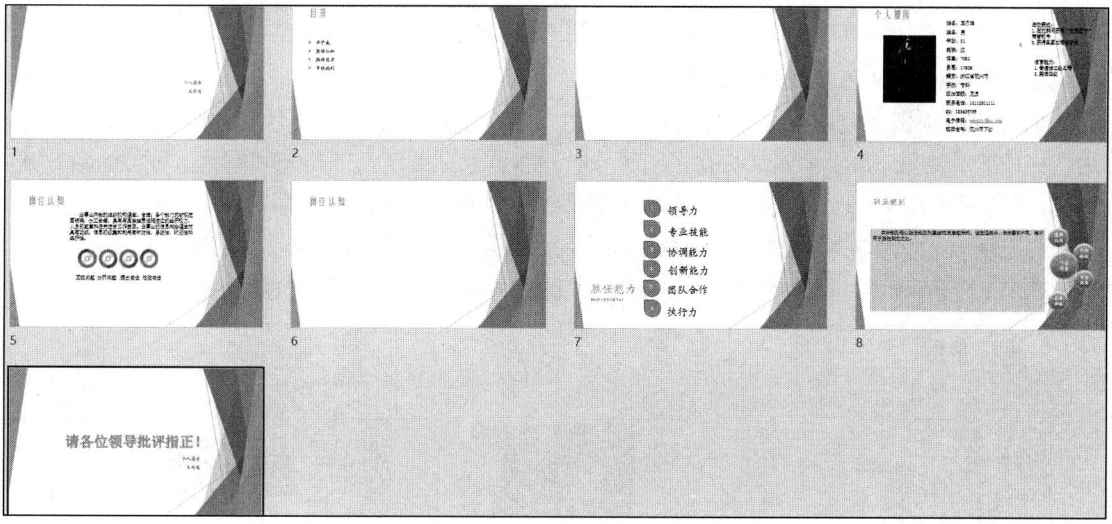


图 5-1 “个人简历”演示文稿

### 相关知识

#### 1. 启动 PowerPoint 2019

演示文稿是一种图形程序，是功能强大的制作软件，可协助用户独自或联机创建永恒的视觉效果。它增强了多媒体支持功能，利用演示文稿制作的文稿，可以通过不同的方式播放，可以在投影仪或者计算机上进行演示，也可以将演示文稿打印成一页一页的幻灯片，使用幻灯片机或投影仪播放，还可以将演示文稿保存到光盘中以进行分发，并在幻灯片放映过程中播放音频流或视频流。

单击桌面的“开始”菜单，选择“所有程序”后，找到需要的 PowerPoint 2019 软件；或者在“所有程序”中找到 PowerPoint 2019 软件后右击，在弹出的快捷菜单中选择“发送”到桌面“快捷方式”命令，这样在下次需要使用 PowerPoint 2019 软件时，就可以在桌面上双击 PowerPoint 2019 的快捷方式打开这个软件了，如图 5-2 所示。

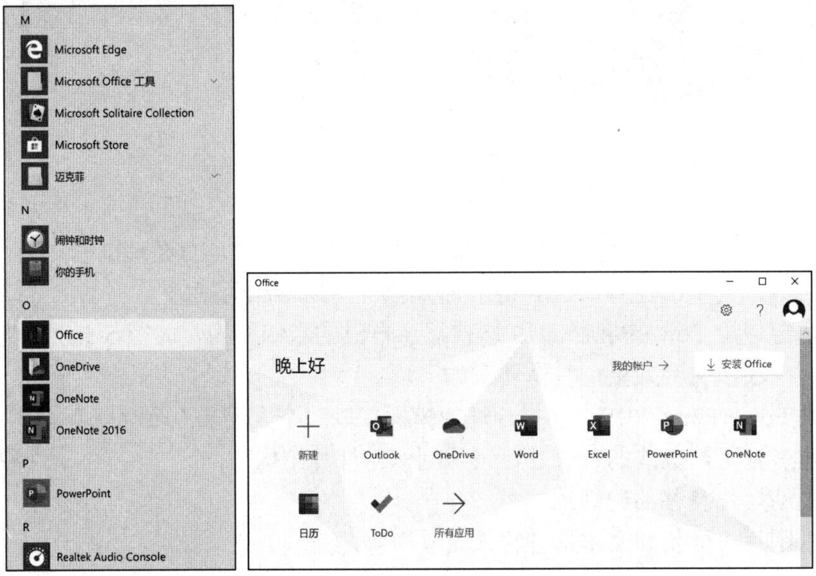


图 5-2　启动 Power Point 2019

### 2. PowerPoint 2019 设计模板

幻灯片模板即已定义的幻灯片格式，文件扩展名为.pot，是控制演示文稿统一外观最有力、最快捷的一种方法。PowerPoint 提供了若干设计模板，包括预定义的格式和配色方案、动画方案、幻灯片母版及幻灯片版式等。用户可以直接把模板应用到自己的演示文稿中，以创建独特的外观。用户可以随时为演示文稿选择一种满意的模板，还可以对选定模板做进一步的修饰与更改。

① 打开 PowerPoint 2019 软件后，进入模板选择界面，如图 5-3 所示。

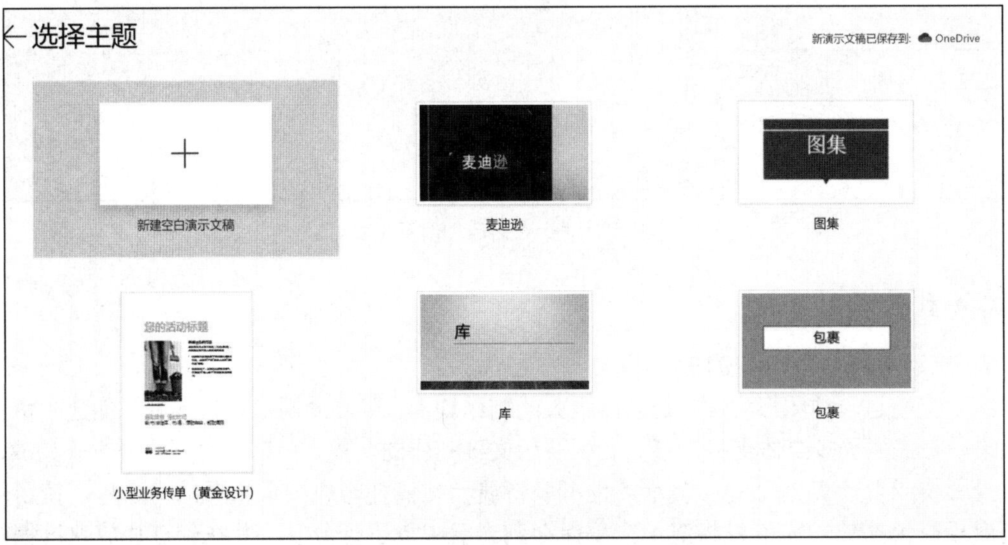


图 5-3　模板选择界面

② 在这个界面可以通过单击某个模板查看所选择模板的样式。例如，选择“离子会议室”模板后，可打开“离子会议室”模板预览窗口，如图 5-4 所示。

图 5-4　模板预览窗口

### 3. PowerPoint 2019 的工作界面

利用 PowerPoint 做出来的文件就叫演示文稿。演示文稿中的每一页就叫幻灯片，每张幻灯片都是演示文稿中既相互独立又相互联系的内容。利用它可以更生动直观地表达内容，图表和文字都能够清晰、快速地呈现，可以插入图画、动画、备注和讲义等丰富的内容。默认情况下，新建的演示文稿中只有一张幻灯片，这张幻灯片就是整个演示文稿的封面幻灯片。

选择了合适的设计模板或者空白演示文稿之后，就可以打开 PowerPoint 2019 的工作界面了。从图 5-5 可以看出，PowerPoint 2019 的工作界面与 Word 2019 和 Excel 2019 的工作界面基本类似，下面对 PowerPoint 2019 特有的部分进行说明。

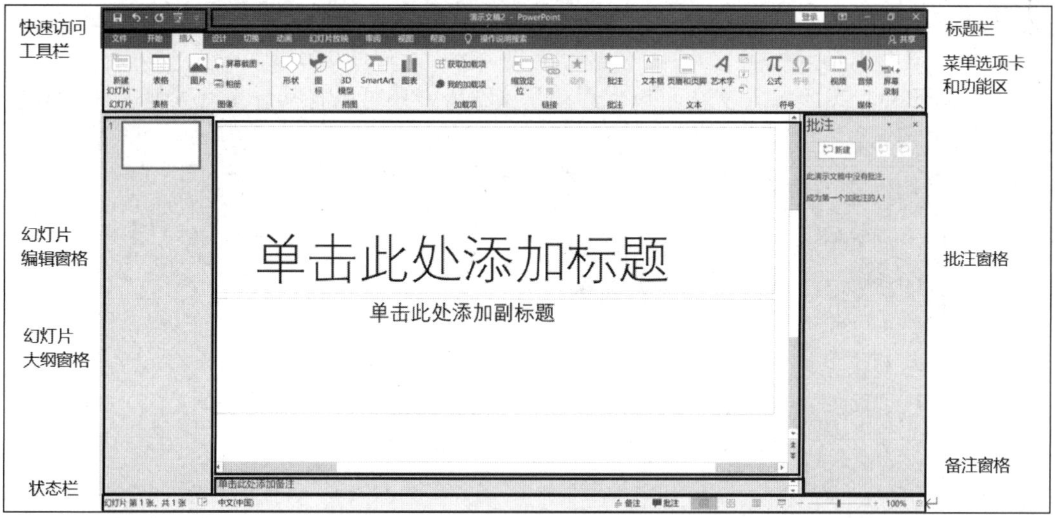


图 5-5　PowerPoint 2019 的工作界面

① 幻灯片编辑窗格：幻灯片编辑窗格是演示文稿工作界面中最大的工作区，用于编辑并即时显示幻灯片的内容，其功能和 Word 2019 的文档编辑区类似。

② 幻灯片大纲窗格：显示当前演示文稿中的所有幻灯片。

③ 备注窗格：在该窗格中可以输入当前幻灯片的备注信息，以方便演讲者在演讲时参考。

④ 状态栏：位于工作界面最下方，由状态提示栏、视图切换按钮和显示比例滑块组成。其中，状态提示栏是用来显示幻灯片数量和当前幻灯片位置的；视图切换按钮用于在“普通视图”“幻灯片浏览视图”“阅读视图”和“幻灯片放映”4种视图中切换；显示比例滑块用于设置幻灯片的显示比例，拖动滑块可以放大或者缩小幻灯片，单击最右侧的“适应”按钮可以让幻灯片根据演示文稿工作界面的大小以合适的比例显示。

### 4. 了解幻灯片的版式

幻灯片版式是 PowerPoint 中的一种常规排版的格式，指的是幻灯片内容在幻灯片上的排列方式。通过幻灯片版式的应用可以对文字、图片等进行更加合理简洁的布局，版式由文字版式、内容版式、文字和内容版式、其他版式这4个版式组成。通常 PowerPoint 已经内置了几个版式类型供用户使用，利用这4个版式可以轻松完成幻灯片的制作和使用。

幻灯片的版式是可以修改的。创建新的幻灯片后，如果对版式不满意，可以在“开始”功能区的“幻灯片”组中单击“版式”按钮来修改，也可以在幻灯片的编辑界面中右击，在弹出的快捷菜单中选择“版式”命令，修改当前幻灯片的版式。

### 5. 认识 PowerPoint 2019 视图

PowerPoint 2019 中有5种基本视图方式，分别为普通视图、大纲视图、幻灯片浏览视图、备注页视图和阅读视图，如图 5-6 所示。

图 5-6　PowerPoint 2019 的 5 种基本视图方式

① 普通视图是 PowerPoint 的常用视图方式，它将幻灯片和大纲集成到一个视图中，既可以输入、编辑和排版文本，也可以输入备注信息。

② 大纲视图主要用于查看、编排演示文稿的大纲。

③ 在幻灯片浏览视图中，可以在屏幕上同时看到演示文稿中的所有幻灯片，这些幻灯片以缩略图的形式整齐地显示在同一窗口中。

④ 备注页视图用于查看演示文稿和备注一起打印的效果。

⑤ 阅读视图以全屏的形式播放幻灯片最终的制作效果，包括动画和声音。

### 6. 幻灯片输出格式

在 PowerPoint 2019 中，除了可以保存演示文稿外，还可以将其导出为其他多种常用的格式，如图 5-7 所示。

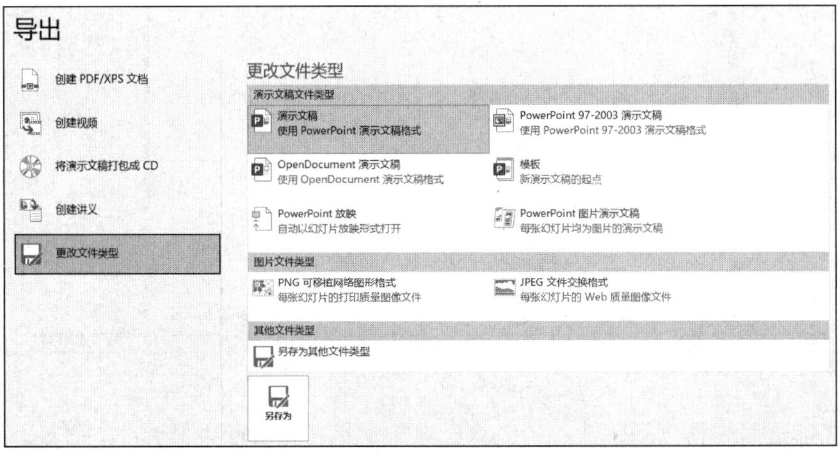


图 5-7　导出格式

① 图片：除了 PNG 可移植网络图形格式（*.png）和 JPEG 文件交换格式（*.jpg）外，还有其他文件类型中的 GIF 可交换的图形格式等。

② 视频：如果在演示文稿中排练了幻灯片的计时播放，则可保存为视频文件。

③ PowerPoint 放映（*.ppsx）：可以将演示文稿导出为自动放映的演示文稿，这样不需要通过打开 PowerPoint 2019 就可以直接播放。

## 项目实施

### 5.1.1 新建个人简历演示文稿

① 在查看了多个模板后，决定选择“平面”模板制作个人求职简历，单击“创建”按钮，进入“视差”模板的个人演示文稿编辑界面。

② 在“平面”模板的封面上单击“单击此处添加标题”，在主标题框内输入文本“个人简历”；在“单击此处添加副标题”文本框内单击，输入文本“王尔培”，如图 5-8 所示。

图 5-8 制作幻灯片封面

### 5.1.2 插入新的幻灯片

① 在“开始”功能区的“幻灯片”组中单击“新建幻灯片”按钮，即可进入第 2 张幻灯片的编辑窗口，同时在“大纲”视窗中可以看到新创建的幻灯片，如图 5-9 所示。

图 5-9 新建第 2 张幻灯片

② 在这张幻灯片的“标题”文本框中输入“目录”，在下侧文本框中输入下列文本：

▶ 关于我
▶ 岗位认知
▶ 胜任能力
▶ 目标规划

制作完成的“目录”幻灯片如图 5-10 所示。

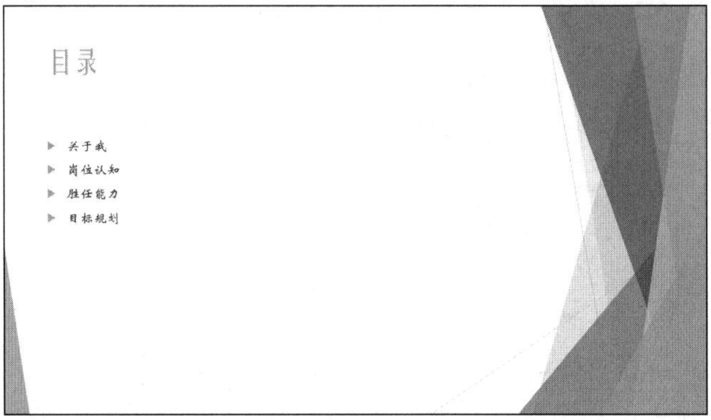


图 5-10　制作完成的“目录”幻灯片

③ 在“开始”功能区的“幻灯片”组中单击“新建幻灯片”按钮后的小三角，选择“空白”版式，如图 5-11 所示，进入第 3 张“个人情况”幻灯片的编辑窗口。

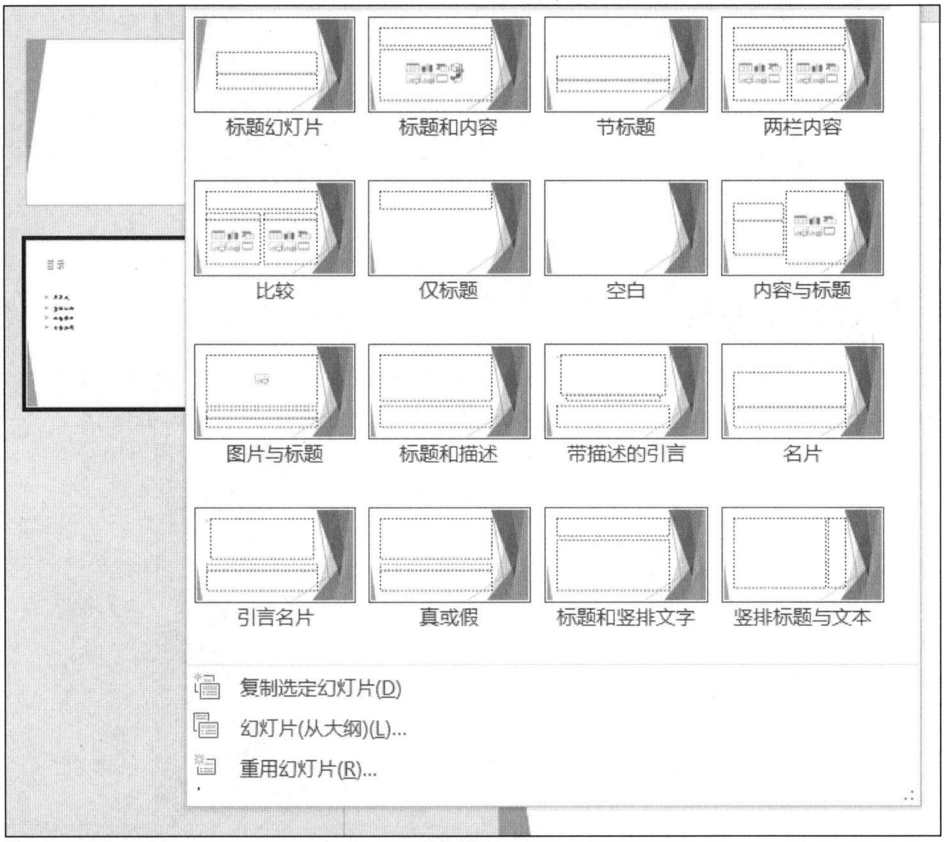


图 5-11　新建第 3 张幻灯片

④ 在“大纲”视图中右击，在弹出的快捷菜单中选择“新建幻灯片”命令，如图 5-12 所示，会插入一张新的“空白”幻灯片。

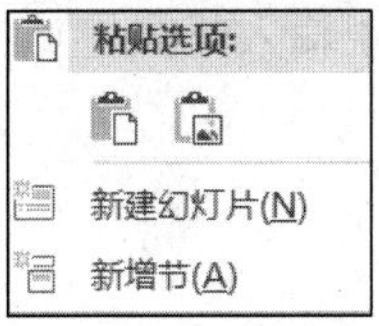


图 5-12　用右键菜单新建幻灯片

⑤ 选中第 4 张“空白”版式的幻灯片，在“开始”功能区的“幻灯片”组中单击“版式”按钮右下角的小三角，选择“标题和内容”版式，如图 5-13 所示。在“标题”文本框中输入“个人履历”，如图 5-14 所示。

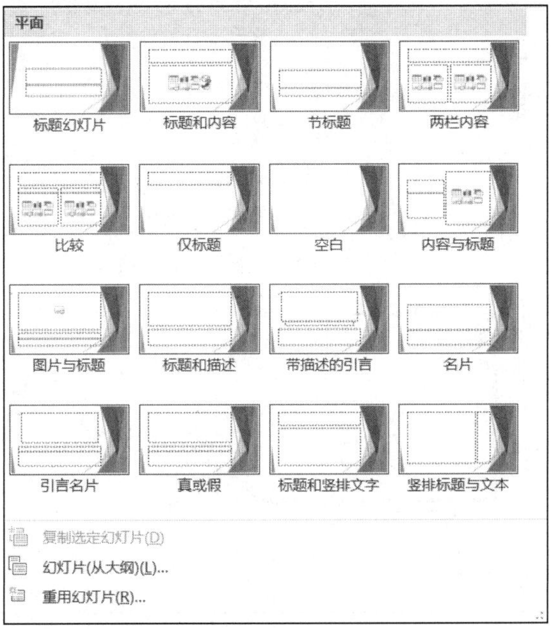


图 5-13　选择幻灯片版式

图 5-14　“个人履历”幻灯片

⑥ 在第 4 张“个人履历”幻灯片上右击，在弹出的快捷菜单中选择“新建幻灯片”命令，如图 5-15 所示，会插入一张版式为“标题和内容”的新幻灯片。在第 5 张幻灯片的“标题”

文本框中输入“岗位认知”，如图 5-16 所示。

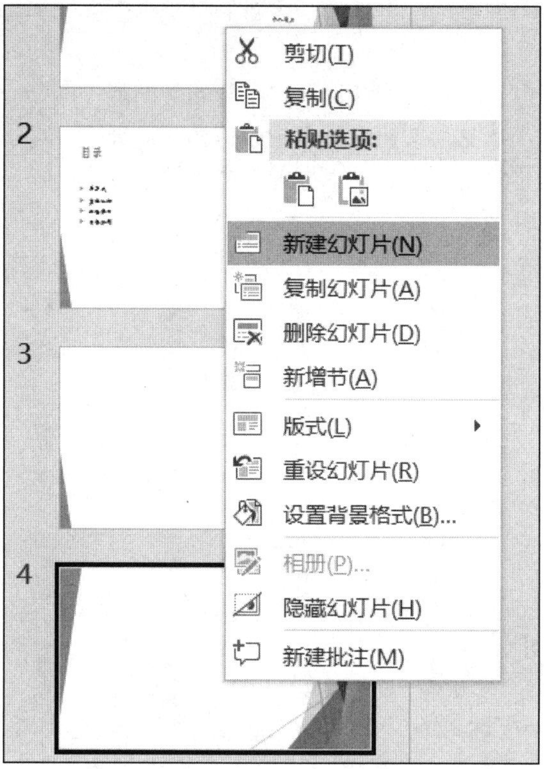


图 5-15　右键菜单创建新幻灯片

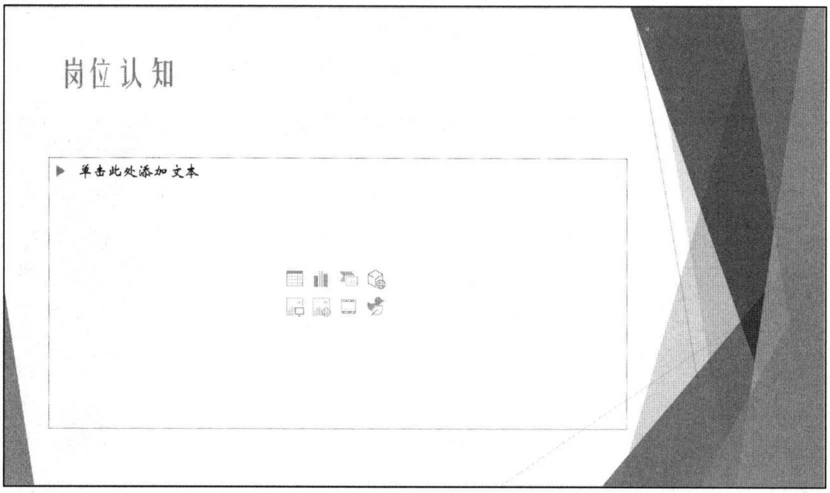


图 5-16 “岗位认知”幻灯片

⑦ 在“插入”功能区中单击“新建幻灯片”按钮，插入第 6 张版式为“图片与标题”的新幻灯片，如图 5-17 所示。在“标题”文本框中输入“胜任能力”，如图 5-18 所示。

⑧ 插入一张新的幻灯片，版式为“内容与标题”，在“标题”文本框中输入“职业规划”，如图 5-19 所示。

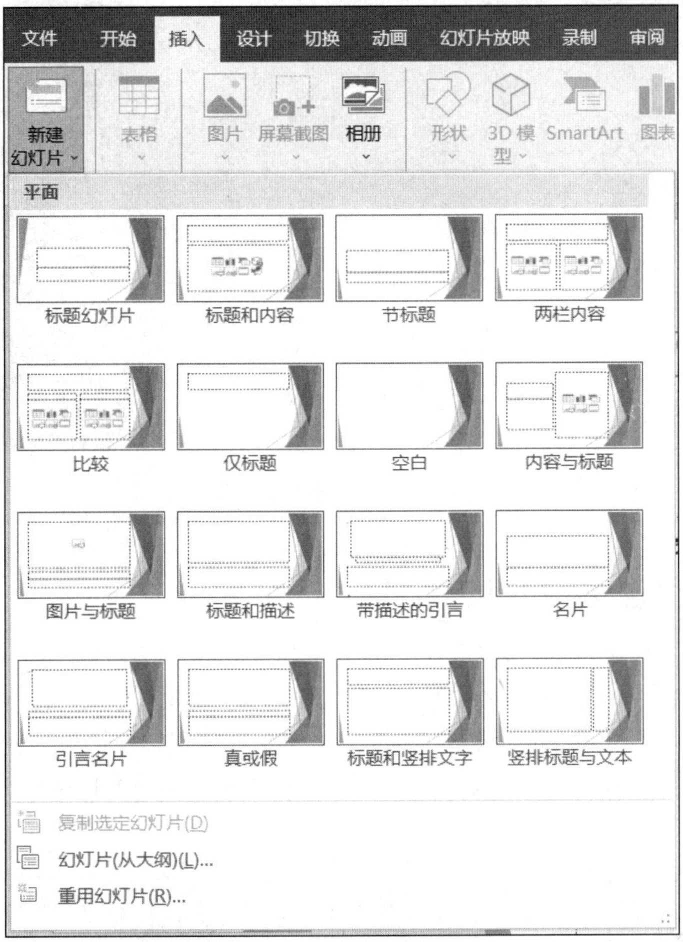


图 5-17　插入第 6 张幻灯片

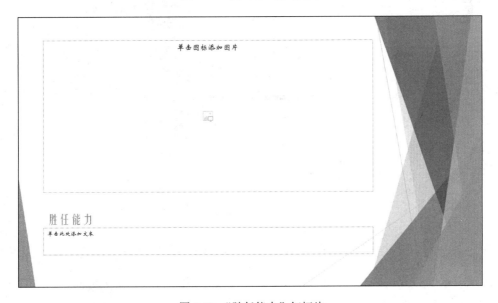


图 5-18　“胜任能力”幻灯片

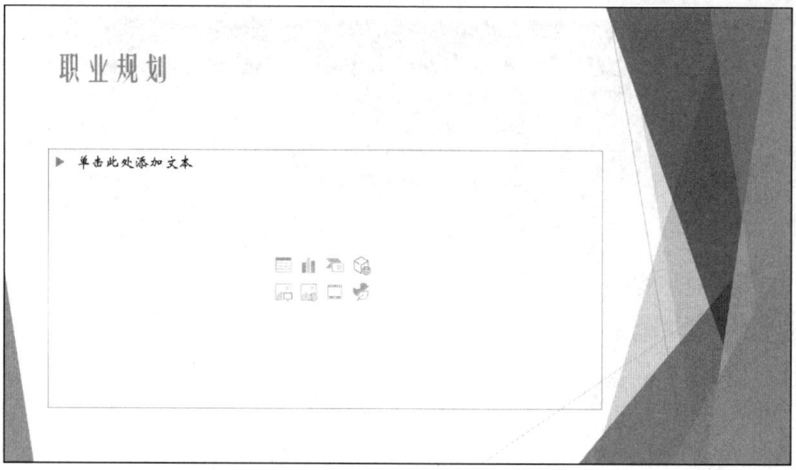


图 5-19 “职业规划”幻灯片

### 5.1.3 复制、移动及删除幻灯片

王尔培根据内容安排对整个演示文稿的结构进行了调整。

① 选中第 5 张“岗位认知”幻灯片，在“开始”功能区的“幻灯片”组中单击“新建幻灯片”按钮右下角的小三角，或者单击“插入”功能区“新建幻灯片”按钮右下角的小三角，在打开的二级菜单下方选择“复制选定幻灯片”命令，将第 5 张“岗位认知”幻灯片进行复制，如图 5-20 所示。

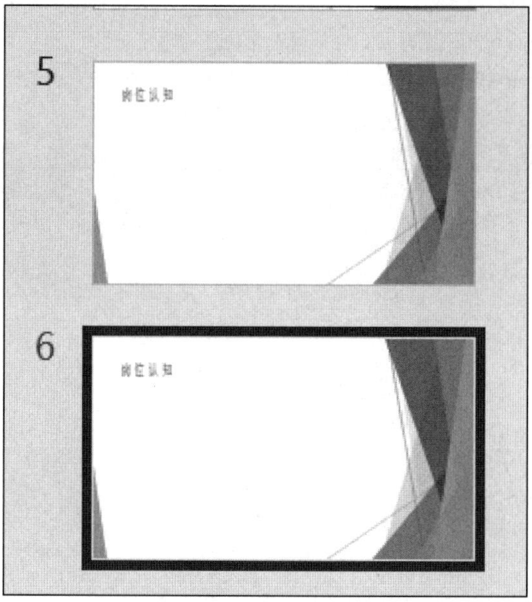


图 5-20 复制幻灯片

② 选中第 3 张“空白”版式的幻灯片，右击，在弹出的快捷菜单中选择“删除幻灯片”命令，如图 5-21 所示；或者按“Delete”键，就可以直接将这张幻灯片删除。

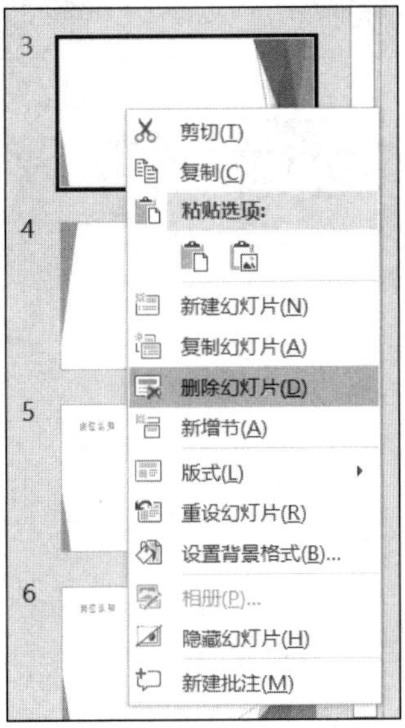


图 5-21 “删除幻灯片”命令

③ 选中第 1 张封面幻灯片，右击，在弹出的快捷菜单中选择“复制幻灯片”命令，或者按“Ctrl+D”组合键，将第 1 张幻灯片复制一张。选中复制后的封面幻灯片，将其拖放到演示文稿的最后一张，完成个人求职演示文稿的组织结构。

④ 单击演示文稿工作界面下方“视图”工具栏上的“幻灯片浏览”按钮，进入幻灯片浏览视图，查看所有的幻灯片，如图 5-22 所示。

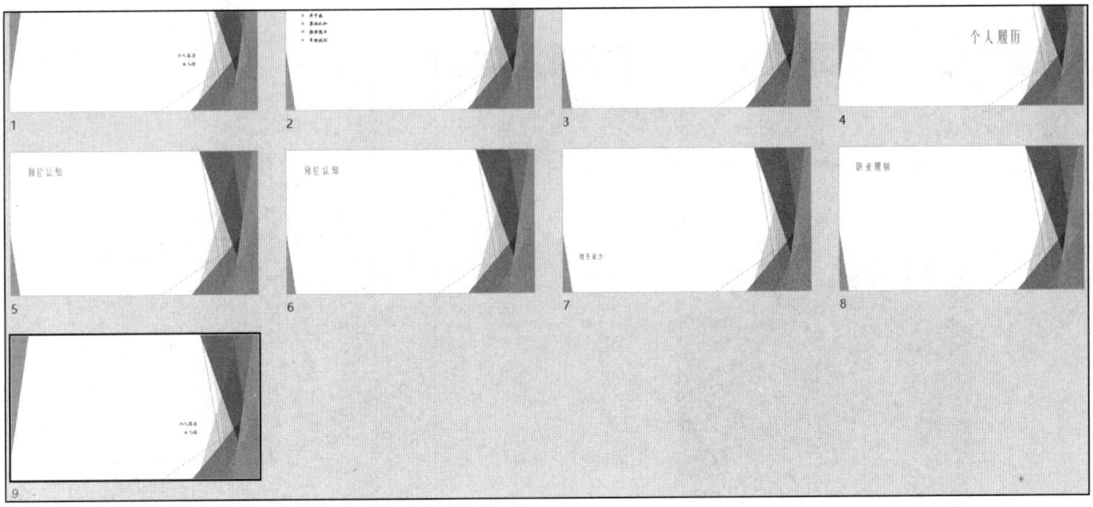


图 5-22 “个人求职”演示文稿幻灯片

## 5.1.4 插入文本框和图片

① 在“个人履历”幻灯片中，修改版式为“仅标题”版式。在“插入”功能区的“图像”组中单击“图片”按钮，如图 5-23 所示，在“插入图片”对话框中，找到所需要的“形象.jpg”

图片（打开素材文件夹第 5 章的“形象.jpg”文件），如图 5-24 所示，放到幻灯片的左侧。

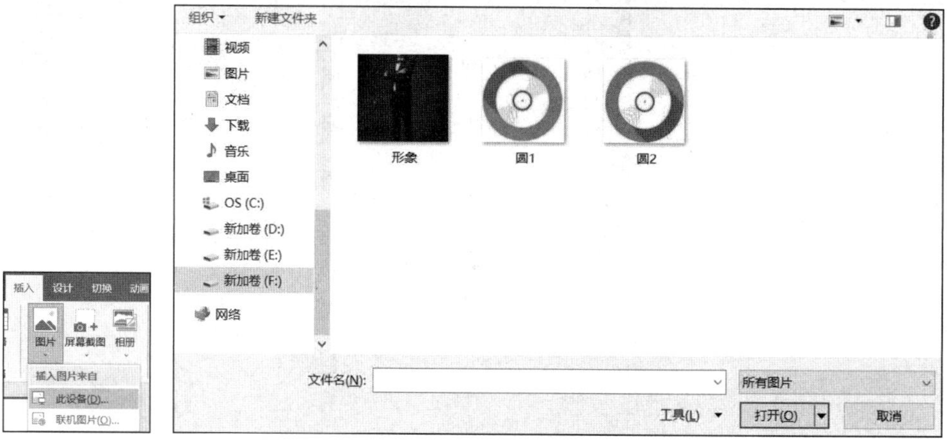


图 5-23　插入图片

② 选择图片，在“图片工具/格式”功能区中修改图片的样式为“映像右透视”。在“大小”组中打开“设置图片格式”对话框，修改图片“高度”为“8.7 厘米”，“宽度”为“7.13 厘米”，图片“水平位置”为“从左上角”“3.5 厘米”，“垂直位置”为“从左上角”“5.35 厘米”，如图 5-24 所示。

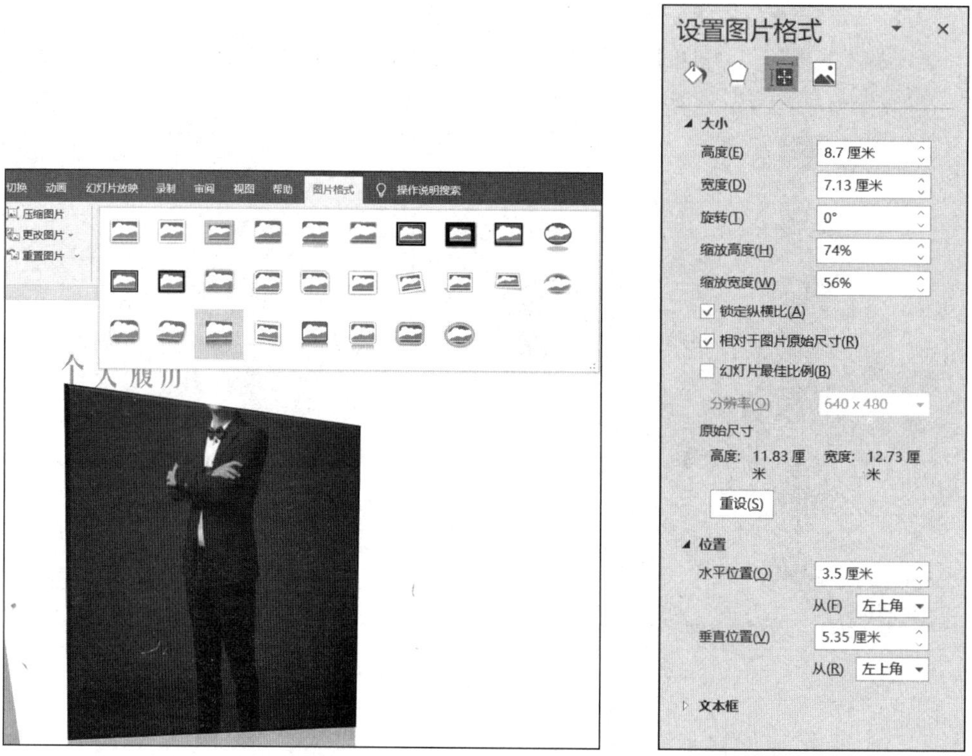


图 5-24　设置图片格式

③ 在“插入”功能区的“文本”组中，单击“文本框”按钮，如图 5-25 所示。

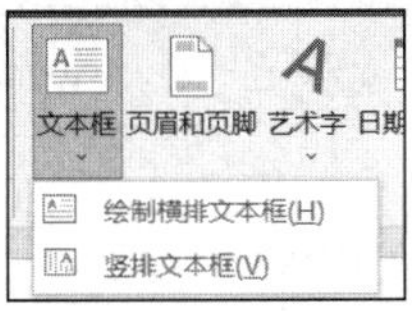


图 5-25 插入“文本框”

④ 在“形象”图片的右侧用鼠标拖出一个合适大小的文本框，输入个人相关信息，修改行间距为 1.5 倍行距，调整标题和内容文本框的位置，如图 5-26 所示。

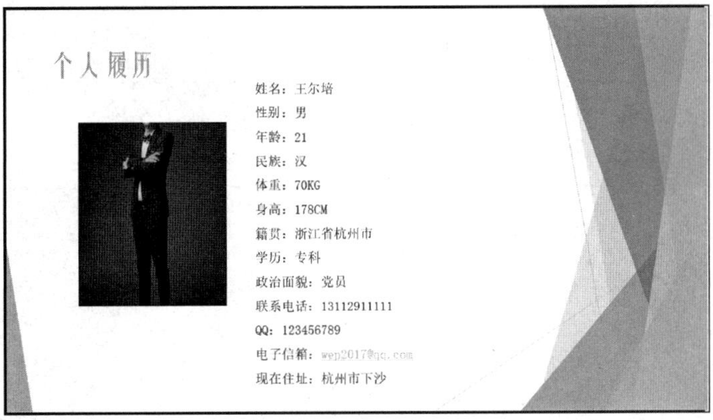


图 5-26 “个人履历”输入内容

**提示：**在 PowerPoint 中，文本框是已经存在的，可以直接在文本框内编辑文字的虚线框。文本框可以拖动，在不改变文本框中文字字号的情况下改变文本框长度和宽度。

⑤ 在“插入”功能区的“文本”组中，单击“文本框”按钮，在个人相关信息右侧单击，插入文本框，在文本框中输入“在校表现”及其内容；以同样的方法插入另一个文本框，输入“语言能力”及其内容。修改字体和字号，调整各个文本框的位置和大小，如图 5-27 所示。

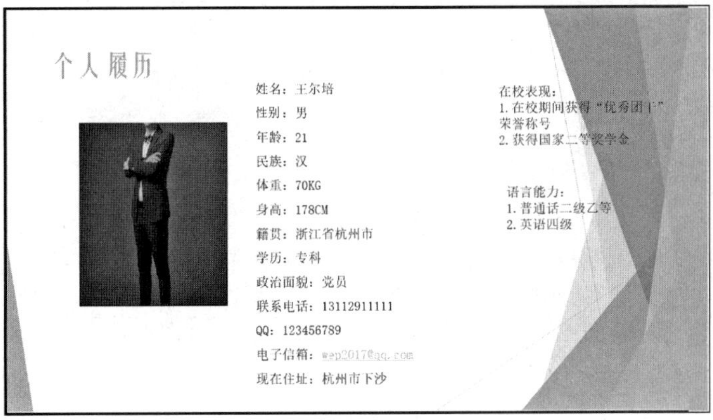


图 5-27 “个人履历”幻灯片

⑥ 在第 5 张“岗位认知”幻灯片中，单击“内容”文本框中的“图片”占位符，打开“插入图片”对话框，将素材文件夹中的“圆 1.jpg”和“圆 2.jpg”文件导入幻灯片中，并各复制一份，如图 5-28 所示。选择这 4 张图片，在“图片工具/格式”功能区的“对齐”下拉菜单中选择“垂直居中对齐”和“横向分布”命令，对这 4 张图片进行调整，如图 5-29 所示。

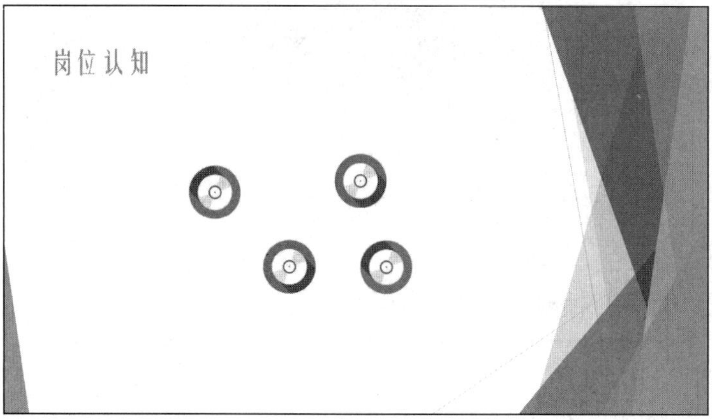
岗位认知

图 5-28　插入“圆”图片并复制

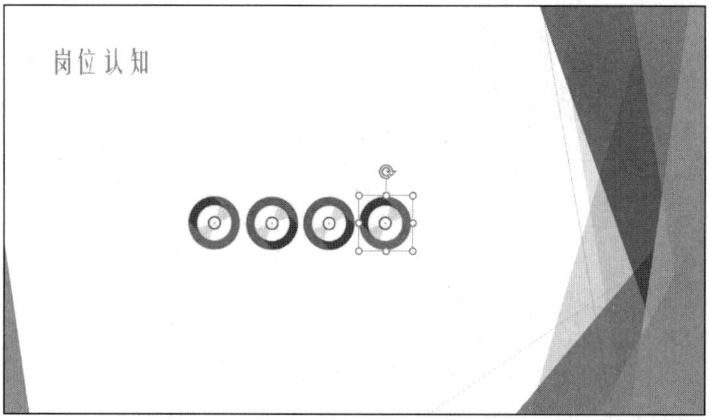


图 5-29　对齐图片

⑦ 调整好这 4 张图片的位置后，在图片上方拖出一个大的文本框，输入“岗位认知”的内容，如图 5-30 所示。

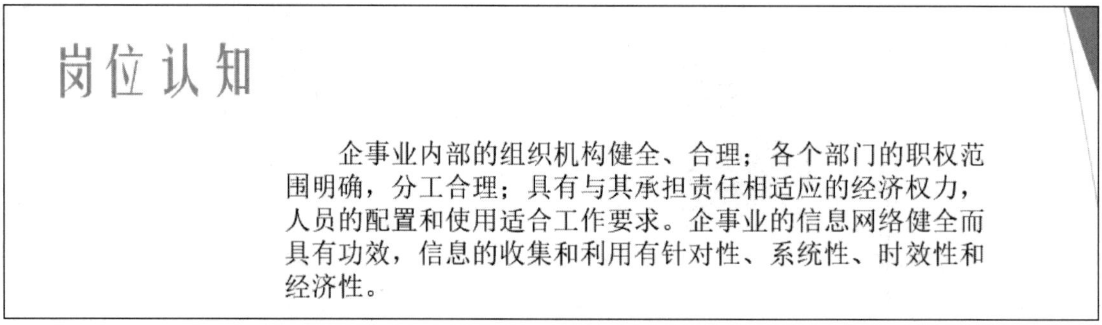
岗位认知
企事业内部的组织机构健全、合理；各个部门的职权范围明确，分工合理；具有与其承担责任相适应的经济权力，人员的配置和使用适合工作要求。企事业的信息网络健全而具有功效，信息的收集和利用有针对性、系统性、时效性和经济性。

图 5-30　输入“岗位认知”内容

⑧ 在 4 个图片下方分别插入 4 个文本框，并输入相应内容，如图 5-31 所示。

⑨ 至此，完成“岗位认知”幻灯片的制作。

图 5-31 “岗位认知”幻灯片

## 5.1.5 插入图形和艺术字

① 单击第 6 张幻灯片“胜任能力”，删除图片插入框，在“插入”功能区的“插图”组中单击“形状”按钮下的小三角，选择泪滴形状，如图 5-32 所示，在原来的图片框位置插入一个泪滴形状，如图 5-33 所示。

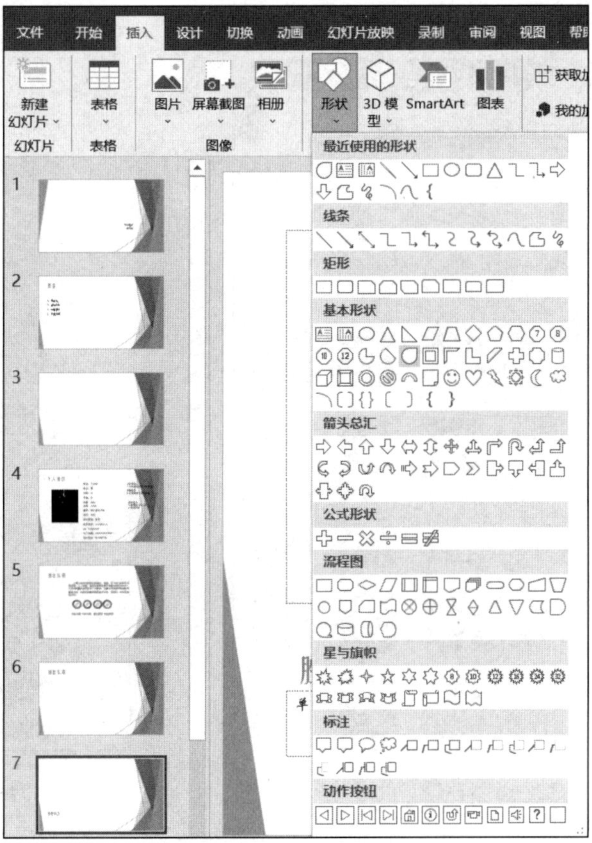


图 5-32 插入图形

② 选择插入的泪滴形状，在“绘图工具/形状格式”扩展功能区中选择“浅色 1 轮廓，彩色填充-深绿色，强调颜色 2”，如图 5-34 所示，将蓝色轮廓色的泪滴形状改成白色轮廓色绿色填充的样式。

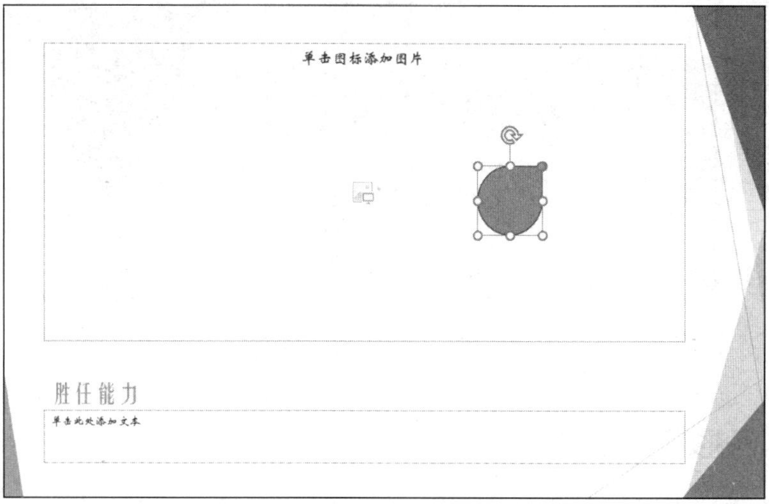


图 5-33　插入泪滴形状

③ 修改泪滴形状的“高度”和“宽度”均为“2.2 厘米”，并将泪滴形状进行水平翻转，如图 5-35 所示。

图 5-34　修改图形样式

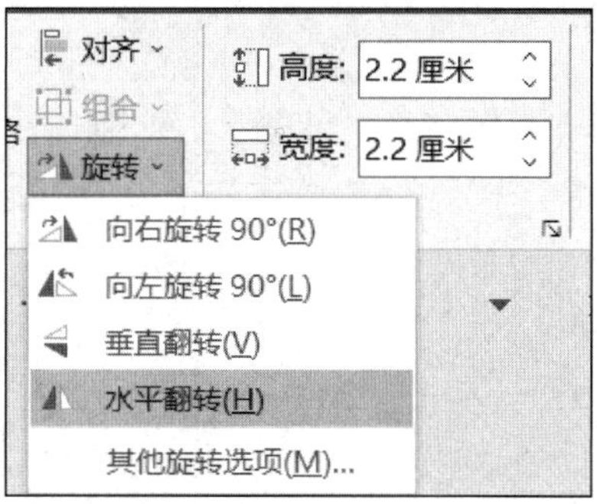


图 5-35　设置图形

④ 在泪滴形状上右击，在弹出的快捷菜单中选择“编辑文字”命令，如图 5-36 所示，或者直接单击泪滴形状，输入数字“1”。以同样的方法制作其他 5 个泪滴形状，对齐排列在标题右侧，在内容文本框中输入“我的核心竞争力是什么？”，如图 5-37 所示。

图 5-36　在图形中插入文字

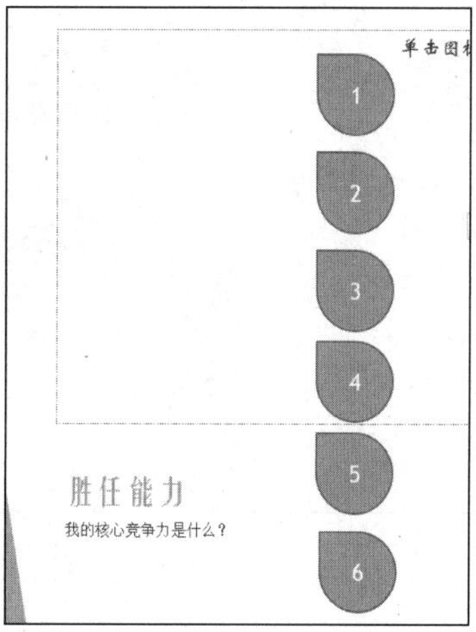


图 5-37　对齐图形并输入文本

⑤ 在各个泪滴形状后插入文本框，分别输入内容，修改文字为“40 号”“华文楷体”，然后将标题文本“胜任能力”改为“44 号”“华文楷体”，如图 5-38 所示。

⑥ 打开第 7 张“职业规划”幻灯片，修改标题文本为“32 号”“华文楷体（标题）”；在内容文本框中输入内容，修改文字为“18 号”“华文细黑”，首行缩进两个字符，如图 5-39 所示。

图 5-38 “胜任能力”幻灯片

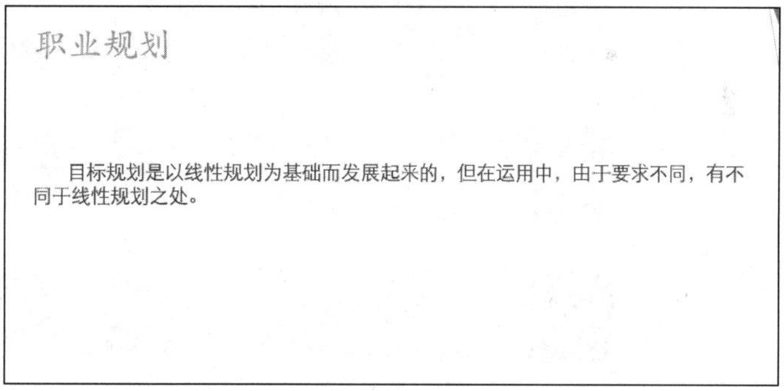
职业规划
目标规划是以线性规划为基础而发展起来的，但在运用中，由于要求不同，有不同于线性规划之处。

图 5-39 “职业规划”幻灯片

⑦ 选中输入内容后的文本框，在“绘图工具/形状格式”扩展功能区的“形状填充”下拉菜单中选择“绿色，个性色 1，淡色 60%”，“形状轮廓”下拉菜单中选择“无轮廓”，如图 5-40 所示。文本框修改为“无轮廓”的“淡蓝色填充”样式，调整文本框大小，如图 5-41 所示。

⑧ 在“插入”功能区的“插图”组中单击“形状”按钮，选择圆形形状，在“绘图工具/形状格式”扩展功能区中单击“快速样式”按钮的小三角，修改圆形形状的样式为预设中的“渐变填充-绿色，强调颜色 1，无轮廓”样式，如图 5-42 所示。选中圆形形状后单击“形状效果”按钮的小三角，为其添加“预设 4”的效果，如图 5-43 所示。

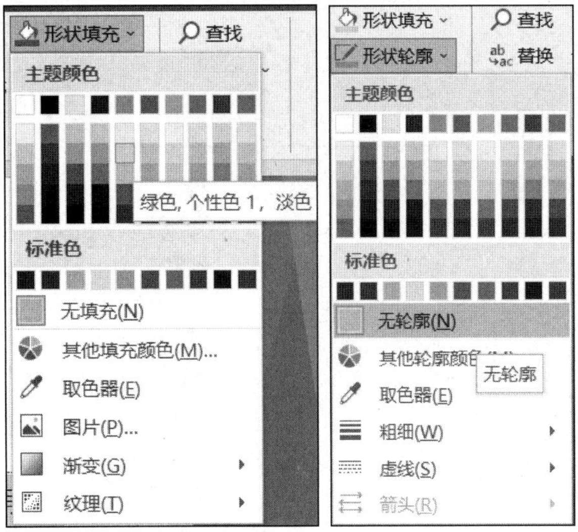


图 5-40　修改文本框样式

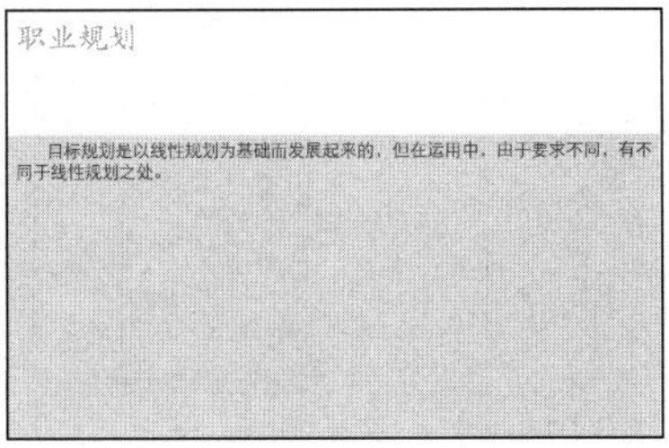

图 5-41　“职业规划”文本框样式

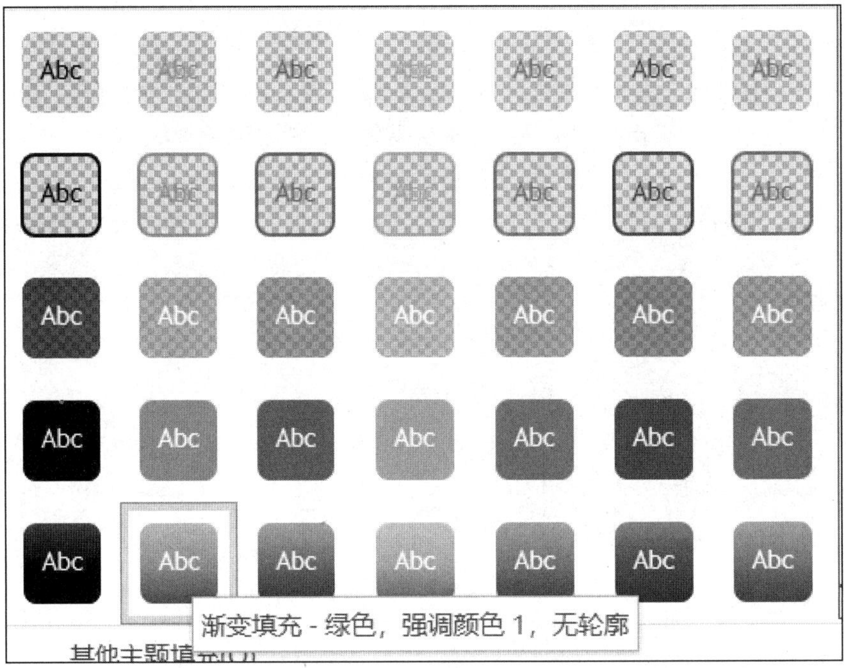


图 5-42　为图形添加预设样式

⑨ 复制 4 个圆形形状，调整大小后在每个形状中输入文字，将“人的因素”的形状调整到顶层，排列好位置，最终效果如图 5-44 所示。

⑩ 打开最后一张幻灯片，在“插入”功能区的“文本”组中单击“艺术字”按钮，选择“图案填充：绿色，主题色 1，50%；清晰阴影：绿色，主题色 1”，如图 5-45 所示，输入文本“请各位领导批评指正！”，调整原标题文本框的位置，如图 5-46 所示。

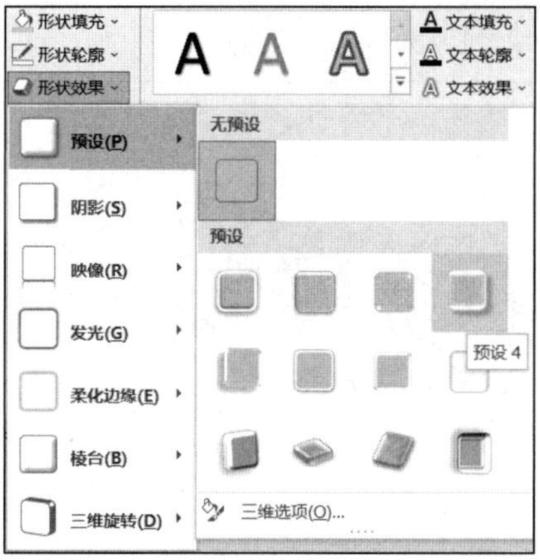


图 5-43　为图形添加“预设 4”的效果

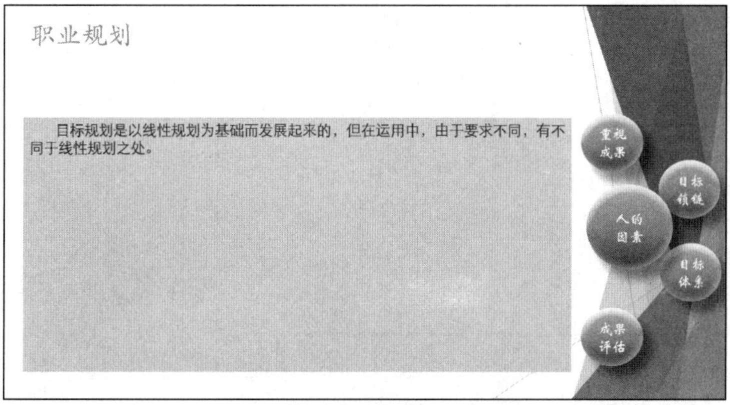


图 5-44　调整图形位置及层次

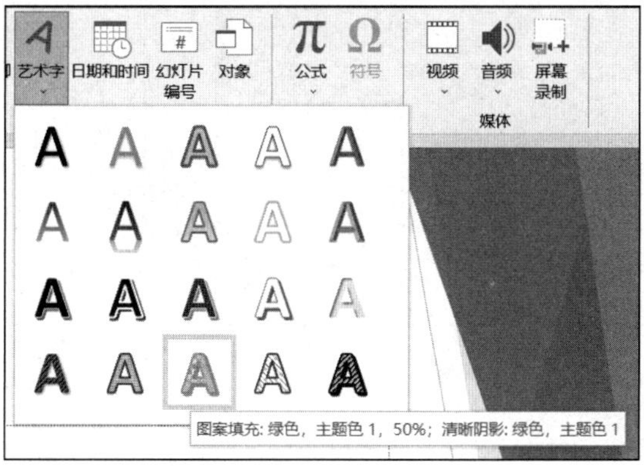


图 5-45　添加艺术字

⑪ 如果想修改艺术字样式，可以选中该艺术字，在“绘图工具/形状格式”扩展功能区的“艺术字样式”组中单击“其他”按钮，选择喜欢的样式，如“渐变填充：橙色，主题色 4；边框：橙色，主题色 4”，如图 5-47 所示。修改完样式后，也可以像形状一样，修改艺术字的填充色为“绿色，个性色 1”，单击“文本效果”按钮的小三角，在下拉菜单中修改其“阴影”

为“透视：左上”效果，如图 5-48 所示。

图 5-46　输入文本并调整位置

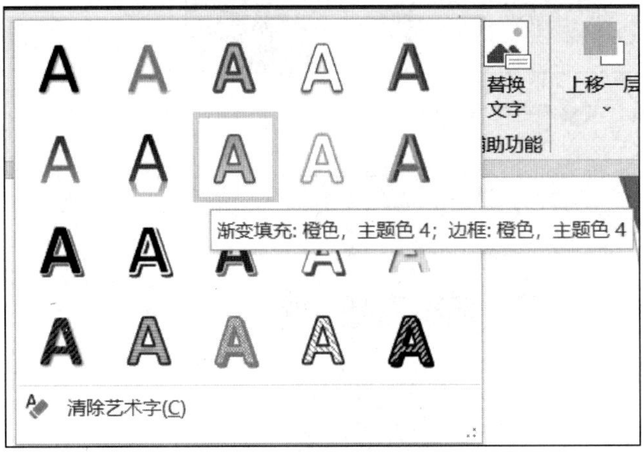


图 5-47　修改艺术字样式

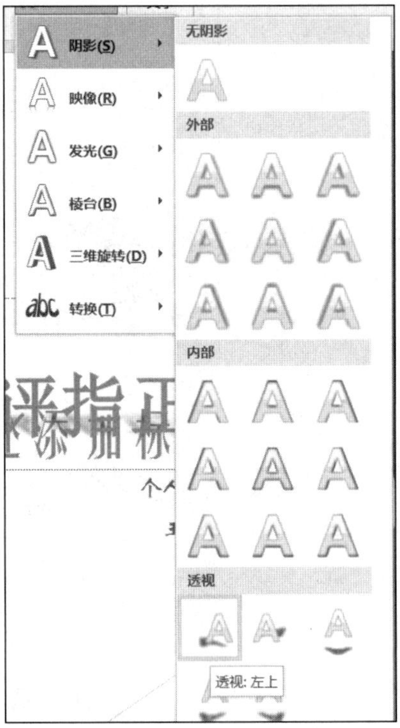


图 5-48　添加艺术字阴影

⑫ 选中修改好样式的艺术字，在“艺术字样式”组中单击“文本效果”按钮的小三角，在下拉菜单中单击“转换”，把艺术字样式转换成“拱形”，如图 5-49 所示。

**提示：**艺术字是经过专业字体设计师进行艺术加工的汉字变形字体，字体特点符合文字含义，具有美观有趣、易认易识、醒目张扬等特性，是一种有图案意味或装饰意味的变形字体。

文本框、艺术字也具有“形状轮廓”“填充”和“效果”属性，所以也可以像形状一样编辑样式。

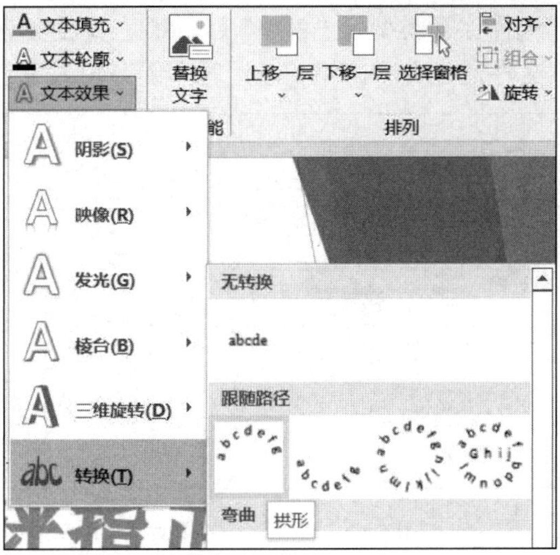


图 5-49 转换艺术字样式

## 5.1.6 保存演示文稿和导出演示文稿

将所有幻灯片制作完毕后，选择“幻灯片放映”视图，观看演示文稿制作的最终效果，王尔培非常满意，决定保存演示文稿。在“文件”功能区中选择“保存”命令，并单击“另存为”按钮，如图 5-50 所示。

图 5-50 保存演示文稿

可以通过“浏览”选项将该文件保存到自己的计算机上，如图 5-51 所示，还可以通过“添加位置”将文件保存到微软公司提供的云存储中，如图 5-52 所示。王尔培将文件保存后，又复制了一份存放到自己的 U 盘中，准备面试时展示自己的个人求职简历。

图 5-51 保存到本地计算机

最后，王尔培按照公司的要求，需要将演示文稿导出为 PDF 文件后通过电子邮箱发给人事部经理。在“文件”功能区中，选择“导出”命令，展开“导出”窗口，如图 5-53 所示，选择“创建 PDF/XPS 文档”，单击“创建 PDF/XPS”按钮，如图 5-54 所示，打开“发布为 PDF 或 XPS”对话框，选择保存类型为“PDF”（*.pdf），文件名为“个人简历”，单击“发布”按钮，将导出的 PDF 文件通过电子邮箱发送给匹匹缇公司人事部经理。

图 5-52　保存到云存储中

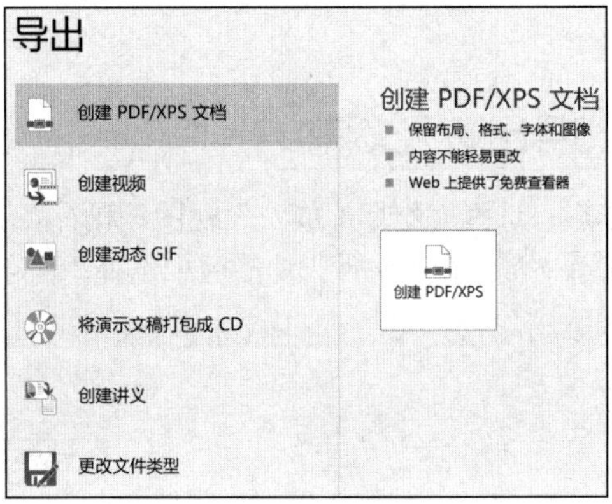


图 5-53　“导出”窗口

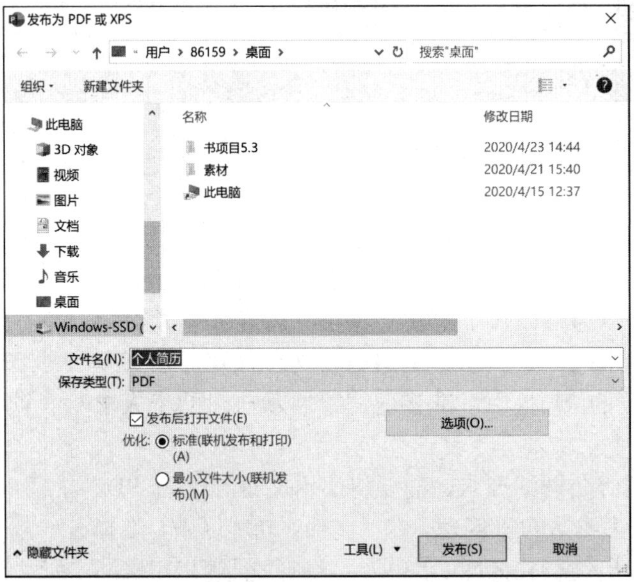


图 5-54　“发布为 PDF 或 XPS”对话框

# 5.2　制作年度工作总结

## 项目要求

王尔培同学顺利进入匹匹缇公司后，成为一名实习生。在工作期间，王尔培接到部门经理的电话，要求他制作技术创新部的年度工作总结，在公司会议上向张总经理汇报一年来技术创新部的工作情况，并展望新一年的工作计划。

如图 5-55 所示为制作完成后的“工作总结”演示文稿效果，具体要求如下。

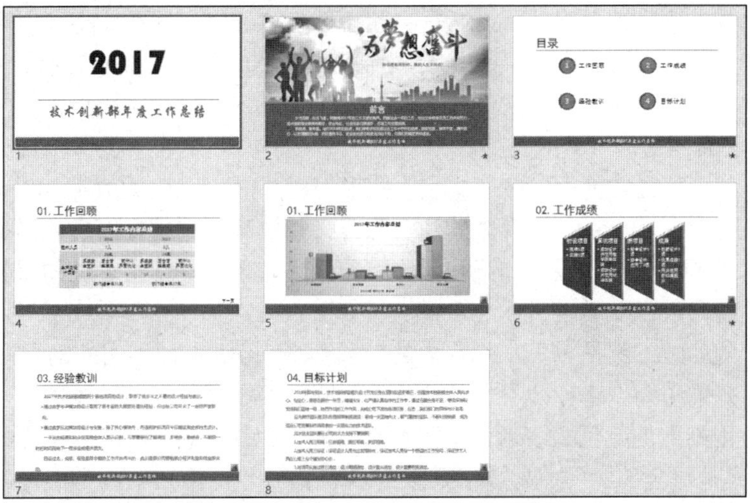


图 5-55　“工作总结”演示文稿

（1）启动 PowerPoint 2019，选择“回顾”模板，以“工作总结”为名保存演示文稿。
（2）修改幻灯片模板的样式，包括幻灯片的大小、字体、配色文案和背景。
（3）修改幻灯片的母版，进行格式的统一设置。
（4）插入 SmartArt、Excel 表格和图表。
（5）插入超链接、动作按钮等。
（6）对幻灯片里的文本、图形等制作动画效果。

## 相关知识

### 1. 母版

幻灯片母版的作用是创建统一的幻灯片样式，使所有幻灯片都具有幻灯片母版的特征。如果要修改全部幻灯片的外观，则只需在幻灯片母版上做一次修改，PowerPoint 将自动更新所有幻灯片。每种幻灯片版式都有与其相对应的母版，PowerPoint 的母版分为幻灯片母版、讲义母版和备注母版。幻灯片母版用于控制幻灯片上输入的标题和文本的格式与类型；讲义母版用于控制幻灯片以讲义形式打印的格式；备注母版可以用来控制备注页的版式，以及设置备注幻灯片的格式。

我们最常用的是幻灯片母版，包括“主母版”设计和“版式母版”设计，它控制的是所有幻灯片的格式。

“主母版”设计能影响所有“版式母版”，如果有统一的内容、图片、背景和格式，则可直接在“主母版”中设置，其他“版式母版”会自动与之一致。

“版式母版”设计包括标题版式、图表、文字幻灯片等，可单独控制该版式的配色、字体和格式。

### 2. SmartArt

用户可在 PowerPoint、Word、Excel 中使用 SmartArt 创建各种图形图表。SmartArt 图形是信息和观点的视觉表示形式。可以通过从多种布局中进行选择来创建 SmartArt 图形，从而快速、轻松、有效地传达信息。

某些 SmartArt 图形布局包含个数有限的形状。例如，“关系”类型中的“平衡箭头”布局用于显示两个对立的观点或概念。只有两个形状可以包含文字，且不能将该布局改为显示多个观点或概念。如果所选布局的形状个数有限，则在 SmartArt 图形中不能显示的内容旁边的“文本”窗格中将出现一个红色的×。

### 3. 幻灯片动画

PowerPoint 幻灯片经常使用图片、文字、图形等对象的特殊视觉或声音效果，渲染幻灯片的放映，这样既能突出重点，吸引观众的注意力，又使放映过程十分有趣。根据需要，各对象出现的顺序可以重新设计。动画是增强演示文稿交互性、形象性、生动性的重要手段，适当的动画设置可大大提升演示文稿的诉求力和感染力。

PowerPoint 的动画方案是一页幻灯片内的对象动画，提供 4 种不同的动画方案：进入效果、强调效果、退出效果和动作路径效果。同一对象可以添加多种不同的动画方案。不同的动画方案在动画窗格中用不同的颜色来表示，动画持续时间的色块颜色同动画方案的颜色是一致的。“进入”动画方案是绿色的，“强调”动画方案是黄色的，“退出”动画方案是红色的，而“动作路径”动画方案是蓝色的。

进入效果在播放时是“由不可见到可见”的，设置的是对象进入幻灯片的效果，共有 52 种效果。

退出效果在播放时是“由可见到不可见”的，设置的是对象离开幻灯片的效果，同样有 52 种效果。

强调效果在播放时始终处于“可见”状态，设置的是突出显示的效果，共有 31 种效果。

动作路径效果在播放时始终处于“可见”状态，设置的是对象按用户绘制好的路径进行运动的效果，包括 64 种预设效果和 4 种自定义效果。

进入效果、强调效果和退出效果都分为 4 种子类型：基本型、细微型、温和型和华丽型。动作路径效果的 4 种子类型为基本型、直线与曲线型、特殊型和绘制自定义路径型。每种类型的动画效果对不同的对象，如标题、正文和图形等规定了不同或相同的动画效果。

在“动画窗格”里，动画的激活方式有以下 3 种：

① 单击时；

② 与上一动画同时；

③ 在上一动画之后。

只有动画激活方式为“单击时”的动画才会有数字标识，其他两种激活方式是没有数字标识的，其与上一个激活条件为“单击时”的动画效果排列在同一数字标识下，组合为一个系列动画。

只有当“与上一动画同时”和“在上一动画之后”的激活方式的动画为第 1 项动画时，才会有“0”的数字标识，直接进入动画播放效果。

动画对象后的小色块代表动画的持续时长。组合动画内的色块位置关系代表上、下两个动画对象的动画开始时间的关系。例如，是同时播放还是上一项播放完之后再播放下一项，播放有先有后时是否有间隔时间。

特定动画效果的实现，需要在各种动画效果中加以巧妙组合和精心设计，同时为了增强动画特效，也需要使用触发器来对动画对象加以控制。

**4. 超链接、动作与动作按钮**

超链接（hyperlink）是超级链接的简称，是指从一个对象指向一个目标的链接关系，这个目标可以是同一个演示文稿中的不同幻灯片，还可以是一个网页、一个电子邮件地址、一个文件，甚至是另一个应用程序。而在一张幻灯片中用来添加超链接的对象，可以是几个字、一段文本、一个文本框或者一个图片或图形。当单击已经链接的文字或图片后，播放会跳转到另一张幻灯片或另一个链接目标，并根据目标的类型打开文件或运行程序。超链接的跳转效果只能在演示文稿的“阅读”视图和“放映”视图中产生。

超链接的形式有以下 4 种。

① 当前文件或网页：将当前演示文稿同一文件夹里的文件或网页文件与选定对象建立超链接。

② 本文档中的位置：将当前演示文稿中的其他幻灯片与选定对象建立超链接。

③ 新建文档：创建一个新的文档并与选定对象建立超链接。

④ 电子邮件地址：将某个电子邮件地址与选定对象建立超链接。

在 PowerPoint 中，超链接对象可以是文字、文本框、图片、图形、形状或艺术字。

动作设置是为某个对象（文字、文本框、图片、形状或艺术字等）添加相关动作而使其变成一个按钮，通过单击该按钮而跳转到其他幻灯片或文档。它与超链接在很大程度上是一样的，但还是有较为明显的区别：超链接可以设置“屏幕提示”，就是当鼠标指向超链接时，“手形”指针的右下方会出现文字提示；动作设置可以附加“播放声音”来强调超链接，也可以通过“单击时突出显示”来强调超链接。

## 项目实施

## 5.2.1 修改模板样式

启动 PowerPoint 2019，选择“视差”模板创建演示文稿后，王尔培觉得这个模板不适合做年度工作总结类型的汇报，需要选择新的模板样式，于是在“设计”功能区中选择“更多”命令，鼠标停留在各个模板上就可以在幻灯片上看到各个模板的样式，如图 5-56 所示。在查看了多个模板后，王尔培选择了“回顾”模板。

① 单击“幻灯片大小”按钮，选择“自定义幻灯片大小”命令，打开“幻灯片大小”对话框，修改“幻灯片大小”为“全屏显示（16∶10）”，如图 5-57 所示。单击“确定”按钮，在打开的对话框中，单击“确保适合”按钮，如图 5-58 所示。

② 在“自定义”组中，选择“设置背景格式”命令，打开“设置背景格式”窗口，修改该幻灯片的背景为“图片或纹理填充”，选择用“新闻纸”作为背景，如图 5-59 所示。

图 5-56　选择模板

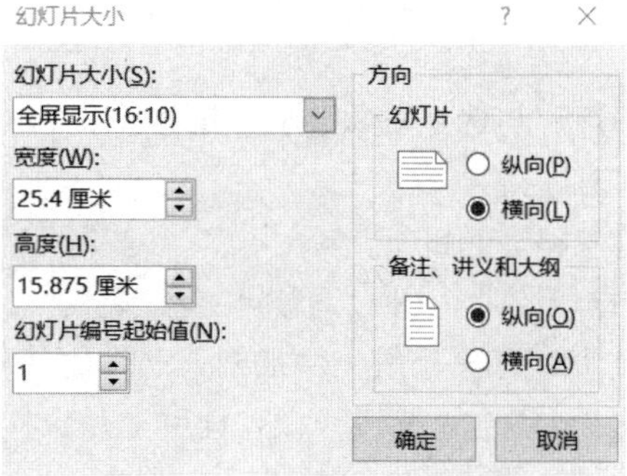


图 5-57　修改幻灯片大小

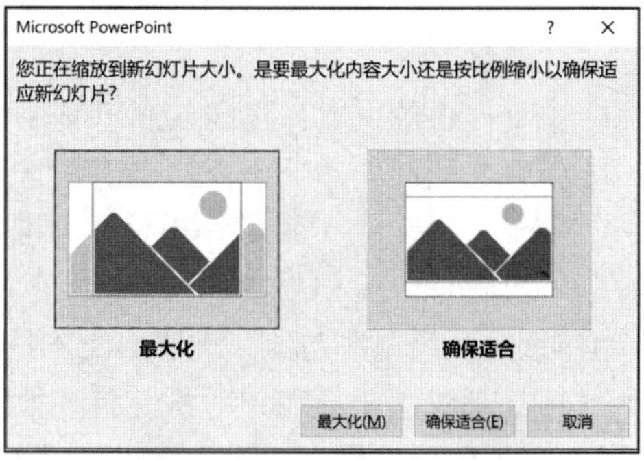


图 5-58　幻灯片大小适配

图 5-59　修改幻灯片背景

③ 在“变体”组中单击“其他”按钮，如图 5-60 所示，修改演示文稿的“颜色”（配色

方案）为“视点”，如图 5-61 所示。

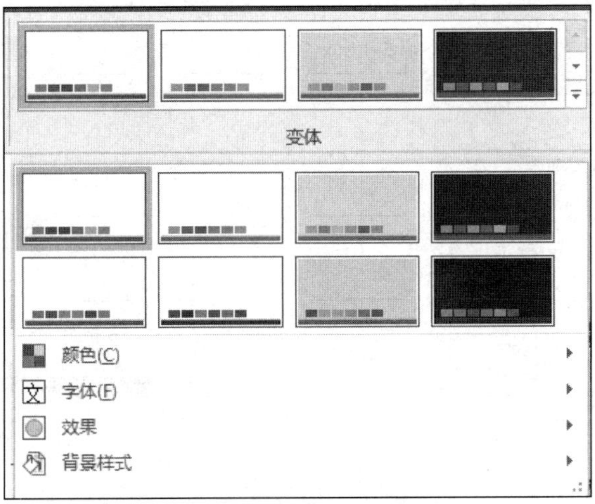


图 5-60 修改幻灯片样式

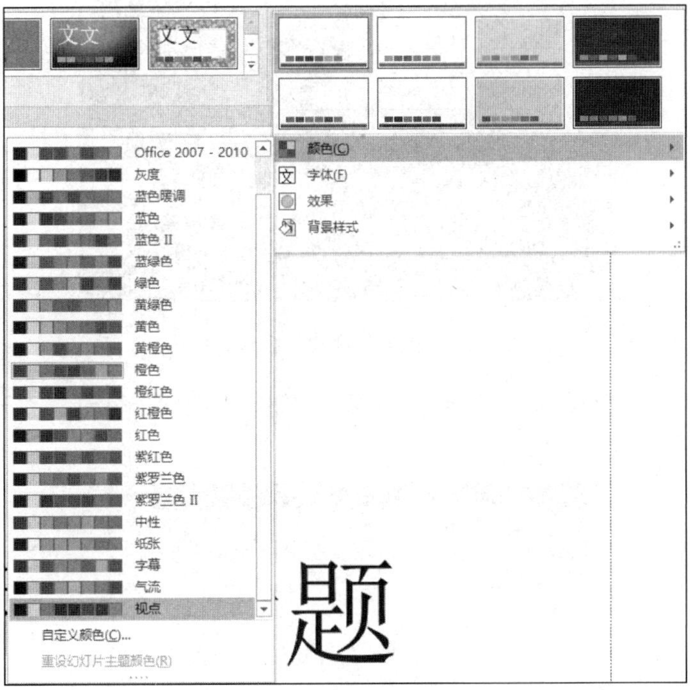


图 5-61 修改幻灯片配色方案

**提示：**配色方案是指可以应用到所有幻灯片、个别幻灯片、备注页或讲义的多种均衡颜色预设方案，用于幻灯片主要对象的颜色设置，如文本、背景等对象。如果对选定的配色方案不满意，可以自行编辑配色方案。

## 5.2.2 修改母版

① 在“封面”幻灯片的标题文本框中输入“2017”，居中对齐后修改字体为“150 号”“华

文琥珀”。在“开始”功能区的“段落”组中单击“对齐文本”按钮，选择“中部对齐”，如图 5-62 所示。在副标题文本框中输入“技术创新部年度工作总结”，字体为“60 号”“华文行楷”，调整文字居中对齐，如图 5-63 所示。

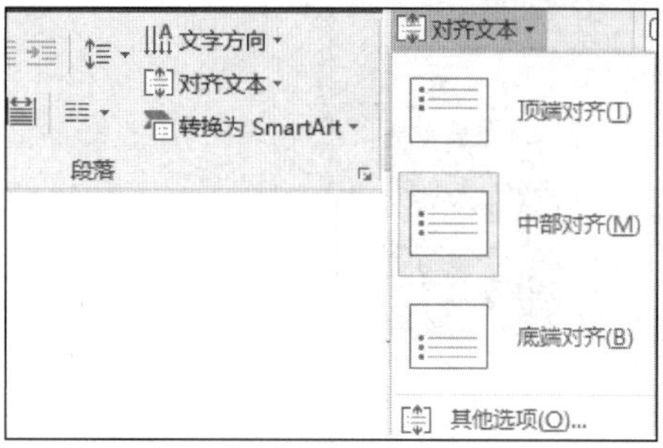


图 5-62　对齐文本

图 5-63　“封面”幻灯片

② 创建“图片与标题”版式新幻灯片，如图 5-64 所示。该版式的每张幻灯片都有一张不需要的图片，这就需要修改幻灯片母版，从而修改整个演示文稿各版式幻灯片的样式。

图 5-64　“图片与标题”版式幻灯片

③ 在“视图”功能区中单击“幻灯片母版”按钮，如图 5-65 所示，打开幻灯片母版编辑界面，如图 5-66 所示。

图 5-65　单击“幻灯片母版”按钮

④ 在母版的“大纲”视图中找到“图片与标题”版式幻灯片，如图 5-67 所示，删除不需要的图片后，在“母版版式”组中单击“插入占位符”按钮，选择“图片”，在该版式幻灯片上方拖放出“图片”占位符的位置和大小，如图 5-68 所示。

⑤ 选择第 1 张“幻灯片母版”版式的主母版幻灯片，对整个演示文稿进行统一设置。在“幻灯片母版”功能区的“母版版式”组中单击“母版版式”按钮，打开“母版版式”对话框，如图 5-69 所示，去掉勾选“日期”。在“页脚”文本框中输入“技术创新部 2017 年度工作总结”，字体设置为“20 号”“灰色”“华文行楷”，居中显示，如图 5-70 所示，将“页码”文本框放置到页面右下角。

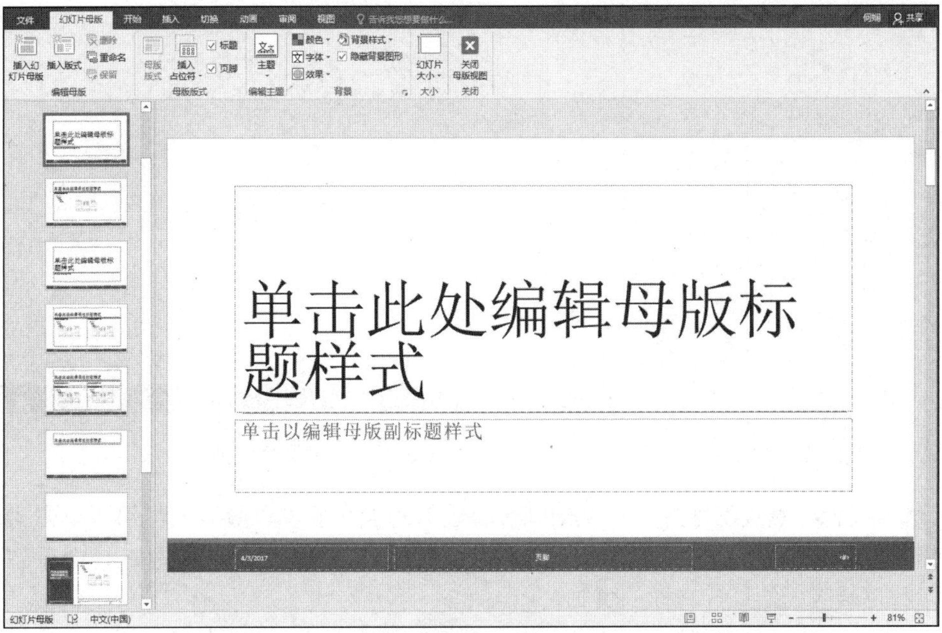


图 5-66　幻灯片母版编辑界面

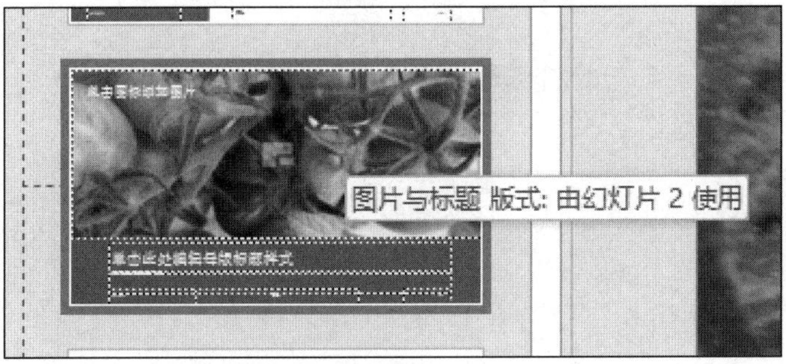


图 5-67　“图片与标题”母版

图 5-68　编辑“图片与标题”母版版式

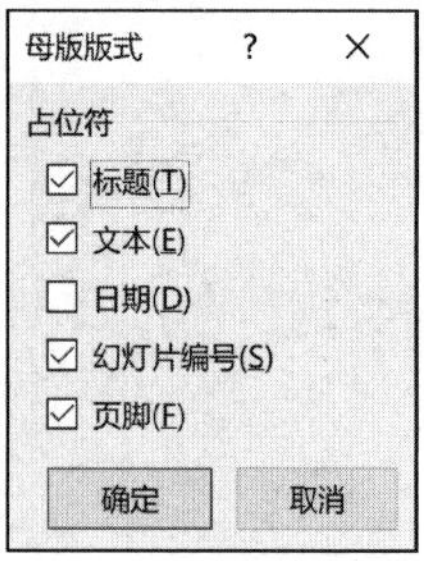


图 5-69 “母版版式”对话框

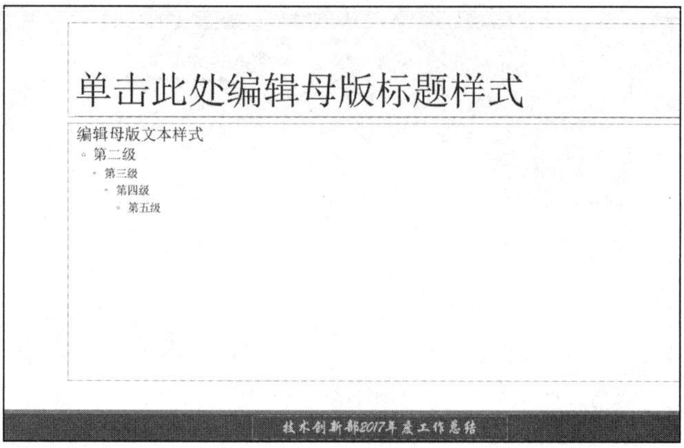


图 5-70 编辑母版页脚

⑥ 选中其他各版式幻灯片，在“幻灯片母版”功能区的“母版版式”组中单击“母版版式”按钮，打开“母版版式”对话框，去掉勾选“页脚”后再次勾选“页脚”，会看到其他版式也有了和母版版式幻灯片一样的页脚。

⑦ 再次选中第 1 张“幻灯片母版”，修改母版标题的字体为“黑体”，“母版文本样式”为“微软雅黑”，如图 5-71 所示。

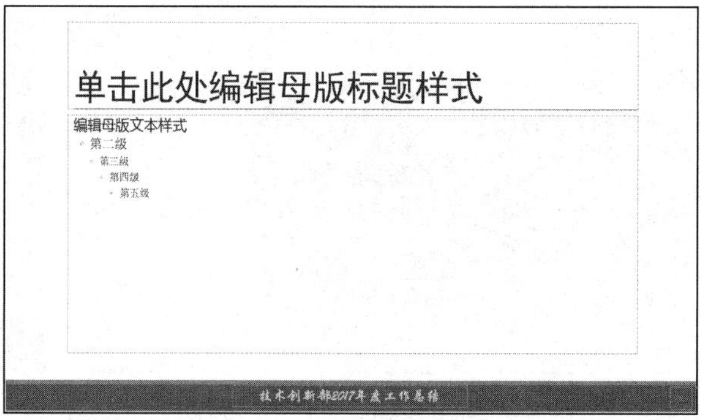


图 5-71 修改幻灯片母版的字体格式

⑧ 在“幻灯片母版”功能区中单击“关闭母版视图”按钮，退出幻灯片母版编辑界面，返回幻灯片普通视图进行内容编辑。此时可以看到，第 2 张幻灯片的图片已经消失，且文字的字体也变为设置的“微软雅黑”，如图 5-72 所示，但是母版中设置的页脚却没有显示出来。

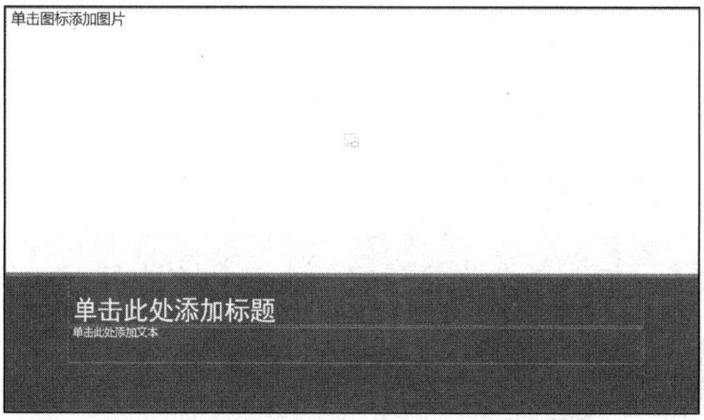


图 5-72 “图片与标题”幻灯片

⑨ 在“插入”功能区的“文本”组中单击“页眉和页脚”按钮，打开“页眉和页脚”对话框，勾选“幻灯片编号”“页脚”和“标题幻灯片中不显示”选项，单击“全部应用”按钮，如图5-73所示。在第2张幻灯片上就可以看到母版中设置的页脚了。

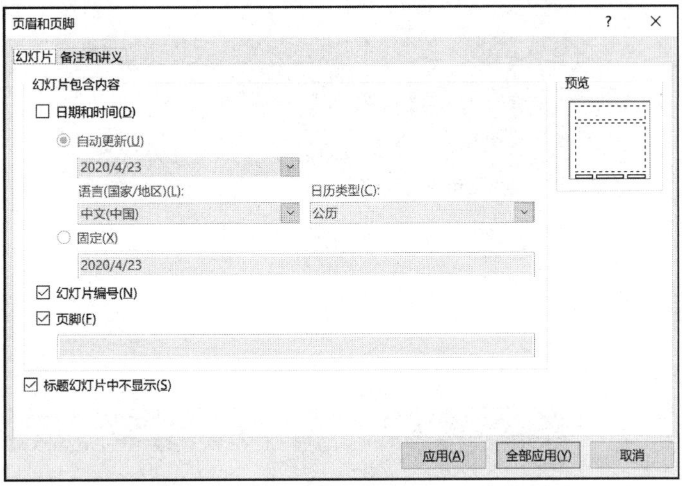


图5-73　插入页脚

## 5.2.3　制作汇报的幻灯片内容

① 打开“前言”幻灯片，单击“图片”占位符，打开“插入图片”对话框，如图5-74所示。插入“素材”文件夹中的“总结.jpg”文件，并在文本框中输入需要的文本内容，如图5-75所示。

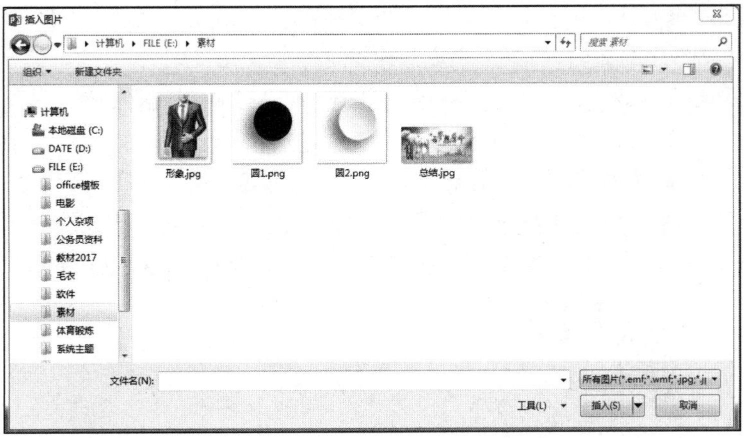


图5-74　“插入图片”对话框

② 在“前言”幻灯片中插入的图片会按照“图片”占位符的位置和大小居中显示出来，需要对图片进行编辑，得到想要的部分和大小。右击图片，在弹出的快捷菜单中选择“裁剪”命令，如图5-76所示。在图片裁剪框中拖放图片至合适的位置后进行裁剪，如图5-77所示。

图 5-75　插入图片并输入文本

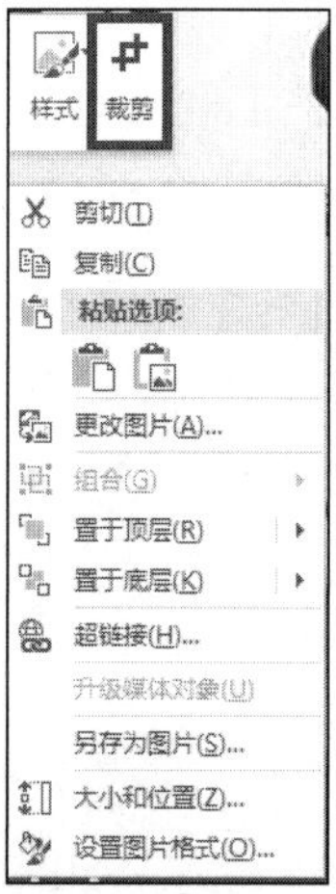


图 5-76 “裁剪”命令

图 5-77　图片“裁剪”框

③ 图片的位置和大小合适后，在“图片工具/格式”扩展功能区中单击“裁剪”按钮，如图 5-78 所示，完成图片的裁剪，效果如图 5-79 所示。

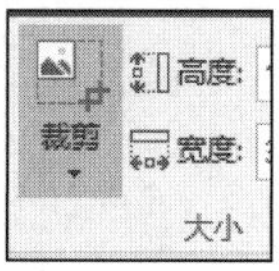


图 5-78 “裁剪”按钮

④ 插入“仅标题”版式幻灯片，在标题框中输入“目录”，插入两个圆形形状，一个修改样式为“强烈效果-橙色，强调颜色 2”，另一个修改样式为“中等效果-橙色，强调颜色 1”，如图 5-80 所示。添加文字“1”，右击，在弹出的快捷菜单中选择“置于顶层”命令，将两个圆形形状叠加到一起，水平垂直对齐后组合成一个对象，如图 5-81 所示。

图 5-79 “前言”幻灯片

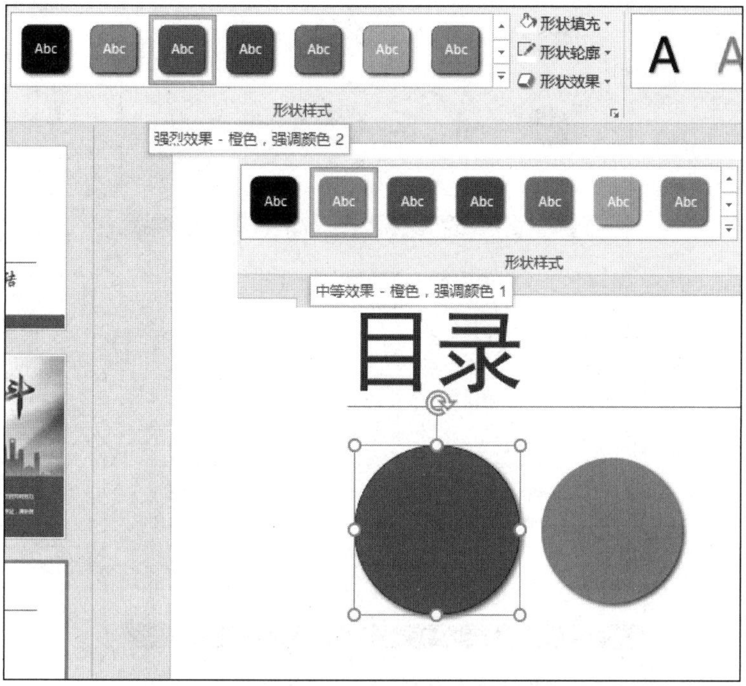


图 5-80　插入图形

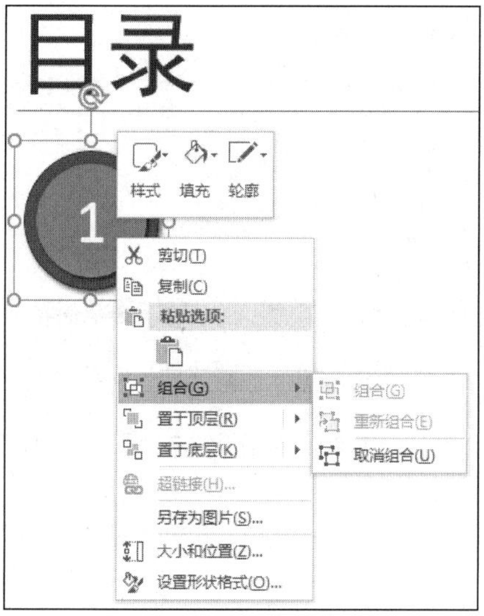


图 5-81　组合图形

⑤ 制作出其他的圆形目录按钮后，插入文本框，输入目录内容，如图 5-82 所示。

⑥ 插入“标题和内容”版式幻灯片，制作“01. 工作回顾”幻灯片，内容文本行距设置为 2 倍行距，如图 5-83 所示。

⑦ 插入“标题和内容”版式幻灯片，制作“02. 工作成绩”幻灯片，内容文本行距设置为 1.7 倍行距，如图 5-84 所示。

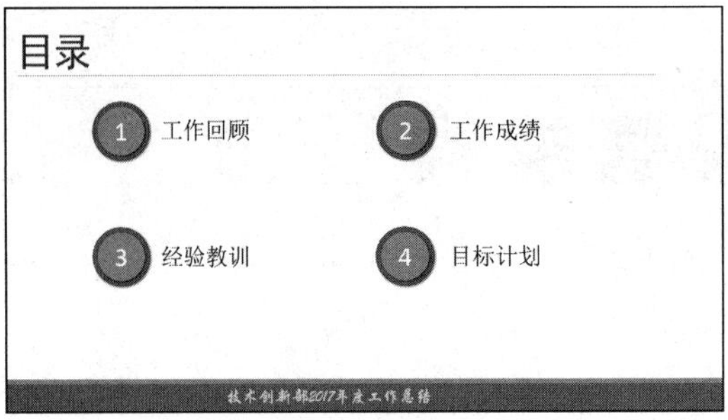


图 5-82 “目录”幻灯片

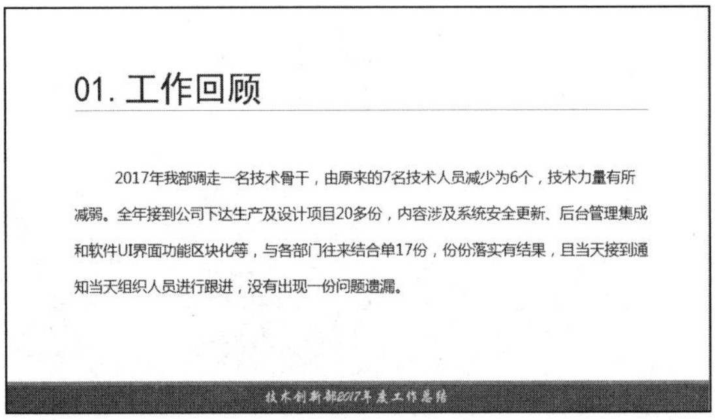


图 5-83 “01. 工作回顾”幻灯片

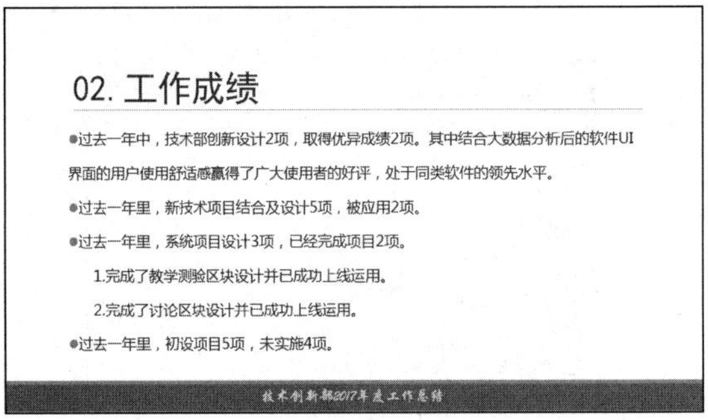


图 5-84 “02. 工作成绩”幻灯片

⑧ 插入“标题和内容”版式幻灯片，制作“03. 经验教训”幻灯片，内容文本行距设置为 2 倍行距，如图 5-85 所示。

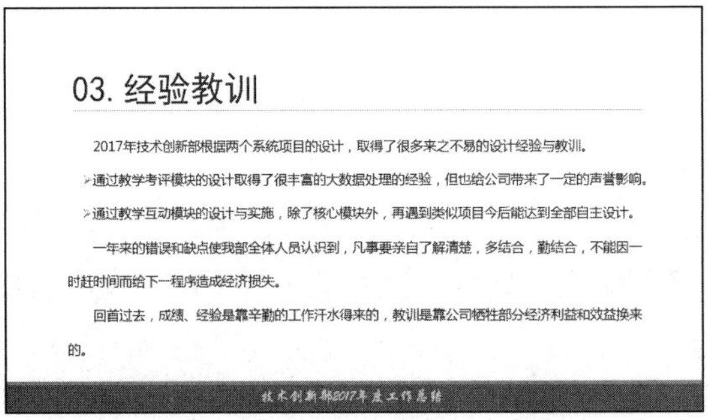


图 5-85 “03. 经验教训”幻灯片

⑨ 插入“标题和内容”版式幻灯片，制作“04. 目标计划”幻灯片，内容文本行距设置为 1.7 倍行距，如图 5-86 所示。

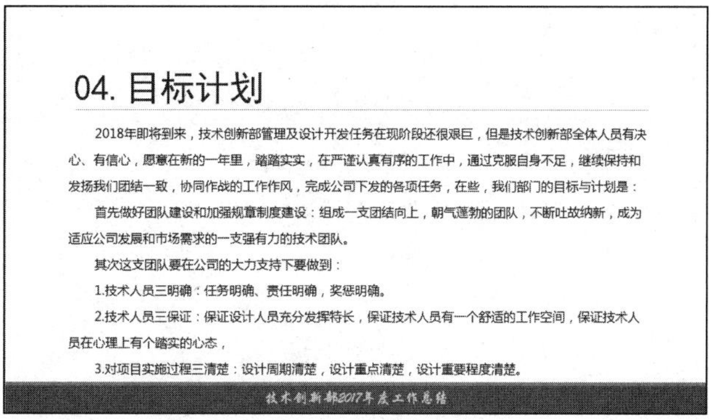


图 5-86 “04. 目标计划”幻灯片

## 5.2.4 插入 SmartArt

年终工作总结内容全部制作完毕后，还需要对演示文稿进行一些设计，以增加演示文稿的感染力和视觉震撼力。

① 选择“02. 工作成绩”幻灯片，复制这张幻灯片，删除内容文本框，在“插入”功能区的“插图”组中单击“SmartArt”按钮，如图 5-87 所示，打开“选择 SmartArt 图形”对话框，如图 5-88 所示。

图 5-87 插入“SmartArt”

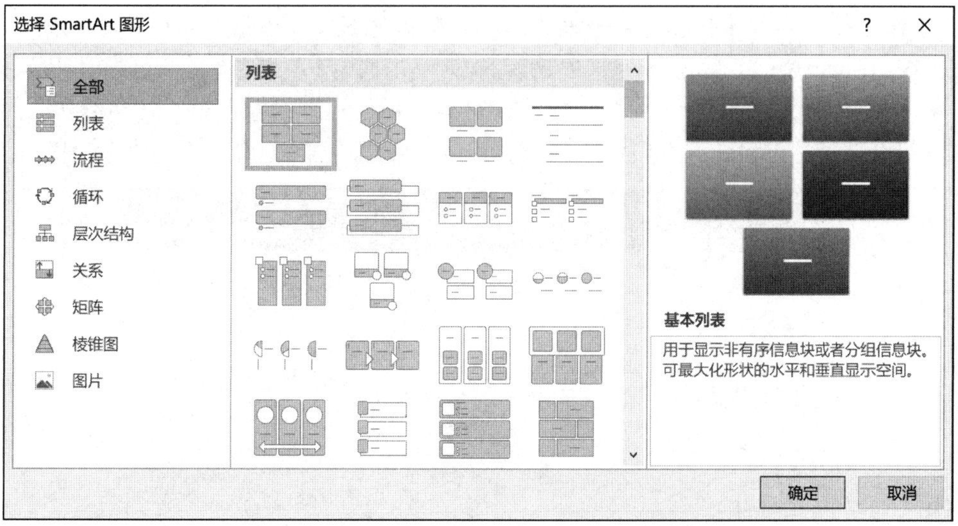


图 5-88 “选择 SmartArt 图形”对话框

② 在“列表”类别中选择“梯形列表”，如图 5-89 所示。在幻灯片上创建 SmartArt 图形，输入文本，如图 5-90 所示。

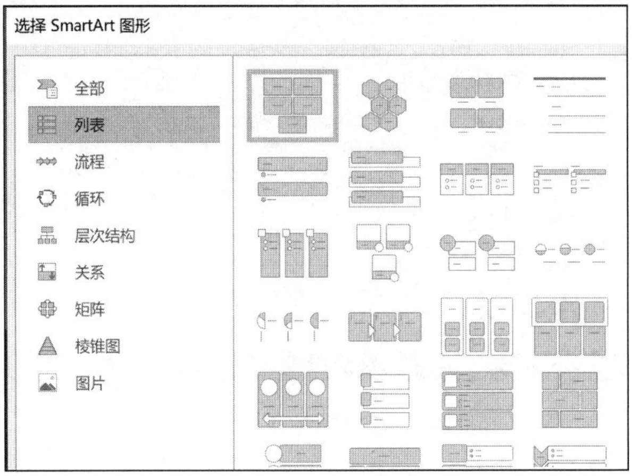


图 5-89　选择“梯形列表”

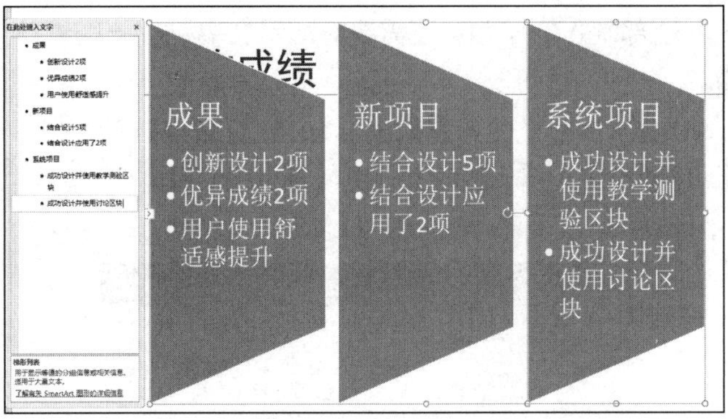


图 5-90　插入“梯形列表”的 SmartArt 图形

③ 工作成绩需要用 4 张梯形列表来展示，默认情况下只有 3 张，因此需要再增加 1 张梯形列表。在“SmartArt 工具/设计”扩展功能区的“创建图形”组中单击“添加形状”按钮后的小三角，选择“在后面添加形状”命令，如图 5-91 所示。继续输入第 4 张梯形列表的内容，在输入“初设项目”的具体情况时，PowerPoint 自动创建了第 5 张幻灯片，如图 5-92 所示。

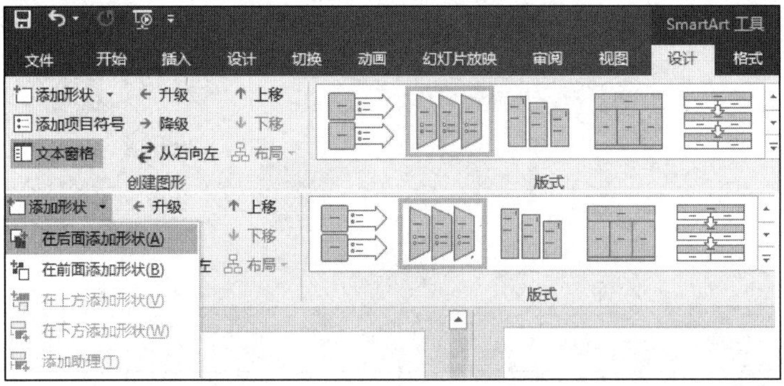


图 5-91　在“梯形列表”中添加形状

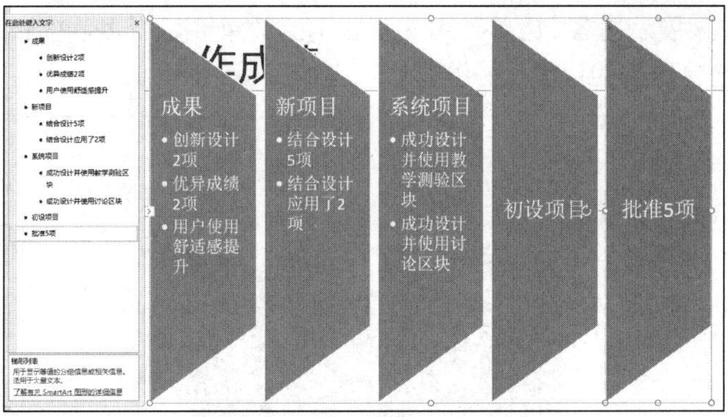


图 5-92　插入新的梯形列表

④ 选择第 5 张梯形列表，在“SmartArt 工具/设计”扩展功能区的“创建图形”组中单击“降级”按钮，将“批准 5 项”修改为“初设项目”的二级内容。继续输入其余的文本内容，然后调整 SmartArt 图形的大小，并放到合适的位置，如图 5-93 所示。

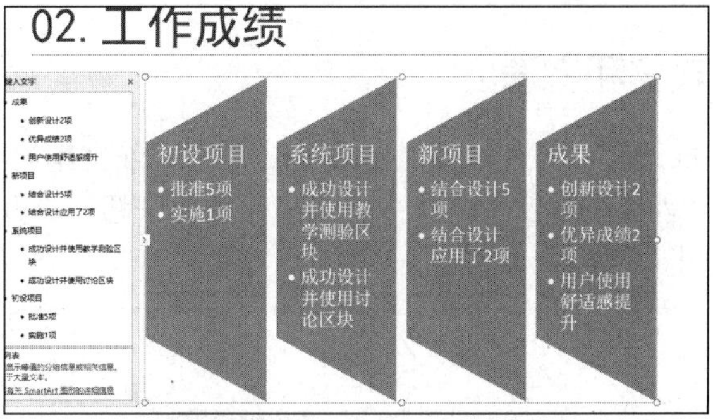


图 5-93　完成 SmartArt 的放置

⑤ 选中整个 SmartArt，在“SmartArt 工具/设计”扩展功能区的“SmartArt 样式”组中单击“更改颜色”按钮，修改颜色预设为“彩色范围-个性色 2 到 3”，修改样式为“三维”类型的“优雅”，如图 5-94 所示。

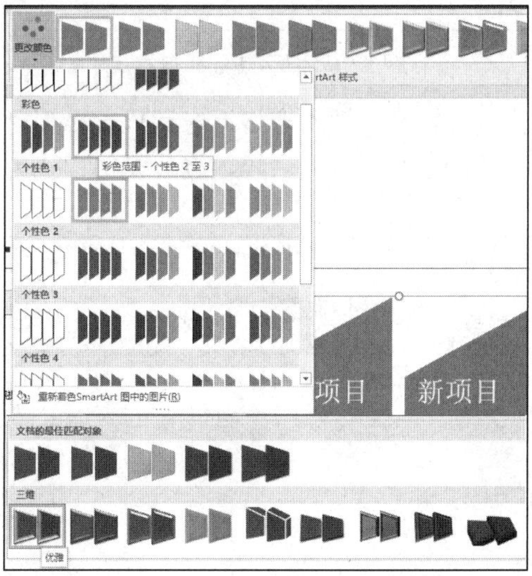


图 5-94　修改 SmartArt 样式

⑥ 以 SmartArt 来展示内容，比单纯用文字展示的效果要好得多，更加一目了然，如图 5-95 所示。此时，可以删除原来的“02. 工作成绩”幻灯片。

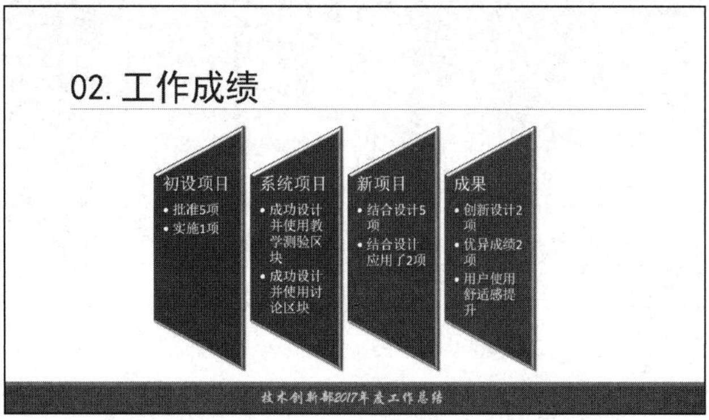


图 5-95 “02. 工作成绩”幻灯片修改后的效果

**提示：**SmartArt 文本中的升级与降级类似于项目符号中列表级别的升序和降序。

## 5.2.5 插入 Excel 表格和图表

① 打开“02. 工作成绩”幻灯片，复制这张幻灯片，删除文本内容后，单击“表格”占位符，或者在“插入”功能区的“文本”组中单击“对象”按钮，打开“插入对象”对话框，可以插入 Excel 表格，如图 5-96 所示。

图 5-96 插入 Excel 表格

② 单击“表格”占位符后，打开“插入表格”对话框，设置“行数”为“7”、“列数”为“7”，在幻灯片中插入一个 7×7 的表格；输入内容，修改表格样式为“中度样式 2-强调 2”，制作如图 5-97 所示的表格。

图 5-97 制作表格

**提示：**通过“插入对象”创建的表格不能设置表格的列数和行数，会打开一个简化的 Excel 工作界面，操作方法和 Excel 2019 是一样的。

如果已经制作好需要插入的对象文件，如 Excel 表格文件，则可以通过插入对象的“由文件创建”方式插入这个对象。

在 PowerPoint 2019 中对表格样式的各项操作和 Word 2019 中对表格样式的操作是一样的，都是在“表格工具”扩展功能区的“设计”与“布局”功能区中进行操作。

③ 通过对比原来制作的“工作回顾”幻灯片和新的“工作回顾”幻灯片，可以明显看出，用表格可以更高效、简捷地表达意思。为了更好地对比 2017 年和 2016 年的工作状态，可插入图表来体现。

删除第 4 张原“01. 工作回顾”幻灯片，在用表格表述的“工作回顾”幻灯片下新建一张“标题和内容”版式幻灯片，在标题框中输入文本“01. 工作回顾”，单击“图表”占位符，打开“插入图表”对话框，选择“三维簇状柱形图”，如图 5-98 所示。把鼠标指针移到下方图表预览框中，可以看到放大后的图表样式。

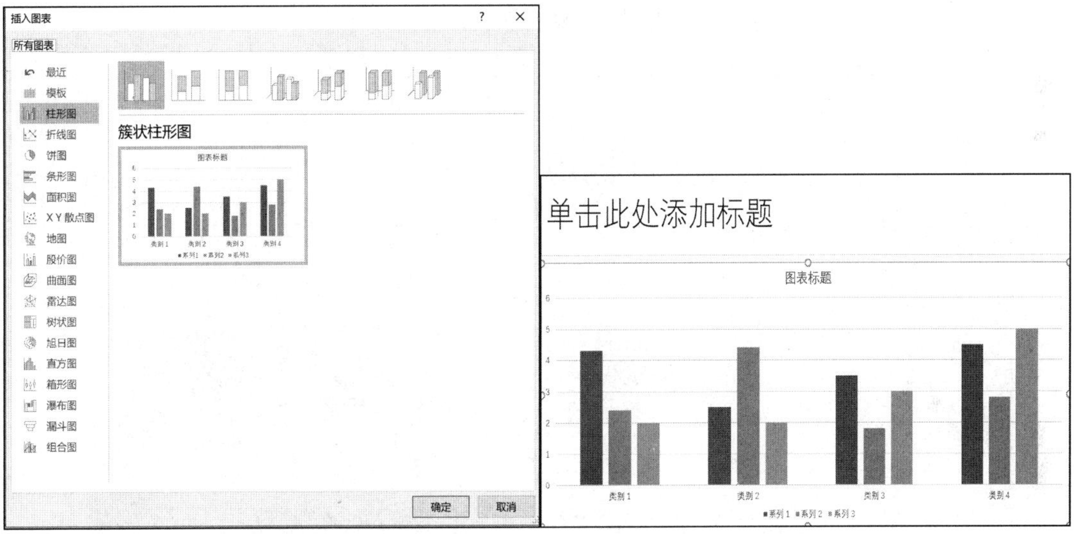


图 5-98　插入图表

④ 选择“三维簇状柱形图”图表后，关闭“Microsoft PowerPoint 中的图表”窗口。选中图表，在“图表工具”扩展功能区的“数据”功能区中单击“编辑数据”按钮的小三角，选择“在 Excel 中编辑数据”命令，打开 Excel 工作窗口，制作图表表格内容，如图 5-99 所示。

图 5-99　制作图表表格内容

⑤ 制作完成后，用鼠标指针拖动表格中 D6 单元格右下角的蓝色“┛”标识，选择表格区域为“A1 : D5”，关闭 Excel 窗口。修改图表标题为“2017 年工作内容总结”，图表颜色修改为“单色”类型里的“颜色 12”，图表样式为“样式 3”，如图 5-100 所示。

⑥ 在“图表工具”扩展功能区的“设计”功能区中单击“添加图表元素”按钮的小三角，在“数据标签”菜单中选择“数据标签”命令，在“设置数据标签格式”窗口中撤选“类别名

称”，在图表上添加数据的数值，制作完成这张幻灯片，如图 5-101 所示。

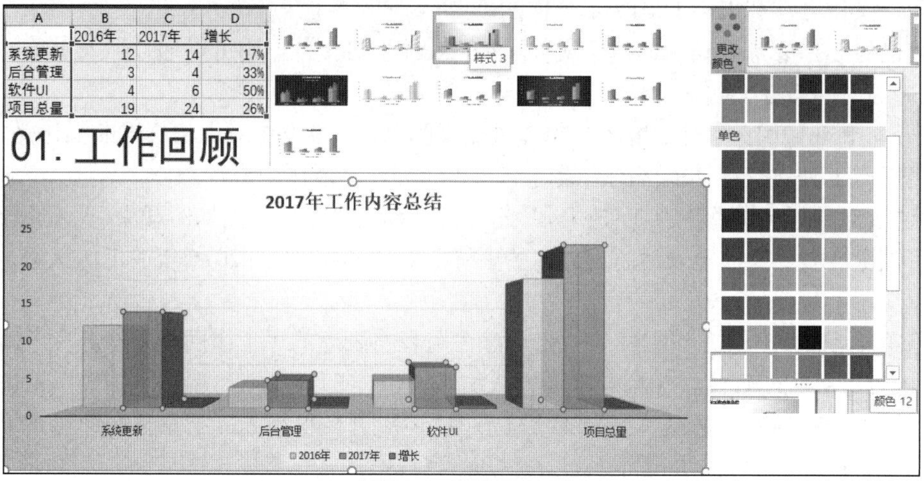


图 5-100　修改图表样式

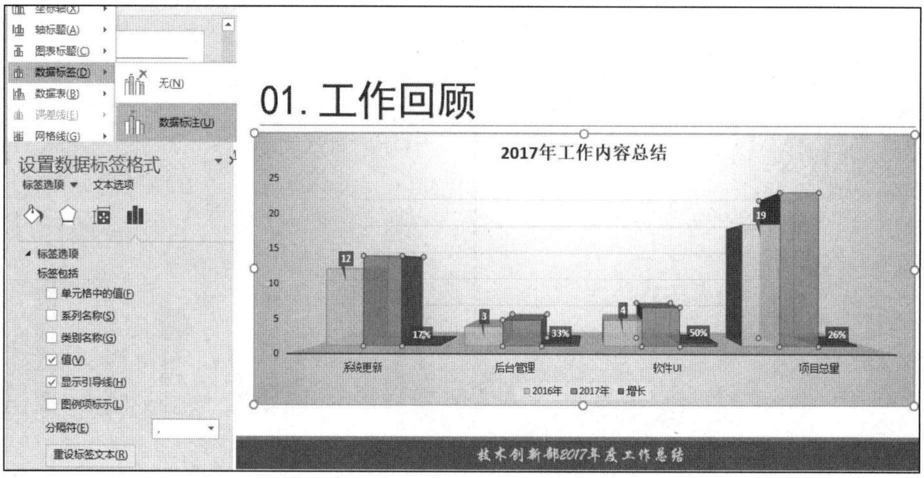


图 5-101　在图表中添加数据标签

## 5.2.6　插入超链接

在进行工作总结的汇报时，若单击目录中的某一项，则可以直接进入讲解这项内容的幻灯片，这是通过“超链接”的功能实现了“跳越式”内容展示。在演示文稿中插入超链接的方法如下。

① 打开“目录”幻灯片，选择“工作回顾”文本框，右击，在弹出的快捷菜单中选择“超链接”命令，打开“插入超链接”对话框，如图 5-102 所示。

② 在“插入超链接”对话框中单击“本文档中的位置”按钮，展开“幻灯片标题”，单击第 4 张幻灯片“01. 工作回顾”，单击“确定”按钮，如图 5-103 所示。

③ 切换到演示文稿的“阅读”视图，把鼠标指针移动到“工作回顾”文本上，可以看到鼠标指针变成了手形标志，单击后切换到第 4 张幻灯片“01. 工作回顾”上，超链接创建成功。

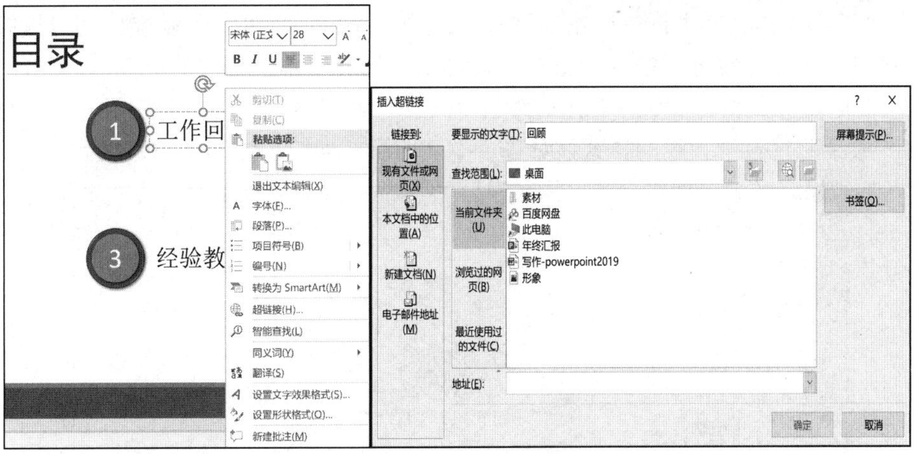


图 5-102 打开“插入超链接”对话框

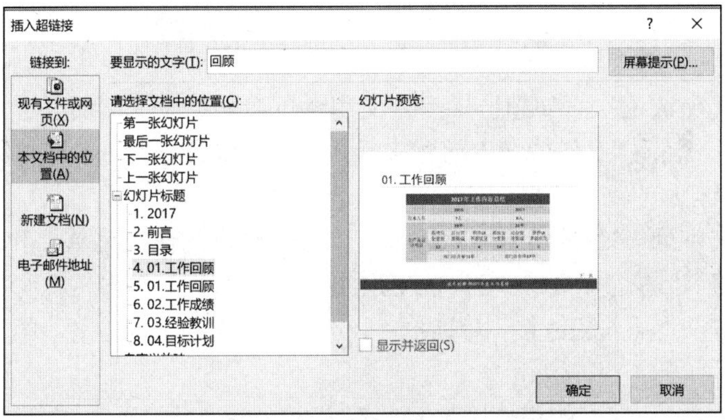


图 5-103 “插入超链接”对话框

④ 如果需要删除超链接或者更换超链接目标，可返回“普通”视图，再次选择“工作回顾”文本框，右击，在弹出的快捷菜单中通过选择“删除链接”命令来删除超链接，选择“编辑链接”命令来更改超链接目标，如图 5-104 所示。

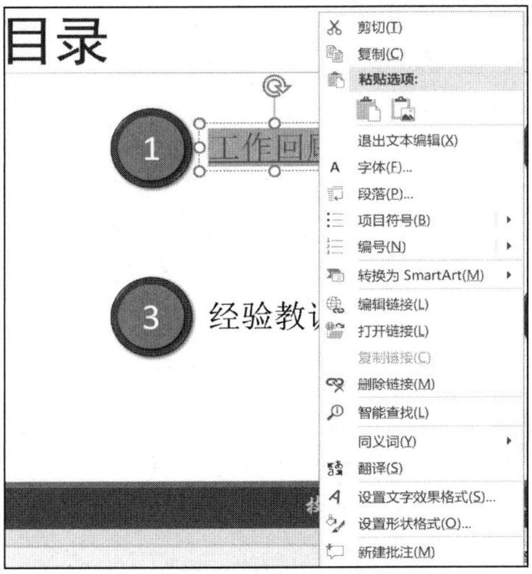


图 5-104 删除或编辑超链接

⑤ 在“工作成绩”文本框中双击后选择这几个文字，在“插入”功能区的“链接”组中单击“超链接”按钮，打开“插入超链接”对话框，选择“本文档中的位置”，展开“幻灯片标题”，单击第 6 张幻灯片“02. 工作成绩”，单击“确定”按钮。添加完成后，“工作成绩”这 4 个字变成了蓝色带下画线的样式，如图 5-105 所示，即成功添加了超链接。

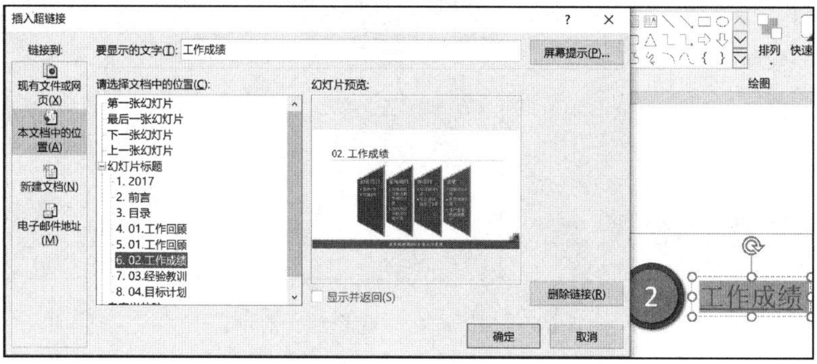


图 5-105　在“插入”功能区插入超链接

⑥ 对文字“工作成绩”添加超链接后，文字颜色会发生改变，而且会添加一条下画线，这样比较影响美观。删除“工作成绩”超链接后，将“工作成绩”文本框与第 6 张幻灯片“02. 工作成绩”建立超链接。

⑦ 选择输入文字为“3”的组合圆形形状，右击，弹出的快捷菜单中并没有“超链接”命令。取消“组合”后，再选择文字“3”的上层小的圆形形状，右击，在弹出的快捷菜单中选择“超链接”命令，在“插入超链接”对话框中，选择“本文档中的位置”的第 7 张幻灯片“03. 经验教训”。

⑧ 选择输入文字为“4”的组合圆形形状后，再次单击添加了文字“4”的上层小的圆形形状，右击，在弹出的快捷菜单中选择“超链接”命令，在“插入超链接”对话框中，选择“本文档中的位置”的第 8 张幻灯片“04. 目标计划”。

⑨ 为“目录”幻灯片的各项内容都添加合适的超链接目标。切换到“阅读”视图，查看超链接目标是否正确。

**提示：**超链接只能添加在单一对象上，组合后的对象是无法添加超链接的。如果要在组合的对象上添加超链接，就要先取消组合，或者在组合中再次选择其中一个对象。

## 5.2.7　插入动作和动作按钮

通过“超链接”跳转到详细描述的幻灯片后，无法回到“目录”幻灯片上，也就无法继续整个演示文稿的展示。为了解决这个问题，可以使用“动作按钮”，在内容展示完毕后返回“目录”幻灯片。

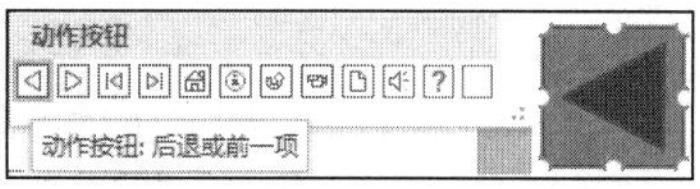


图 5-106　插入动作按钮

① 打开第 5 张“01. 工作回顾”幻灯片，在“插入”功能区的“插图”组中单击“形状”按钮的小三角，在最后一个类型“动作按钮”中单击第一个按钮“动作按钮：后退或前一项”，用鼠标在幻灯片上拖曳出动作按钮，如图 5-106 所示。

② 拖曳出动作按钮后，弹出“操作设置”对话框，在“单击鼠标”选项卡中，“单击鼠标时的动作”选择“超链接到”，单击“幻灯片”后，弹出“超链

接到幻灯片”对话框，选择“2. 前言”后单击“确定”按钮，如图 5-107 所示。

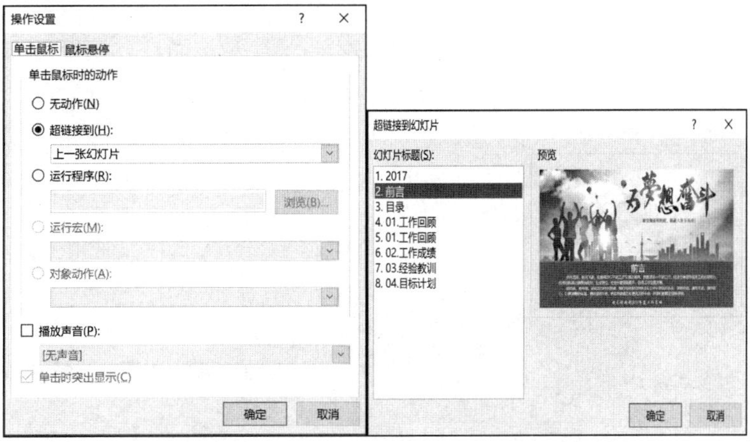


图 5-107　设置动作按钮的超链接目标

③ 选择动作按钮后，在“绘图工具/形状格式”扩展功能区中修改样式为“渐变填充-橙色，强调颜色 1，无轮廓”，效果为“预设 5”，如图 5-108 所示。

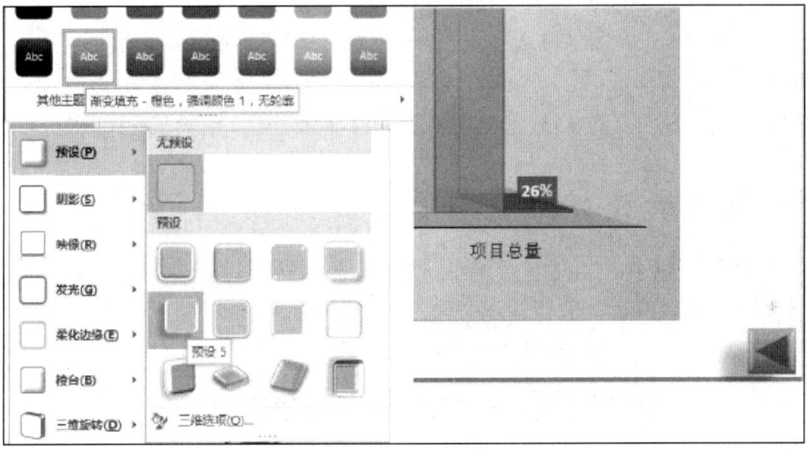


图 5-108　修改动作按钮样式

**提示：**当动作按钮复制、粘贴到另一张幻灯片上时，会将动作属性也复制过去。

④ 选中设置好的动作按钮，复制后粘贴到“工作成绩”“经验教训”“目标计划”幻灯片中。

⑤ 选择“目标计划”幻灯片中的动作按钮，在“插入”功能区的“链接”组中单击“动作”按钮，打开“操作设置”对话框。在“单击鼠标”选项卡中，“单击鼠标时的动作”选择“无动作”，如图 5-109 所示；在“鼠标悬停”选项卡中，“鼠标移过时的动作”选择“超链接到”“第一张幻灯片”，勾选“播放声音”，选择声音为“硬币”。

⑥ 打开第 4 张幻灯片“01. 工作回顾”，在幻灯片右下角插入文本框，输入文本“下一页”，在“插入”功能区的“链接”组中单击“动作”按钮，打开“操作设置”对话框。在“单击鼠标”选项卡中，“单击鼠标时的动作”选择“无动作”；在“鼠标悬停”选项卡中，“鼠标移过时的动作”选择“超链接到”“下一张幻灯片”，勾选“播放声音”，选择声音为“硬币”，如图 5-110 所示。

图 5-109　修改动作按钮动作

图 5-110　为文本添加动作

⑦ 打开“幻灯片放映”视图，查看超链接与动作按钮设置是否正确，如果没有问题，则保存演示文稿。

**提示：**在 PowerPoint 中，要实现交互有 3 种方式，分别是触发器、超链接和动作按钮。“动作设置”与“动作按钮”本质上是一样的，凡是使用了动作设置的对象都可看作一个动作按钮，比如本项目中的“下一页”文本，只是“动作按钮”已预设了相关的动作而已。

## 5.2.8　制作动画效果

① 打开“目录”幻灯片，选中“工作回顾”文本框和“1”的组合形状，在“动画”功能区的“动画”组中单击“其他”按钮，可以看到一部分常用动画效果名称。选择“更多进入效果”，如图 5-111 所示，打开“更改进入效果”对话框。

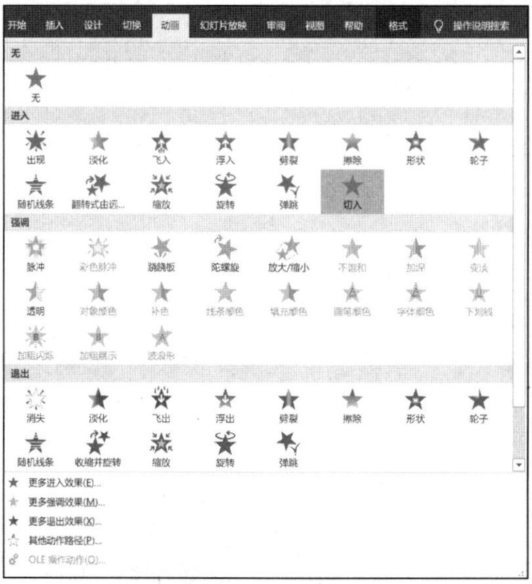


图 5-111　动画方案

② 如图 5-112 所示，在“更改进入效果”对话框中，勾选下方的“预览效果”复选框后单击某个动画效果名称，可以在幻灯片上看到这个动画方案的效果。查看了多个动画效果后，选择“基本”中的“切入”效果，单击“确定”按钮。

③ 关闭“更改进入效果”对话框，选中添加了动画的“工作回顾”文本框和“1”的组合形状，可以看到这两个对象左上角多了一个标识为“1”的橙色矩形，在“动画”功能区中单击“效果选项”按钮的小三角，修改“方向”为“自左侧”，如图 5-113 所示。单击“动画”功能区中的“预览”按钮，可查看制作效果。

图 5-112 进入动画效果

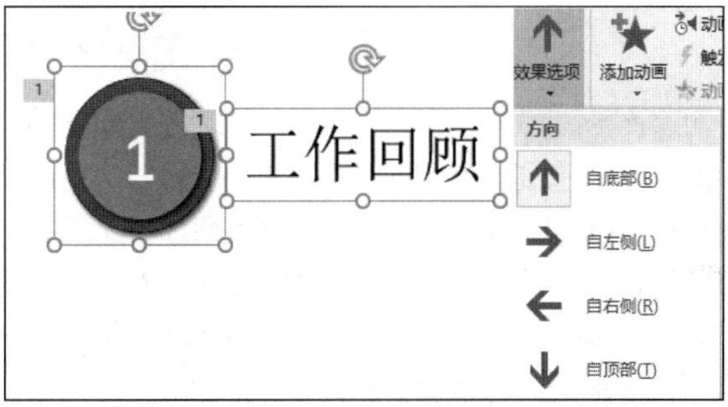


图 5-113 动画效果选项

**提示：**文本对象的动画效果是全部被激活的，也就是说，文本对象可以添加所有的动画类型，而其他对象只能添加部分动画类型。

④ 为其他 3 项目录项添加“切入”的进入动画效果。选中第 2 项编号和文本框目录项，添加“自右侧”“切入”的“进入”动画效果，第 3 项编号和文本框目录项为“自左侧”“切入”的“进入”动画效果，第 4 项编号和文本框目录项为“自右侧”“切入”的“进入”动画效果。

⑤ 单击“幻灯片放映”按钮，查看“目录”幻灯片的最终动画效果，发现单击一次，出现一个目录项。如果在演示时希望单击一次后，同时出现各个目录项，则需要修改动画的激活方式。

⑥ 回到幻灯片的“普通”视图，在“动画”功能区的“高级动画”组中单击“动画窗格”按钮，打开“动画窗格”窗口，从中可以看到所有添加了动画效果的对象及其动画效果。在这个窗口中，单击任意一个对象，该对象右侧会出现一个小三角，单击这个小三角，就可以修改动画的激活条件。选择标识为“2”的动画对象，单击右侧小三角，选择“上一动画之后”。选择标识为“3”的动画对象，如图 5-114 所示，在“动画”功能区的“计时”组中也可以修改动画激活条件，在“开始”下拉列表中修改激活条件为“从上一画之后”。修改标识为“4”的动画对象的激活条件为“上一动画之后”。

⑦ 单击“幻灯片放映”按钮，查看“目录”幻灯片的最终动画效果。在放映幻灯片时，感觉动画的时间太长，需要将动画的播放时间缩短。

**提示：**在对多个动画对象批量修改时，可以同时选中多个动画对象后利用“动画”功能区，或者单击动画对象右侧小三角，打开“动画效果”窗口统一修改。

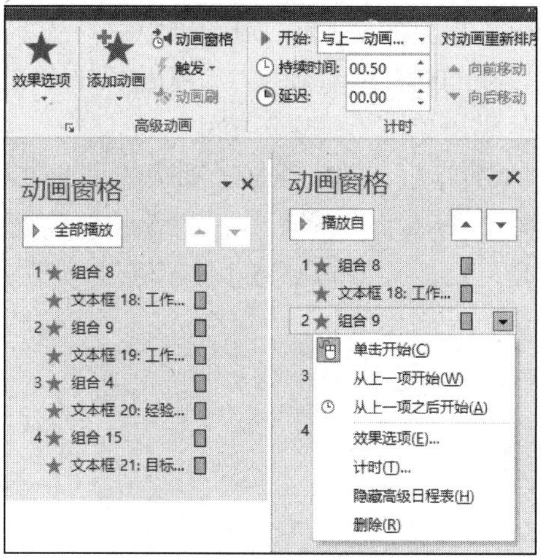


图 5-114　修改动画激活条件

⑧ 回到幻灯片的“普通”视图，在“动画”功能区的“计时”组中，“持续时间”的数值单位为秒，可以看到每个动画对象的“切入”动画“持续时间”都是“0.5”秒，单击向上或者向下的小三角，可以增长或者缩短动画的持续时间。直接在“持续时间”后的文本框里输入“0.3”，可修改每个对象的动画“持续时间”为 0.3 秒。

⑨ 在“动画窗格”窗口中单击动画对象后的小三角，通过选择“效果选项”或者“计时”命令，可以打开动画效果窗口的不同功能区，进行更详细的设置，如图 5-115 所示。这个窗口不仅包括“效果选项”的设置内容，还包括“动画”功能区 “计时”组中的所有设置。除此之外，还可以选择为动画添加声音和添加动画循环播放的次数。

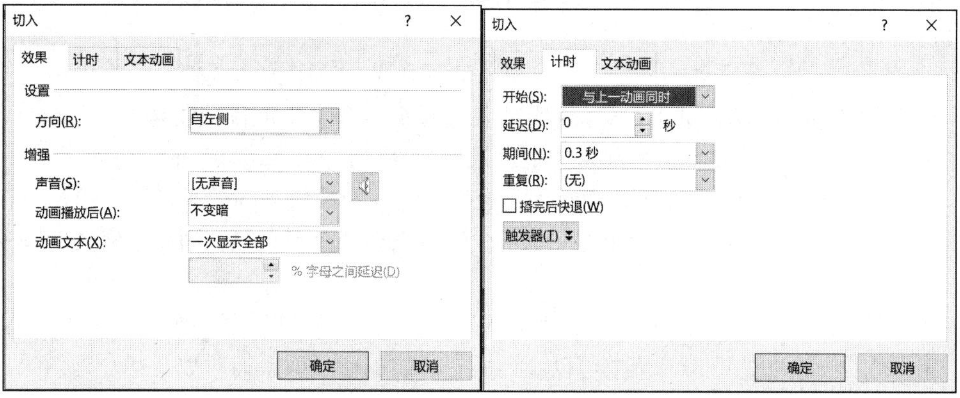


图 5-115　动画效果详细设置

⑩ 打开第 6 张幻灯片“02. 工作成绩”，选中制作好的 SmartArt 图形，添加“自左侧”“擦除”方式的进入动画，则所有的“梯形列表”对象作为一个整体从左向右出现。在“效果选项”里修改为“逐个”后，每张“梯形列表”都作为单独的对象从左向右出现。在“动画窗格”里展开对象，选中所有动画对象，修改动画“持续时长”为 0.25 秒。选择第 2～4 个动画对象，修改动画“开始”条件为“上一动画之后”，“延迟”时间为 0.1 秒，如图 5-116 所示。

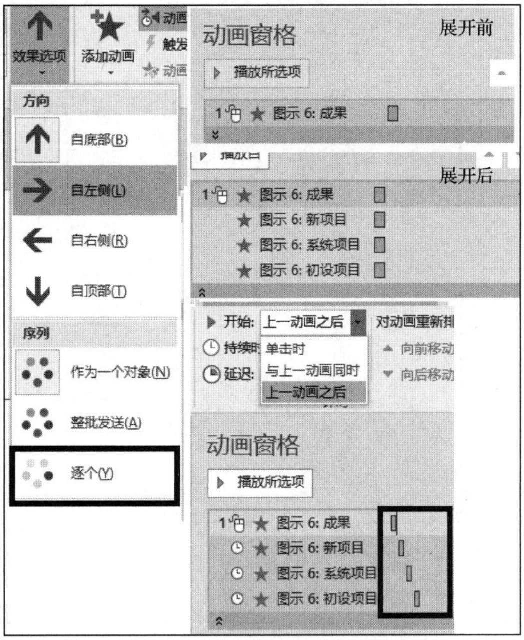


图 5-116　修改动画效果各个属性

⑪ 在“动画”功能区中单击“预览”按钮，发现“梯形列表”的动画效果不是从第 1 张开始，而是从第 4 张开始的，整个动画播放的顺序是反的。

⑫ 在“动画窗格”中选择所有动画对象，单击右侧小三角，在“擦除”窗口中单击“SmartArt 动画”选项卡，勾选“倒序”复选框，如图 5-117 所示，单击“确定”按钮后，重新调整动画对象的激活条件、持续时间和延迟时间。

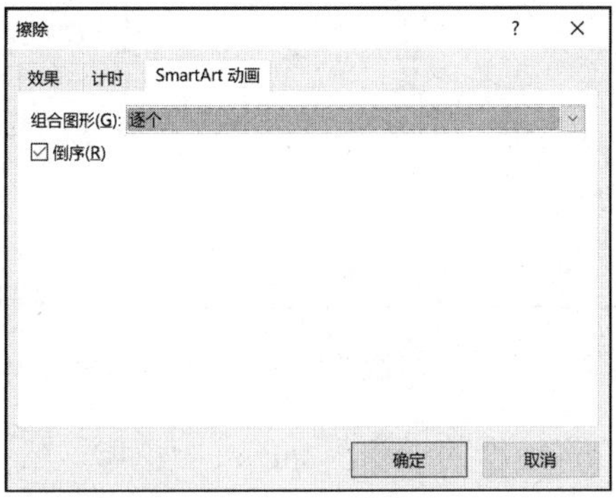


图 5-117　修改 SmartArt 图形的动画顺序

**提示：**除 SmartArt 图形以外的其他动画对象都可以在“动画窗格”中通过鼠标拖动修改上下层的关系来改变动画播放的先后顺序。SmartArt 图形作为一个单一对象，只能在“动画窗格”窗口中整体调整动画播放的先后顺序。

⑬ 选中“02. 工作成绩”标题文本框，在“动画”功能区的“高级动画”组中单击“添加动画”按钮的小三角，在“强调”类型动画中选择“加粗闪烁”，如图 5-118 所示。修改动画激活条件为“与上一动画同时”、动画“持续时间”为 1 秒后，单击“对动画重新排序”中的“向前移动”，将这个动画对象移到最上层，如图 5-119 所示。

图 5-118 添加“强调”动画

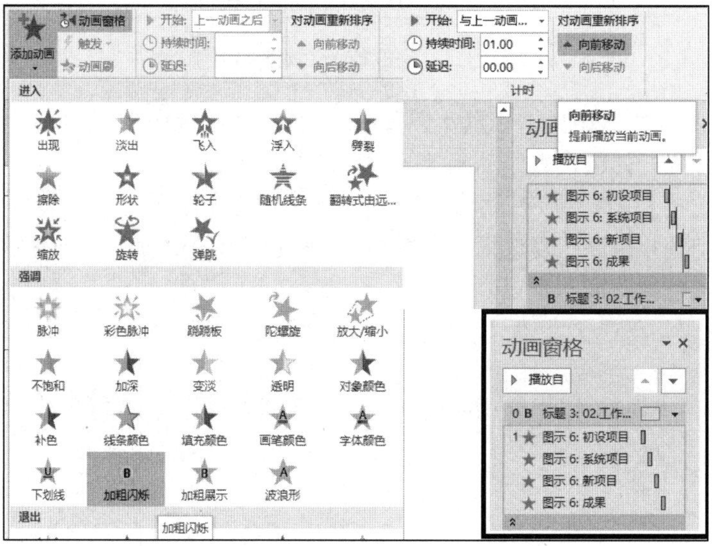


图 5-119 修改“强调”动画基本属性

⑭ 打开“02. 工作成绩”标题框的加粗闪烁的动画窗口，在“效果”选项卡中修改“设置文本动画”为“按词顺序”，在“计时”选项卡中修改“重复”为“直到幻灯片末尾”，如图 5-120 所示。在幻灯片放映时，这个“强调”动画会循环播放。

**提示：**“整批发送”的动画文本指的是将所有文本作为一个对象整体播放动画效果，这种动画文本不分中文和西文；“按词顺序”的动画文本针对的是中文，指的是把中文中的一个词作为一个对象播放动画；“按字母”的动画文本针对的是西文，指的是将每个字母作为一个对象播放动画。

⑮ 打开“前言”幻灯片，选择“前言”标题框及其下方的文本框，添加一个“淡出”的退出动画。修改动画组后两项动画对象的动画激活条件为“与上一动画同时”，动画组中所有动画的“持续时间”都为 0.25 秒，如图 5-121 所示。

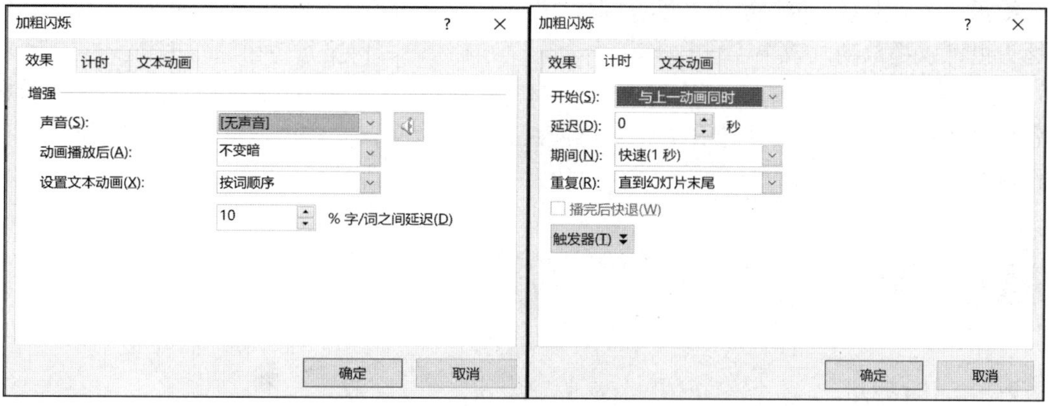


图 5-120 修改“强调”动画高级属性

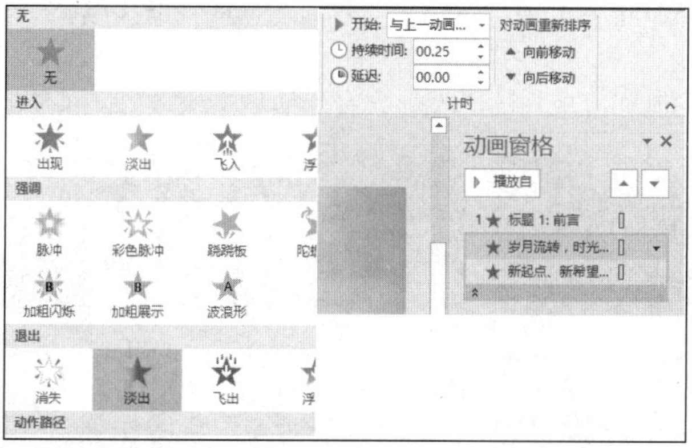


图 5-121 设置退出动画

⑯ 选中插入的图片，添加“直线”的“动作路径”动画后，图片上出现一条直线，单击红点，拖动图片，修改图片直线运动后到达的终点位置。将动画“持续时间”修改为 1 秒，动画激活条件设置为“上一动画之后”，如图 5-122 所示。

图 5-122 设置“动作路径”动画

**提示**：在“大纲”窗口中，可以看到添加了动画方案的幻灯片右侧有一个星状标识，单击该标识也可以播放动画效果，这与单击“动画”功能区中“预览”按钮的作用是一样的。

⑰ 切换到“幻灯片放映”视图，查看添加了动画后的幻灯片放映效果，感觉还比较满意。王尔培将演示文稿保存到 U 盘里，准备在年终公司会议上向张总经理汇报技术创新部一年的工作情况。

## 5.3 制作优秀员工表彰宣传片

### 项目要求

在公司五月份的“劳动光荣月”活动中，为了配合公司的宣传，转正后的王尔培需要制作一个宣传本部门被表彰候选人的演示文稿，在公司会议厅外的 LED 宣传栏中循环播放，请大家为他们投票。

如图 5-123 所示为制作完成后的“表彰大会”演示文稿效果，具体要求如下。

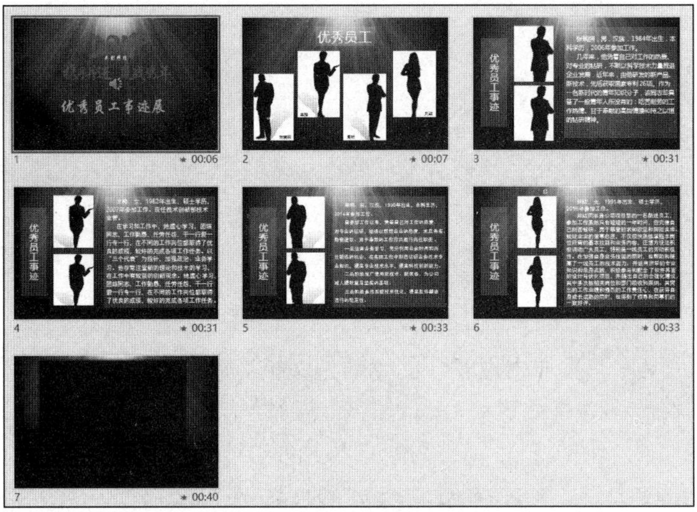


图 5-123 “表彰大会”演示文稿

（1）启动 PowerPoint 2019，选择“空白演示文稿”模板，以“表彰大会”为文件名保存演示文稿。

（2）在幻灯片中插入多媒体信息，如音频和视频文件。

（3）设置幻灯片的切换效果。

（4）设置红灯片的自定义放映模式。

（5）将演示文稿进行打包。

### 相关知识

#### 1. PowerPoint 2019 中的多媒体

在 PowerPoint 2019 中可以插入音频、视频、Flash 动画等多媒体元素。

PowerPoint 支持的音乐格式有.aiff、.au、.mid 或 .midi、.mp3、.wav、.wma。如果 PowerPoint 不支持插入的音乐格式，就需要利用软件将音乐格式转换为 PowerPoint 支持的格式后才可以插入。

**2. 幻灯片切换**

幻灯片切换效果是指放映时幻灯片进入和离开所产生的视觉效果，这种效果不仅使幻灯片的过渡衔接更为自然，而且能吸引观众注意力。为了使幻灯片放映更具有趣味性，在幻灯片切换时可以使用不同的技巧和效果。

幻灯片的切换设置也是一种动画方案，也有计时和动画播放声音设置，只是幻灯片的切换可以通过单击“全部应用”对所有的幻灯片进行统一设置。幻灯片的换片方式类似于图形、文本等动画的激活，可以在单击时进行幻灯片的切换，或者延迟一定时间后进行幻灯片的切换。

幻灯片只能添加一种切换方式，不能像图形、文本等对象那样添加多种动画方案。添加了切换效果的幻灯片在“大纲”窗口中也会显示星状标识。

**3. 幻灯片的放映**

PowerPoint 提供了以下 3 种不同的放映方式，使用者可根据不同的需要设置不同的放映方式。

① 演讲者放映：以全屏形式演示，放映过程完全由演讲者控制，可用绘图笔勾画，适用于会议或教学等。

② 观众自行浏览：以窗口形式演示，允许观众利用窗口控制放映过程，适用于人数较少的场合。

③ 在展台放映：以全屏形式演示，演示文稿自动循环放映，观众只能观看不能控制，适用于无人看管的场合，如展台演示。采用该方法的演示文稿应按事先预定的或通过选择“幻灯片放映/排练计时”命令设置的时间和次序放映，不允许现场控制放映的进程。

**4. 幻灯片打包**

幻灯片打包的目的，通常是要在其他计算机（其中很多是尚未安装 PowerPoint 的计算机）上播放幻灯片。打包时不仅幻灯片中所使用的特殊字体、音乐、视频片段等元素都要一并输出，有时还需手工集成播放器，所以较大的演示文稿最好用移动硬盘、光盘等设备携带。而且，由于不同版本的 PowerPoint 所支持的特殊效果有区别，故要播放演示文稿最好安装相应版本的 PowerPoint 或 PowerPoint Viewer，否则可能丢失演示文稿中的特殊效果。通过使用演示文稿打包功能，可以很好地解决异地使用演示文稿无法正常播放的问题。

## 项目实施

### 5.3.1 制作展示幻灯片内容

① 启动 PowerPoint 2019 后，创建一个空白的演示文稿，在“幻灯片母版”中修改配色方案为“字幕”，效果为“插页”，取消所有幻灯片的“页脚”，设置幻灯片大小为“16 : 10”。

② 在“母版幻灯片”中插入“素材”文件夹中的“背景 2.jpg”图片。

③ 单击“幻灯片模板/插入版式”插入一个新的版式，再插入 2 个“图片”和 1 个“内容”的占位符。选中标题文本框，单击右键，在弹出的快捷菜单中选择“占位符方向”中的“垂直”，然后将该文本框放置在当前模板的左侧，单击“幻灯片模板/重命名”，修改母版版式名称为“图片

与内容”，如图 5-124 所示。

图 5-124 “图片与内容”母版

④ 在“标题幻灯片”中插入“素材”文件夹中的“标题.png”图片，调整大小和位置，在标题文本框中输入文字“优秀员工事迹展”，文字格式为“54 号”“华文行楷”“白色”，如图 5-125 所示。

图 5-125 标题幻灯片

⑤ 插入“空白”版式幻灯片后，插入一个文本框，输入文字“优秀员工”。打开“素材”文件夹，在“员工”文件夹中找到“1.jpg”“2.jpg”“3.jpg”和“4.jpg”，将这 4 张图片插入幻灯片，调整大小后摆放好位置，如图 5-126 所示。

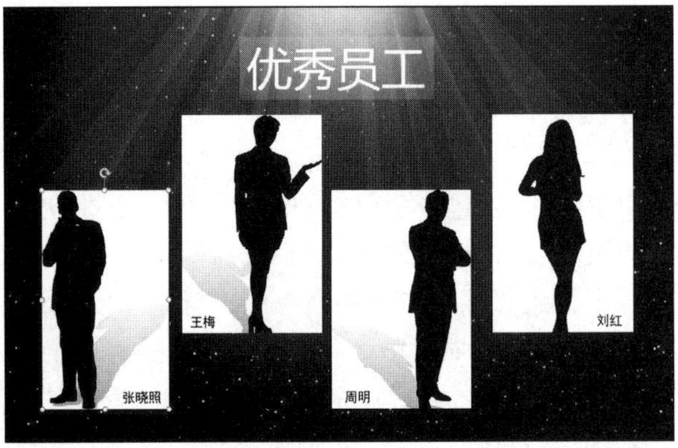


图 5-126 优秀员工幻灯片

⑥ 插入“图片与内容”版式的新幻灯片，在标题文本框中输入文字“优秀员工事迹”，在图片框中都插入“员工”文件夹中的“1.jpg”图片，将图片裁剪为合适大小后调整位置。在文本框中输入员工优秀事迹的介绍，如图 5-127 所示。

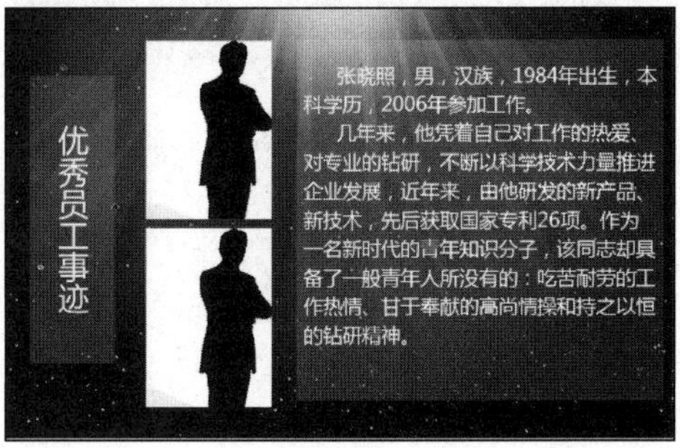


图 5-127 优秀员工事迹幻灯片

⑦ 制作其他 3 名优秀员工的事迹介绍，如图 5-128 所示。

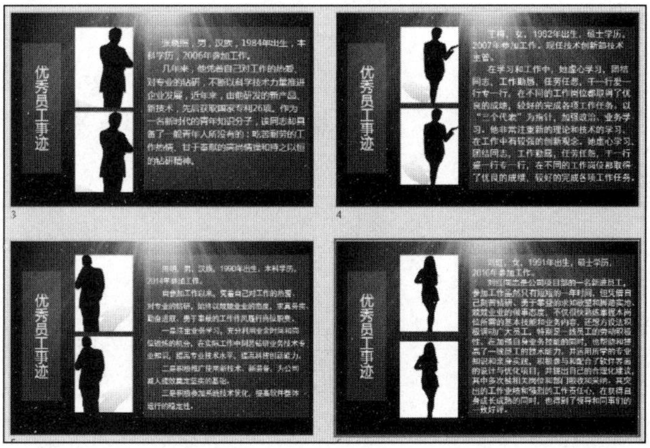


图 5-128 其他幻灯片的效果

⑧ 这个演示文稿是在宣传栏中播放的，为了吸引更多的人来观看，需要添加声音和视频来增强效果。

## 5.3.2 插入声音和视频

① 打开第 1 张幻灯片，在“插入”功能区的“媒体”组中单击“音频”按钮的小三角，选择“PC 上的音频”命令，选择“素材”文件夹中的“隐形的翅膀.mp3”音乐文件。

② 插入音乐文件后，在幻灯片上会出现一个扬声器的图标，单击扬声器下的“播放”小三角，可以听到插入的音频播放效果；单击“音量”按钮，可以升高或者降低音量，直到静音。

③ 单击扬声器，会出现“音频工具/播放”扩展功能区，在“音频选项”组中，将“开始”由“单击时”修改为“自动”，勾选“跨幻灯片播放”和“循环播放，直到停止”，如图 5-129 所示。

④ 如果感觉插入的音频文件太长，可在 PowerPoint 2019 中直接对音频文件进行剪裁，对于不需要的前奏或者后半段音频不进行播放。

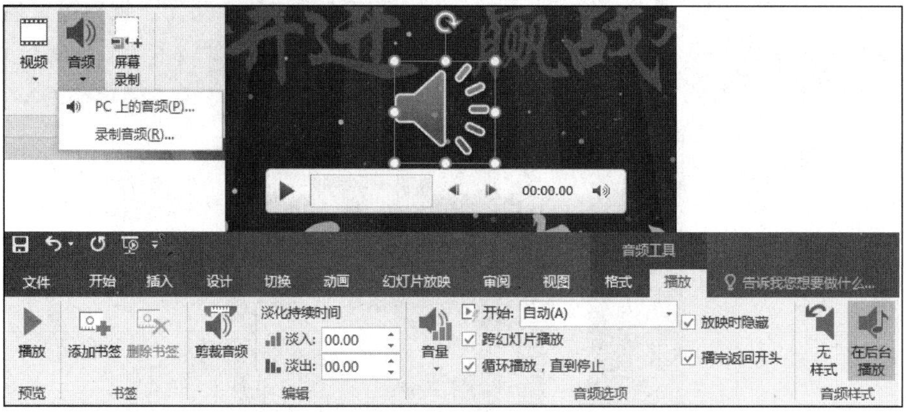


图 5-129　设置播放属性

⑤ 单击“剪裁音频”按钮，打开“剪裁音频”对话框，单击“播放”小三角，也可以听到插入的音乐的效果，修改“开始时间”为“00:26”，不播放音频文件前 26 秒的前奏，如图 5-130 所示。

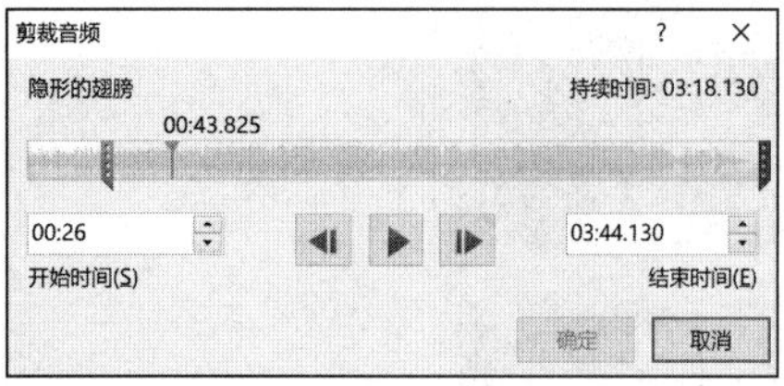


图 5-130　剪裁音频

⑥ 切换到“幻灯片放映”模式，可以听到剪裁后的音乐和幻灯片结合之后的效果，满意后再切换回“普通”模式。

⑦ 因为希望员工为这 4 位优秀员工候选人投票，所以在幻灯片的最后需要插入一个拉票的小视频。在演示文稿的最后插入一张“空白”版式的幻灯片，然后在“插入”功能区的“视频”中选择“此视频”，将“素材”文件夹中的“投票.avi”插入幻灯片中。

⑧ 如图 5-131 所示，在“视频工具/视频格式”扩展功能区中，修改“视频样式”为“柔化边缘矩形”；在“视频工具/播放”扩展功能区中，修改“开始”条件为“自动”，勾选“循环播放，直到停止”和“播完返回开头”。

图 5-131　修改视频样式

⑨ 单击视频下方的“播放”小三角，观看视频效果，如图 5-132 所示。

⑩ 为了让整个演示文稿更有感染力，需要让每张幻灯片出现时都有一些震撼的效果。

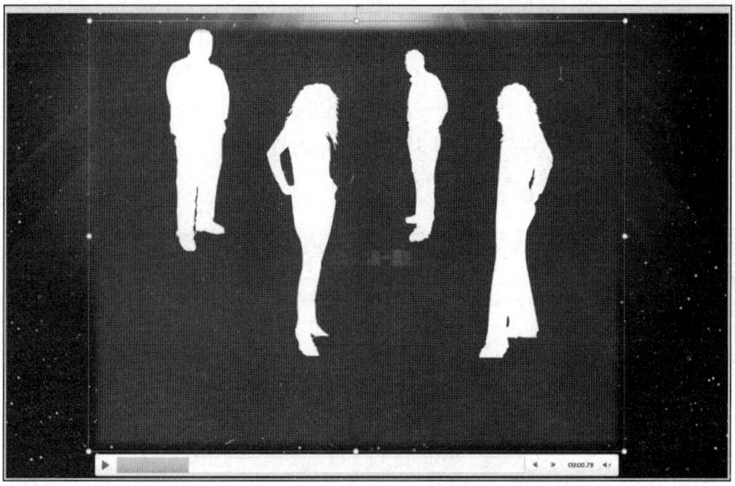

图 5-132 观看视频效果

## 5.3.3 设置幻灯片的切换和自定义放映模式

① 打开第 1 张幻灯片，在“切换”功能区的“切换到此幻灯片”组中单击“其他”按钮，在“华丽”类型中选择“闪耀”，如图 5-133 所示。单击“预览”按钮，可以观看选定的幻灯片切换效果。

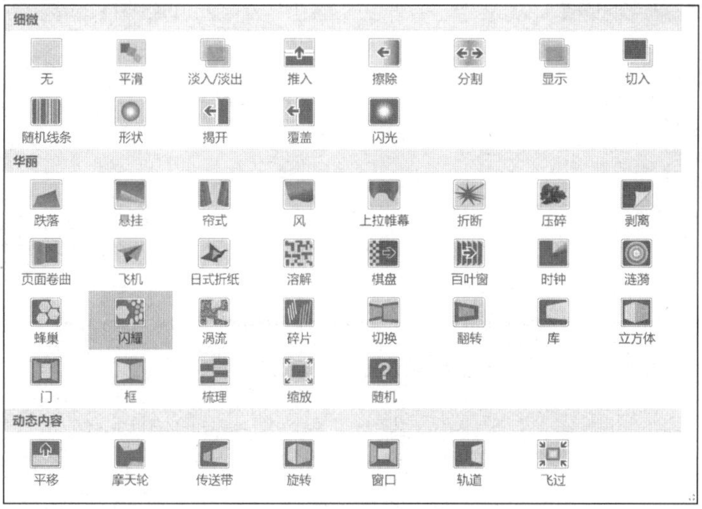


图 5-133 修改幻灯片的切换效果

② 为第 2 张幻灯片添加切换效果“闪光”，持续时间为“0.5”秒。

③ 为第 3 张幻灯片添加切换效果“飞机”。

④ 为第 4 张幻灯片添加切换效果“风”。

⑤ 为第 5 张幻灯片添加切换效果“日式折纸”。

⑥ 为第 6 张幻灯片添加切换效果“压碎”。

⑦ 为最后一张幻灯片添加切换效果“飞过”。

⑧ 因为幻灯片的放映不是由人来控制，而是在宣传栏中自行播放，所以要利用幻灯片的“排练计时”设定好每张幻灯片的放映时长，以更好地宣传所有优秀员工候选人。

⑨ 如图 5-134 所示，在“幻灯片放映”功能区中，“从头开始”是从第 1 张幻灯片开始播放整个演示文稿；“从当前幻灯片开始”是从选定的幻灯片开始播放演示文稿；“自定义幻灯片放映”则是选择要播放的多张或 1 张幻灯片。

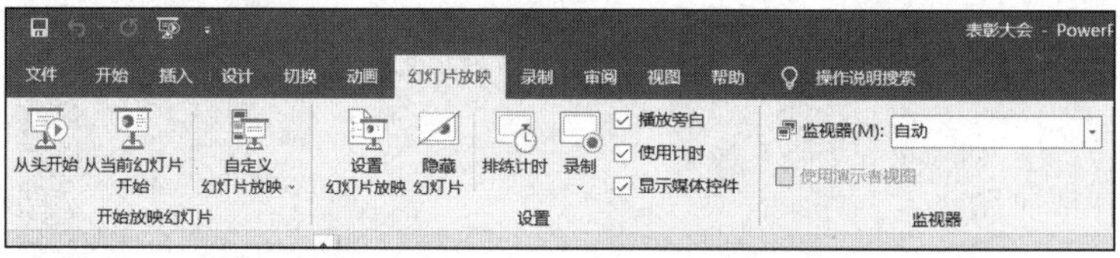


图 5-134 “幻灯片放映”功能区

⑩ 单击“自定义幻灯片放映”按钮，打开“自定义放映”对话框，可以在这个对话框内“新建”放映规则，在“定义自定义放映”窗口中择选需要播放的幻灯片，输入这项放映规则的名称，下次播放时就可以选择该规则名称，按照预先的设定进行播放，如图 5-135 所示。

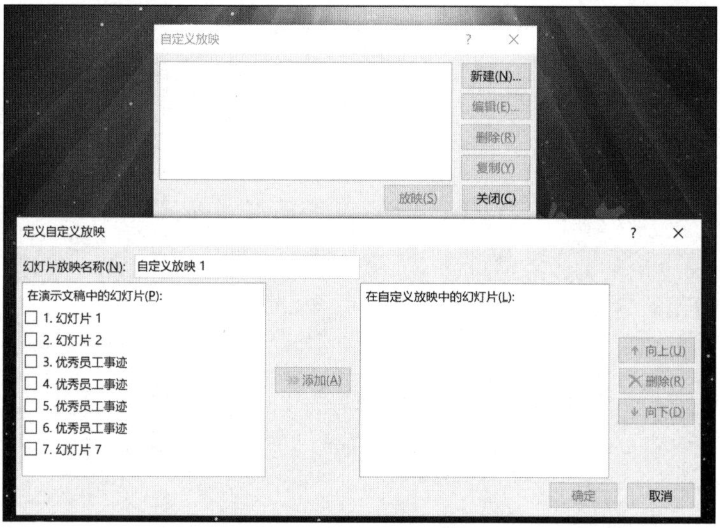


图 5-135 自定义放映幻灯片

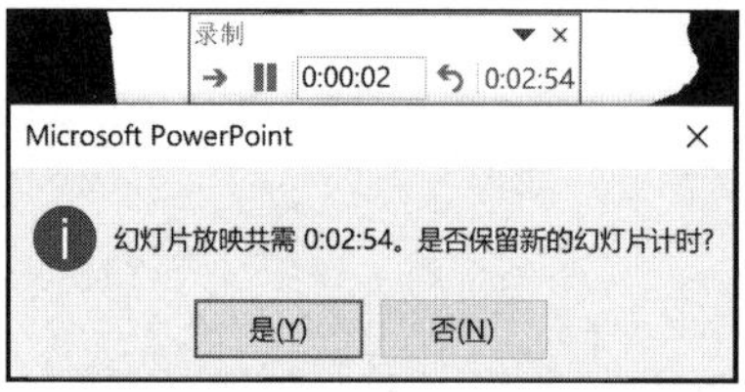


图 5-136 排练计时提示对话框

⑪ 在“设置”组中，单击“排练计时”按钮，进入“幻灯片放映”状态，同时在屏幕左上角会出现时间录制窗口，在播放过程中保持每张幻灯片的动画和播放停留时间及每张幻灯片的切换动画和时间。播放结束后，在屏幕中间会出现是否保留幻灯片计时的提示对话框，如图 5-136 所示。如果对播放计时满意，就单击“是”按钮；如果需要调整，就单击“否”按钮，再开启一次“排练计时”，重新录制幻灯片的播放时长，直至满意为止。

**提示：**PowerPoint 主要是协助演示，而演示时间往往很难把握，利用“排练计时”功能可以在正式演示前先预演，即进行模拟演示，一边播放幻灯片，一边根据实际需要进行讲解，将讲解每张幻灯片所用的时间都记录下来，后期再调整，以进行灵活的时间分配。

⑫ 默认情况下，幻灯片的放映是由主讲人来控制的，但是由于这个演示文稿播放环境的特殊性，需要设置幻灯片的放映环境。在“设置”组中单击“设置幻灯片放映”按钮，打开“设置放映方式”对话框，在“放映类型”组中选择“在展台浏览（全屏幕）”，如图 5-137 所示。

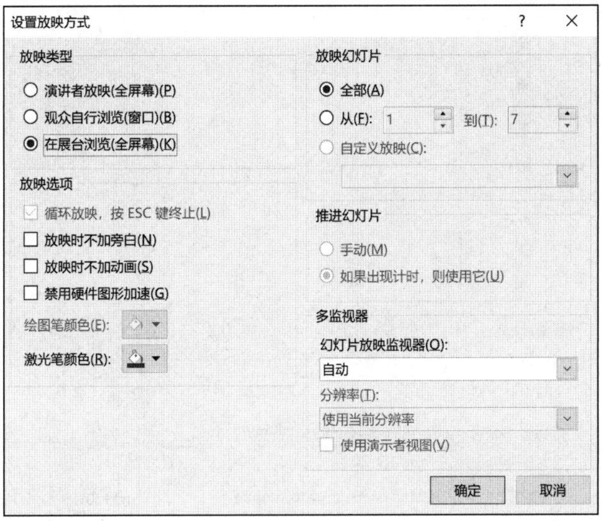


图 5-137 设置幻灯片放映方式

⑬ 为了防止幻灯片复制到新的播放环境中无法播放，需要将演示文稿打包成 CD。

## 5.3.4 打包演示文稿

① 在“文件”功能区的“导出”菜单中选择“将演示文稿打包成 CD”命令，如图 5-138 所示，单击“打包成 CD”按钮。

图 5-138 演示文稿打包

② 在打开的“打包成 CD”对话框中，添加幻灯片里需要插入的所有文件，包括图片、视频和音频等，根据需要单击“复制到文件夹”按钮或者“复制到 CD”按钮，如图 5-139 所示。

③ 打包成功后，可以看到所有相关文件都存放在文件夹（或 CD）中，如图 5-140 所示。

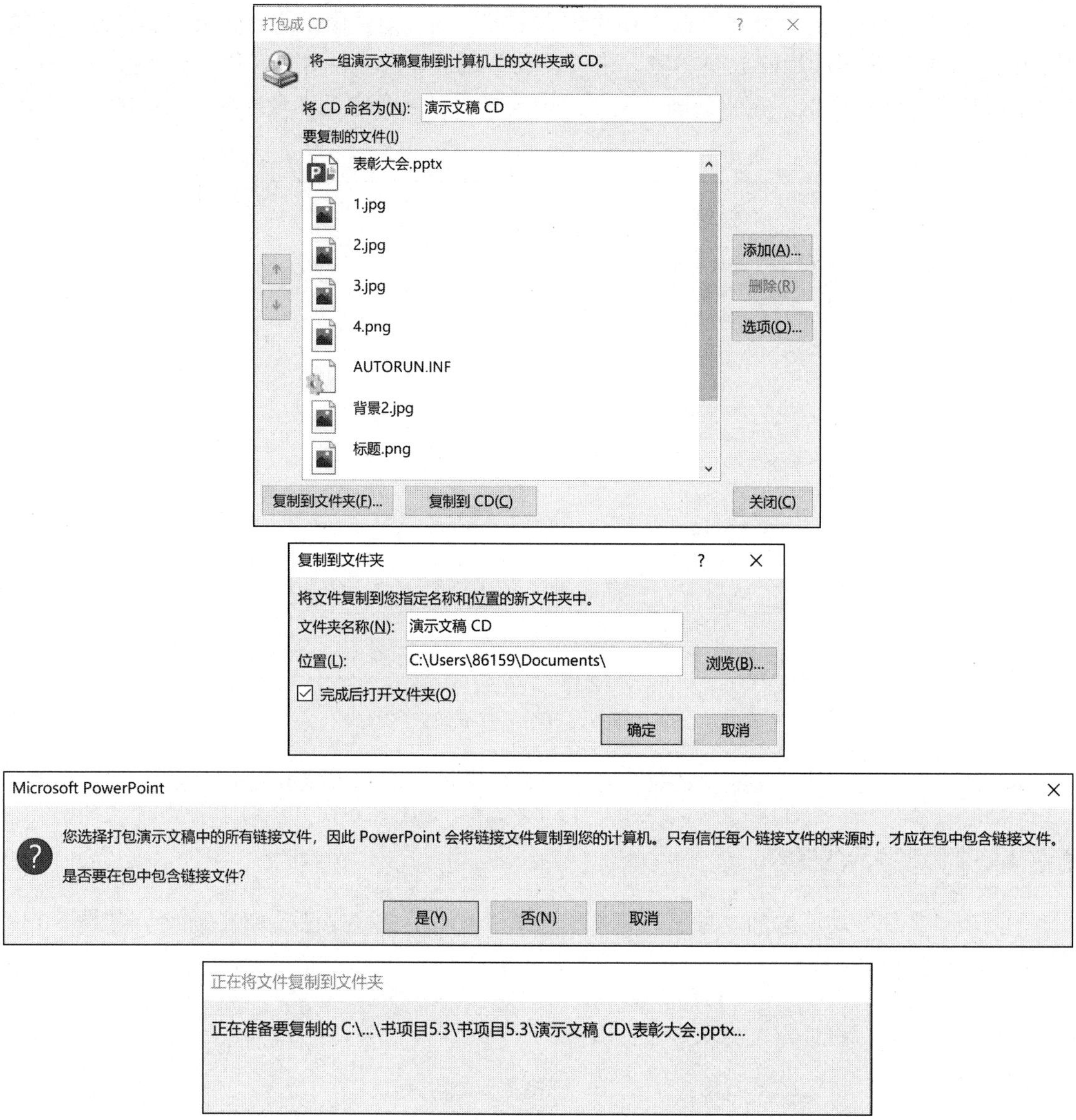


图 5-139　打包演示文稿

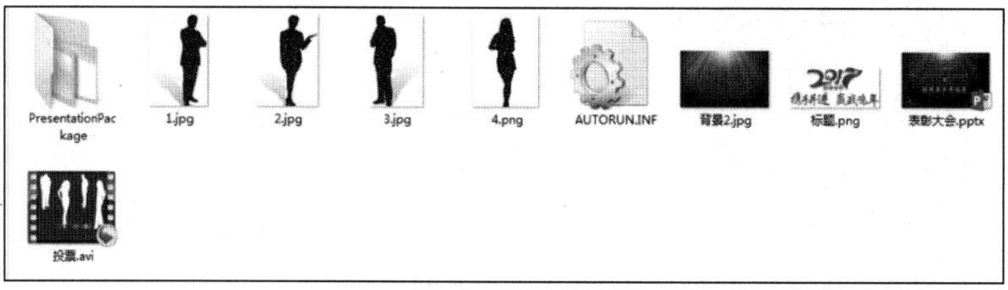


图 5-140　打包成功后的文件夹

**提示：**打包后，演示文稿链接的所有文件都放在一个文件夹里，播放时不会再受到文件路径变化的影响。

# 项目 6

# 计算机网络和 Internet 应用

## 能力目标

习近平总书记指出：要树立正确的网络安全观，加强信息基础设施网络安全防护，加强网络安全信息统筹机制、手段、平台建设，加强网络安全事件应急指挥能力建设，积极发展网络安全产业，做到关口前移，防患于未然。要落实关键信息基础设施防护责任，行业、企业作为关键信息基础设施运营者承担主体防护责任，主管部门履行好监管责任。要依法严厉打击网络黑客、电信网络诈骗、侵犯公民个人隐私等违法犯罪行为，切断网络犯罪利益链条，持续形成高压态势，维护人民群众合法权益。要深入开展网络安全知识技能宣传普及，提高广大人民群众网络安全意识和防护技能。

计算机网络是将地理位置不同的计算机通过通信线路和网络设备连接起来，实现资源共享和相互通信。现在最常用的网络是互联网（Internet），它是一个全球性的网络，资源信息丰富，能实现各种功能，包括信息查看和搜索，还能进行资料的上传下载、电子邮件发送等。

## 素养目标

1. 理解“培养造就大批德才兼备的高素质人才，是国家和民族长远发展大计”。
2. 增强信息伦理、网络信息安全意识，遵纪守法，做到职业行为自律。
3. 树立网络安全意识，培养爱国情怀。

## 教学目标

1. 了解计算机网络，包括对计算机网络的认识、网络的发展、数据通信的概念、网络的类别、网络拓扑结构等。
2. 了解互联网相关知识。
3. 熟练使用互联网相关应用。
4. 掌握计算机网络安全基础知识和简单的安全防护技能。

# 6.1 计算机网络基础知识

## 项目要求

萧小薇同学大学毕业后在一家网络科技公司上班，做行政工作。在日常的工作和生活中，经常需要接触一些计算机网络方面的知识和技术，为了让自己能更好地工作，萧小薇决定先系统了解一下计算机网络的基础知识。

本项目要求了解计算机网络的发展，掌握计算机网络的概念、作用和分类。

## 相关知识

在计算机网络发展的不同阶段，由于对计算机网络的理解角度不同，人们对计算机网络提出了不同的定义。从资源共享的观点出发，计算机网络定义为能够相互共享资源的计算机系统的集合；从数据通信的观点出发，计算机网络定义为以实现数据通信和数据交换为目的的计算机系统的集合。构成计算机网络有以下几个要点。

① 计算机相互独立：计算机在功能上相互独立，没有主从关系，地理位置上没有要求，既可以很近也可以相距千里。

② 通信线路相互可以连接：通信线路包括传输的介质（有线介质或者无线介质）和通信设备等。

③ 采用统一的网络协议：网络协议是计算机相互通信必须遵循的通信规则，包括语法、语义、时序 3 个要素。语法规定了用于交换的数据和控制信息的格式、编码及信号电平等；语义用来说明通信双方应当怎么做，涉及用于协调与差错处理等功能的控制信息；时序（定时）定义了何时进行通信、先讲什么、后讲什么、讲话的速度等，比如是采用同步传输还是异步传输。

④ 资源共享：资源是指网络中计算机上的硬件、软件或者数据信息等资源。

⑤ 数据交换和数据通信：计算机之间通过通信线路相互传递数据和信息。

## 项目实施

### 6.1.1 计算机网络的发展

计算机网络主要是计算机技术和信息技术相结合的产物，是随社会对信息的共享和信息传递的要求发展起来的，追溯其演变和发展历史，大致经历了面向终端的计算机网络、主机互连网络、开放式标准化网络、网络互连与高速网络 4 个阶段。

**1. 面向终端的计算机网络**

在 20 世纪 50 年代以前，因为计算机主机相当昂贵，而通信线路和通信设备相对便宜，为了共享计算机主机资源和进行信息的综合处理，形成了第一代以单主机为中心的联机终端网络，即以一台中央主计算机连接大量在地理上处于分散位置的终端。所谓终端，通常指一台计算机的外部设备，包括显示器和键盘，无中央处理器和内存。

**2. 主机互连网络**

到 20 世纪 60 年代中期，计算机网络不再局限于单计算机网络，许多单计算机网络相互连接形成了由多个单主机系统相连接的计算机网络，这样连接起来的计算机网络体系有以下两个特点。

① 多个终端联机系统互连，形成了多主机互连网络。

② 网络结构体系由主机到终端变为主机到主机。

后来，这样的计算机网络体系慢慢向两种形式演变。第一种是把主机的通信任务从主机中分离出来，由专门的 CCP（通信控制处理机）来完成。CCP 组成了一个单独的网络体系，我们称它为通信子网，而在通信子网的基础上连接起来的计算机主机和终端则形成了资源子网，导致两层结构体系出现。第二种是通信子网规模逐渐扩大，成为社会公用的计算机网络，原来的 CCP 成为公共数据通用网。

**3. 开放式标准化网络**

随着计算机网络技术的飞速发展和计算机网络的逐渐普及，各种计算机网络的连接就显得相当复杂，因此需要对计算机网络形成一个统一的标准，使之更好地连接，网络体系结构标准化就显得相当重要，在这样的背景下形成了体系结构标准化的计算机网络。

国际标准化组织（ISO）于 1984 年正式颁布了一个称为“开放系统互连基本参考模型”的国际标准 OSI7498。该模型分为 7 个层次，有时也被称为 ISO/OSI 7 层参考模型。从此，网络产品有了统一的标准，确保了各厂商生产的设备与计算机间的互连，同时促进了企业的竞争，尤其为计算机网络向国际标准化方向发展提供了重要依据。

**4. 网络互连与高速网络**

进入 20 世纪 90 年代，随着计算机网络技术的迅猛发展，特别是 1993 年美国宣布建立国家信息基础设施（National Information Infrastructure，NII）后，全世界许多国家都纷纷制定和建立本国的 NII，从而极大地推动了计算机网络技术的发展，使计算机网络的发展进入一个崭新的阶段，这就是计算机网络互连与高速网络阶段。目前，全球以 Internet 为核心的高速计算机互连网络已经形成，Internet 已经成为人类最重要、最大的知识宝库。网络互连和高速计算机网络被称为第四代计算机网络。

## 6.1.2 计算机网络的概念

计算机网络是计算机和通信结合的产物。其中，计算机指的是能独立工作的主机，通信是指两台及以上计算机之间相互交换信息。因此，计算机网络是一种结构化的多机系统。在逻辑功能上，可以把它分成两部分：通信子网和用户资源子网。前者负责通信，通常由一些专用节点交换机和连接这些节点的通信线路组成；后者负责信息处理，主要包括主机及其他信息资源设备。通过一系列计算机网络协议把两者紧密地结合起来，共同完成计算机网络工作。

所以，计算机网络可定义为：利用通信设备和通信线路将分布在不同地理位置的具有独立和自主功能的计算机、终端及其附属设备连接起来，并配置网络软件（网络通信协议、网络操作系统等），以实现信息交换和资源共享的一个复合系统。

计算机网络的作用主要包括数据通信、资源共享、提高性能、分布处理等方面。

## 6.1.3 计算机网络的分类

计算机网络的分类方法有多种，从不同的角度去划分，有利于更加全面地了解网络系统的各种特性。这里介绍以下几种常用的划分方法。

**1. 按网络覆盖的地理范围分类**

按网络覆盖的地理范围分类，计算机网络可以分为局域网、城域网和广域网。

（1）局域网

局域网也称局域网络（Local Area Networks，LAN），是指将某一相对狭小区域内的计算机按照某种网络结构相互连接起来形成的计算机集群。在该集群中的计算机之间，可以实现彼此之间的数据通信、文件传递和资源共享。

在局域网中，相互连接的计算机相对集中于某一区域，而且这些计算机往往都属于同一个部门或同一个单位管辖。例如，企业网和校园网都属于局域网。

（2）城域网

城域网也称城域网络（Metropolitan Area Network，MAN），是指利用光纤作为主干，将位于同一城市内的所有主要局域网络高速连接在一起而形成的网络。实际上，城域网是一个局域网的扩展。也就是说，城域网的范围不再局限于一个部门或一个单位，而是整个的一座城市，能实现同城各单位和部门之间的高速连接，以达到信息传递和资源共享的目的。

（3）广域网

广域网也称广域网络（Wide Area Network，WAN），是指将处于一个相对广泛区域内的计算机及其他设备通过公共电信设施相互连接，从而实现信息交换和资源共享。

广域网的覆盖范围比城域网更大，是城域网在更大空间中的延伸，是利用公共通信设施（如电信局的专用通信线路或通信卫星）将相距数百、甚至数千千米范围内的局域网或计算机连接起来构建而成的网络。其范围已不再局限于某一特定的区域，而是可以在地理上分布得很广。它不仅可以跨越城市、跨越省份，甚至可以跨越国度。因此，有人将广域网称为“网间网”。广域网也正是连接了众多的局域网，从而使得相距遥远的人们可以方便地共享对方的信息和资源。例如，电话网、公用数据网都属于广域网。

**2. 按网络的拓扑结构分类**

网络拓扑是指局域网络中各节点间相互连接的方式，也就是网络中计算机之间是如何相互连接的。按网络的拓扑结构，网络可以分为总线型网络、星形网络、环形网络、树形网络、网形网络、混合型网络。

（1）总线型拓扑

在总线型拓扑中，网络上的所有计算机都是直接连接到同一条电缆上的，就好像是在同一条公路上行驶的汽车，所以英文称其为“Bus”。所有节点都通过这条公用链路来发送和接收数据，节点在使用链路前必须取得对链路总线的控制权。

（2）星形拓扑

在星形拓扑结构的网络中，所有计算机都通过各自独立的电缆直接连接至中央集线设备。例如，交换机位于网络的中心位置，网络中的计算机都从这一中心点辐射出来，如同星星放射出的光芒。如今大部分网络都采用星形拓扑结构，或者是由星形拓扑延伸出来的树形拓扑。

由于星形拓扑具有较高的稳定性，网络扩展简单，并且可以实现较高的数据传输速率，因此深受网络工程师的青睐，被广泛应用于各种规模和类型的局域网络。

（3）环形拓扑

环形网络是将网络中的各节点通过通信介质连成一个封闭的环形，并且以所有节点的网络接口卡作为中继器。环形网络中没有起点和终点，一般通过令牌来传递数据，各种信息在环路上以一定的方向流动，每个节点转发网络上的任意信号，但不考虑目的地。目的站识别信号地址并将它保存到本地缓存器中，直到重新回到源站，才停止传输过程。环形拓扑更适用于广域网。

（4）树形拓扑

树形拓扑可以看作星形拓扑的扩展。树形拓扑结构中，节点具有层次性，数据传输主要在上、下层节点之间进行，同层的节点之间转发数据需要依靠上层节点帮助完成。这种结构灵活性好、扩展方便，但是管理复杂。

（5）网形拓扑

在网形拓扑中，两节点之间的连接可以是任意的，甚至任意两个节点之间都可以有专门的线路来连接，这样两个节点之间就存在多条路径，数据转发具备高可靠性，数据传输快。但是这种网络费用昂贵、控制复杂，主要应用于广域网。

（6）混合型拓扑

混合型拓扑是将两种单一拓扑结构混合起来，取两者的优点构成的拓扑。

一种是星形拓扑和环形拓扑混合成的“星-环”拓扑，另一种是星形拓扑和总线型拓扑混合成的“星-总”拓扑。

这两种混合型结构有相似之处，如果将总线拓扑的两个端点连在一起就变成了环形拓扑。

在混合型拓扑结构中，汇聚层设备组成环形或总线型拓扑，汇聚层设备和接入层设备组成星形拓扑。

各种网络的拓扑结构如图 6-1 所示。

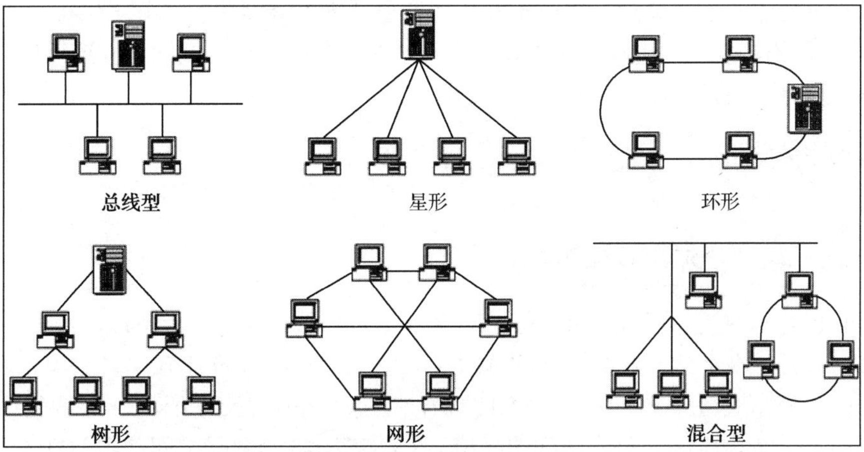


图 6-1 网络的拓扑结构

### 3. 按传输介质是否有线分类

按传输介质是否有线分类，网络可以分为有线网络和无线网络。

（1）有线网络

有线网络就是采用线缆（如同轴电缆、双绞线、光纤等）作为传输介质，实现计算机之间数据通信的网络。现在，绝大多数网络都是有线网络。

（2）无线网络

无线网络（Wireless Local Area Network，WLAN），顾名思义，就是采用无线通信技术代替传统电缆，提供传统有线网络功能的网络。无线网络作为一种方便且简单的接入方式，随着其价格的不断下降，越来越受到人们的青睐。当接入无线网络的计算机彼此之间相距较近时，可以像对讲机一样，仅靠一块内置的无线网卡就可实现彼此之间的通信和连接。当计算机彼此之间的距离较远时，就像手机之间的通信必须借助基站一样，也需要通过访问点（Access Point，AP）才能进行连接。借助 AP，无线网络还可实现与有线局域网络的连接。

## 6.2 Internet 基础知识

### 项目要求

萧小薇在学习了一些基本的网络知识后，发现自己每天上的网好像和学习到的计算机网络不一样，于是她向同事请教。同事告诉她每天上的网叫作互联网（Internet），是计算机网络的一种，也是世界上最大的网络，它主要通过 TCP/IP 协议连接世界各地的网络，实现全球资源共享并提供各种网络服务，在这个网络上可以实现各种功能。她决定再好好学习一下 Internet 的基础知识。

本项目要求了解 Internet 的发展和基本概念，认识 IP 地址和域名系统，了解接入 Internet 的方法。

### 相关知识

互联网是一组全球信息资源的总汇。有一种粗略的说法，认为 Internet 是由许多小的网络（子网）互连而成的一个逻辑网，每个子网中连接着若干台计算机（主机）。Internet 以相互交流信息资源为目的，基于一些共同的协议，并通过许多路由器和公共网络互连而成，它是一个信息资源和资源共享的集合。

### 项目实施

### 6.2.1 Internet 的发展和基本概念

Internet 最早来源于美国国防部高级研究计划局（Defense Advanced Research Projects Agency，DARPA）的前身 ARPA 建立的 ARPANET，该网于 1969 年在军事领域投入使用。

1983 年，根据实际需要，ARPANET 被分离成两个不同的系统，一个是供军方专用的 MILNET，而另一个是服务于研究活动的民用 ARNNET。这两个子网间使用严格的网关，可彼此交换信息，这便是 Internet 的前身。

1985 年，美国国家科学基金会（NSF）筹建了连接 6 个超级计算中心及国家教育科研网的专用网络 NSFNET，并面向全社会开放，实现资源共享。

1990 年，随着商业机构开始进入 Internet，网上通信量迅速增长，NSFNET 已不能满足迅速增长的用户需求。因此，由 Merit、IBM 和 MCI 3 家公司联合组建的高级网络服务公司 ANS（Advanced Network and Service）于 1992 年组建了 ANSNET，其容量是 NSFNET 的 30 倍，成为现在 Internet 的骨干网。

全世界其他国家和地区，也都在 20 世纪 80 年代后期先后建立了各自的 Internet 骨干网，并与美国的 Internet 相连，形成了今天连接上百万个网络、拥有上亿个网络用户的国际互联网。Internet 将全球范围内的网站连接在一起，形成一个资源十分丰富的信息库，在人们的工作和生活中扮演着十分重要的角色。

我国在 20 世纪 80 年代末也开始了与 Internet 的连接。1987 年，中国学术网（Chinese Academic Network，CANET）建成了中国第一个国际互联网电子邮件节点，向世界发出了中国的第一封 E-mail，标志着中国开始走进 Internet。1994 年，我国建立了中国国家顶级域名（CN）服务器。1994 年以后，我国开始建设中国教育和科研网（CERNET）、金桥信息网（GBNET）、中科院网络（CSTNET）和中国公用计算机网（CHINANET），这四大网络在文化、经济和科学领域扮演着不同的重要角色。

## 6.2.2　认识 IP 地址

为了实现 Internet 上不同计算机之间的通信，除使用相同的通信协议 TCP/IP 之外，每台计算机都必须由授权单位分配一个区分于其他计算机的唯一地址，即 IP 地址。因此，IP 地址即互联网地址或 Internet 地址，是用来唯一标识网络上计算机的逻辑地址。每台连入 Internet 的计算机都依靠 IP 地址来标识自己。如图 6-2 所示是查看计算机上的以太网 IP 地址信息。

图 6-2　以太网 IP 地址信息

### 1. IP 地址的表示

IP 地址由 32 位（bit）二进制数组成，即 IP 地址占 4 字节。通常用“点分十进制”表示法，其要点是：每 8 位二进制数为 1 组，每组用 1 个十进制数表示（0～255），每组之间用小数点“.”隔开。例如，二进制数表示的 IP 地址为“11001010 01110000 00000000 00010010”，用“点分十进制”表示即为“202.112.0.18”。

### 2. IP 地址的特性

IP 地址有以下特性：IP 地址必须唯一；每台连入 Internet 的计算机都依靠 IP 地址来互相区分、相互联系；网络设备根据 IP 地址帮助用户找到目的端；IP 地址由统一的组织负责分配，任何个人都不能随便使用。

### 3. IP 地址的分类

IP 地址是层次性的地址，分为网络地址和主机地址两部分。处于同一网络内的各主机，其 IP 地址中的网络地址部分是相同的，主机地址部分则标识了该网络中的某个具体节点，如工作站、服务器、路由器等。

IP 地址分为 5 类：A 类、B 类、C 类、D 类和 E 类。其中 A 类、B 类、C 类地址是主机地址，D 类地址为组播地址，E 类地址保留给将来使用，如图 6-3 所示。

A 类

| | | |
|---|---|---|
| 0 | 网络地址（7 位） | 主机地址（24 位） |

B 类

| | | |
|---|---|---|
| 10 | 网络地址（14 位） | 主机地址（16 位） |

C 类

| | | |
|---|---|---|
| 110 | 网络地址（21 位） | 主机地址（8 位） |

D 类

| | |
|---|---|
| 1110 | 组播地址（28 位） |

E 类

| | |
|---|---|
| 11110 | 预留地址（27 位） |

图 6-3　IP 地址分类

A 类地址的第 1 个数字是 0～127，网络地址空间占 7 位，主机地址空间占 24 位。A 类地址可提供的最大主机数为 $2^{24}-2=16777214$。A 类地址适用于拥有大量主机的大型网络。

B 类地址的第 1 个数字是 128～191，网络地址空间占 14 位，主机地址空间占 16 位。B 类地址的每个网络的最大主机数是 $2^{16}-2=65534$，一般用于中等规模的网络。

C 类地址的第 1 个数字是 192～223，网络地址空间占 21 位，主机地址空间占 8 位。C 类地址的每个网络的最大主机数是 $2^{8}-2=254$，通常用于规模较小的局域网。

**4．子网掩码**

IP 地址通常和子网掩码一起使用。子网掩码有两个作用，一是与 IP 地址进行“与”运算，得出网络号；二是用于划分子网。

子网掩码的设定必须遵循一定的规则。与 IP 地址相同，子网掩码的长度也是 32 位，左边是网络位，用二进制数字“1”表示；右边是主机位，用二进制数字“0”表示。IP 地址“192.168.1.1”所对应的子网掩码为“255.255.255.0”，即 IP 地址：11000000.10101000.00000001.00000001，子网掩码：11111111.11111111.11111111.00000000。

在子网掩码中有 24 个“1”，代表与此对应的 IP 地址左边 24 位是网络号；有 8 个“0”，代表与此对应的 IP 地址右边 8 位是主机号。这样，子网掩码就确定了一个 IP 地址的 32 位二进制数字中哪些是网络号、哪些是主机号。这对于采用 TCP/IP 的网络来说非常重要，只有通过子网掩码，才能表明一台主机所在的子网与其他子网的关系，使网络正常工作。

**提示：**由于网络的迅速发展，已有协议（IPv4）规定的 IP 地址已不能满足用户的需要，IPv6 采用 128 位地址长度，几乎可以不受限制地提供地址，将成为新一代的网络协议标准。

## 6.2.3　认识域名系统

上面所讲到的 IP 地址是一种数字型的主机标识，它的缺点是可读性差、不便于记忆，使用者很少用它去访问主机和其他资源，这就促使人们去考虑使用一种可记忆主机名字的系统或机制。这就是我们平常用浏览器上互联网的时候，在 IE 地址栏里输入的内容。它不是 IP 地址，而是一个个名字。比如腾讯公司的网站，我们输入的是“www.qq.com”这一名字，这就是域名。1985 年，Internet 引入了一种层次型结构命名机制——域名系统（DNS，Domain Name System），使域名地址与 IP 地址相对应，来解决这个问题。

DNS 域名空间采用层次结构，从一级域名开始，有顶级域名，下面再划分各级子域名，每层构成一个子域。域名标识由一串子名组成，子域名之间用“.”进行分隔。基层名字在前，高层名字在后。网络中的计算机主机名接在某一子域名后面，如图 6-4 所示。例如，域名 www.china.com，其中的“com”就是该域名的一级域名，“china.com”为其二级域名。

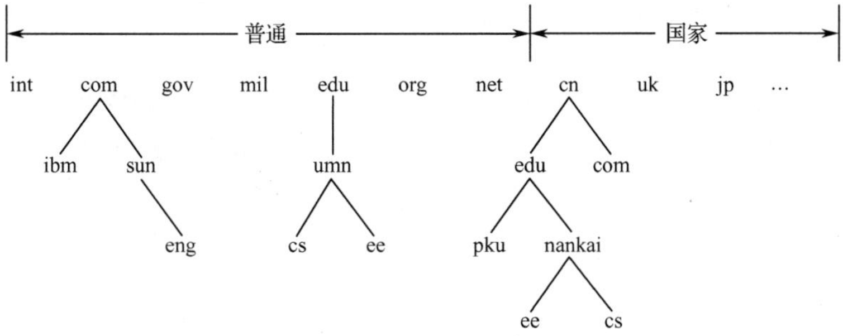


图 6-4　Internet 层次状的域名结构

域名在使用前都必须到相关的域名解析机构去进行注册登记。一级域名通常都是由国家机构来创建的，组织和个人申请域名时，往往只能选择某个现存的一级域名来申请自己的二级域名。对于选择哪个一级域名来创建自己的二级域名，最好能够遵守一些约定俗成的规定，如 cn 表示中国组织，edu 表示教育机构，gov 表示政府部门，mil 表示军事部门，com 表示公司和 org 表示非营利组织等。

这里还有一点要特别注意，虽然域名也是主机在 Internet 上的标识，但不能使用域名直接在网络中为主机寻址，必须先将域名转换为 IP 地址，再根据转换得到的 IP 地址来进行寻址。将域名转换为 IP 地址的过程，称为域名转换。对于用户来说，这个过程是完全透明的，由相关的域名服务器来完成这项任务，用户只需要在计算机上设置自己的 DNS 服务器的地址就可以了，如图 6-5 所示。

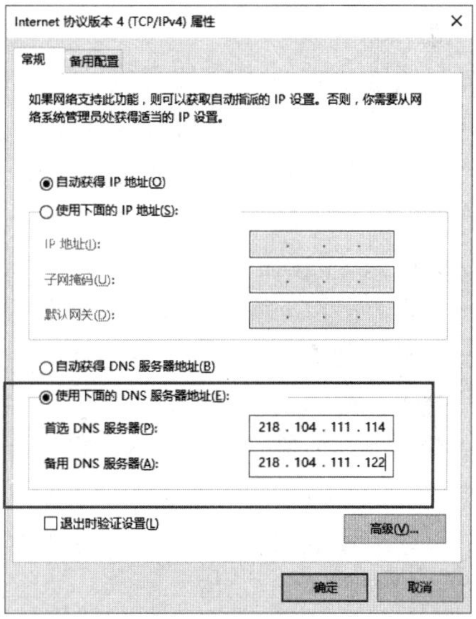


图 6-5　DNS 服务器配置

## 6.2.4　万维网

WWW 的全称为 World Wide Web，中文含义是万维网，又称环球信息网、全球浏览系统等。它是一个基于超文本方式的信息查询工具。WWW 将位于全世界 Internet 上不同网址的相关数据信息有机地组织在一起，通过浏览器提供一种友好的查询界面，用户仅需要提出查询要求，而不必关心到什么地方去查询及如何查询，因为这些均由 WWW 自动完成。WWW 为用户带来的是世界范围的超文本服务，只要操作鼠标，就可以通过 Internet 查看希望得到的文本、图像和声音等信息。

WWW 最基本的功能就是为用户提供友好的信息查询界面，以超文本的方式将各种多媒体信息组织在页面中，供用户浏览使用。首先，我们需要了解统一资源定位器。

统一资源定位器（Uniform Resource Location，URL）指向某个资源的具体地址。其基本格式如下：

协议://资源地址[:端口号/文件路径]

例如，http://www.edu.cn:80 表示访问资源所在服务器使用的通信协议为 HTTP，资源地址为 www.edu.cn，端口号为 80。实际上，由于 HTTP 的默认端口号为 80，因此上述地址和 http://www.edu.cn 是等效的。

WWW 服务器主要使用 HTTP，即超文本传输协议。由于 HTTP 支持的服务不限于 WWW，还可以是其他服务，因而 HTTP 允许用户在统一的界面下采用不同的协议访问不同的服务，如 FTP、Archie、SMTP 和 NNTP 等。HTTP 定义了客户端和服务器之间如何进行信息交换，是 WWW 的核心。简而言之，万维网的作用就是传播信息，它是人类历史上最深远、最广泛的传播媒介。

### 6.2.5 Internet 接入

Internet 接入是指主机以什么样的设备、采用什么通信网络或线路接入 Internet，普通用户只有通过 Internet 服务商（ISP）才能接入 Internet。

目前，国内向全社会正式提供商业 Internet 接入服务的主要有 CHINANET（由电信部门管理）和 CHINAGBN（由吉通公司管理）。普通用户可直接通过 CHINANET 接入 Internet，也可选择 CHINAGBN 接入 Internet。此外，CERNET（由教育部管理）和 CSTNET（由中科院管理）主要提供给国内的一些学校、科研院所和政府管理部门接入使用。

普通用户一般通过向电信部门管理的中国电信、中国移动、中国联通等公司提出申请接入 Internet。常见的接入方式有以下两种。

（1）ADSL

小型办公或者家庭网络一般采用 ADSL 方式接入。用户首先需要到 ISP 处申请一个账户和密码，购买拨号的设备，用现有的电话线路来完成接入上网，理论速率可以达到 1～8Mbps，具有速率稳定、带宽独享、语音数据不干扰等优点。

（2）光纤

光纤是目前宽带网络中多种传输媒介中最理想的一种，具有传输容量大、传输质量好、损耗小、中继距离长等优点。2015 年，李克强总理提出“推进三网融合，加快建设光纤网络”，目前大部分城市接入 Internet 的主要方式都改成了光纤接入。一般采用两种方式，一种是通过光纤接入小区节点或者楼道，再由网线连接到各个共享节点上；另一种是“光纤到户”，将光纤一直扩展到每台计算机终端上。

## 6.3 使用 Microsoft Edge 浏览器

#### 项目要求

萧小薇同学在使用 Windows 10 的时候发现，如果操作跳转到浏览器，将自动打开 Microsoft

Edge 浏览器，这个浏览器与她之前所接触的浏览器不太一样，所以她决定好好学习一下。

本项目要求学习使用 Microsoft Edge 浏览器浏览网站、搜索资料，会使用其设置主页、设置地址栏搜索方式、进行无干扰阅读、做 Web 笔记等。

### 相关知识

Windows 10 内置代号为“Project Spartan”的新浏览器被正式命名为“Microsoft Edge”。Microsoft Edge 浏览器为 Windows 10 系统所独有。

Microsoft Edge 区别于 IE 的主要功能为：支持现代浏览器功能，支持内置 Cortana 语音功能；内置阅读器、笔记和分享功能；设计注重实用和极简主义；易于构建应用程序及其扩展。它既贴合消费者又具备创造性。

### 项目实施

## 6.3.1 浏览网页

在“开始”菜单的“所用应用”中单击“Microsoft Edge”图标，或者在任务栏单击“Microsoft Edge”图标可打开 Microsoft Edge 浏览器，在地址栏中输入“www.tsinghua.edu.cn”，可浏览清华大学的网站内容，如图 6-6 所示。

图 6-6 使用 Microsoft Edge 打开清华大学主页

## 6.3.2 Microsoft Edge 的功能与设置

Microsoft Edge 浏览器采用了简单整洁的界面设计风格，使其更具现代感，Windows 10 默认使用这个浏览器。比如，我们单击 QQ 面板上的“QQ 空间”图标时，将自动打开 Microsoft Edge 浏览器。其主界面主要由标签栏、功能栏和浏览区 3 部分组成。

标签栏中显示了当前打开的网页标签，单击“新建标签页”按钮便可新建一个标签页，如图 6-7 所示。

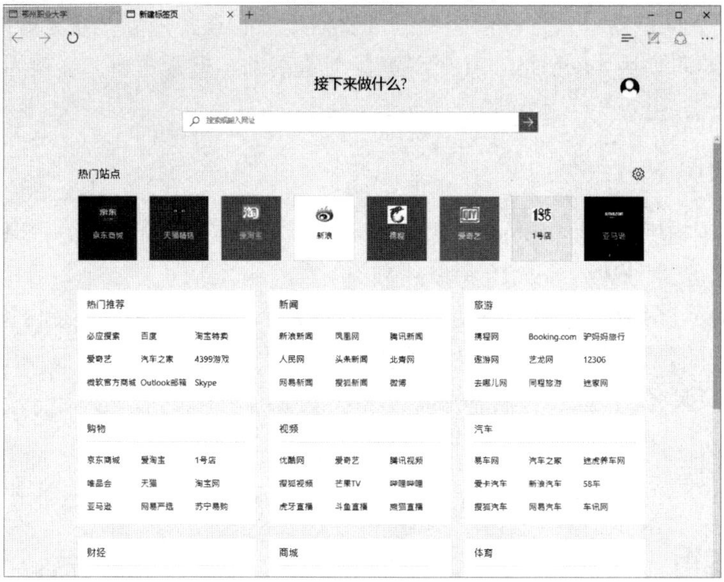


图 6-7　新建标签页

单击“自定义”超链接按钮⚙，可以编辑新标签页的打开方式，如图 6-8 所示。

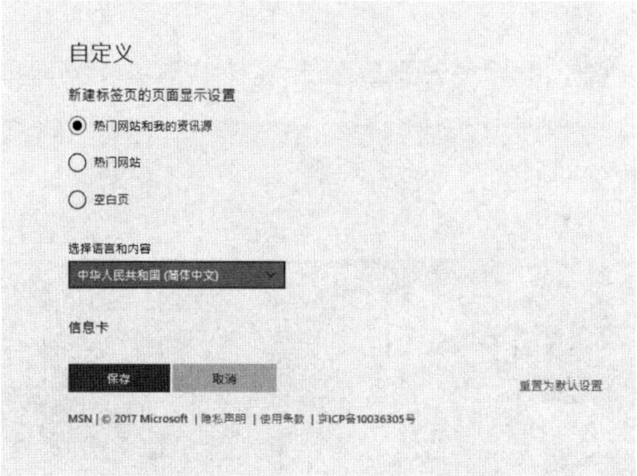


图 6-8　自定义新标签页

功能栏中包括“后退”“前进”“刷新”“地址栏”“阅读视图”“收藏”“中心”“做 Web 笔记”“共享 Web 笔记”等功能按钮，如图 6-9 所示。

图 6-9　功能栏各按钮

单击“更多”按钮，可以打开其他功能选项菜单，如图 6-10 所示。

图 6-10　其他功能选项菜单

选择“设置”命令，可以打开浏览器的设置菜单，对浏览器的主题、显示收藏夹栏、默认主页、清除浏览数据、阅读视图风格进行设置，以及进行高级设置等。

## 6.3.3　主页的设置

用户可以根据需求设置启动 Microsoft Edge 浏览器后默认显示的网页。选择“设置”命令，打开 Microsoft Edge 浏览器的设置菜单，在“打开方式”中选择“特定页”单选项，并在“自定义”文本框中输入要设置的主页网址，如“www.hao123.com”，然后单击“添加”按钮就可以将其设置为默认主页，如图 6-11 所示。

图 6-11　设置默认主页

主页按钮默认不出现在功能栏，如果要启用可选择“更多操作”→“设置”→“查看高级设置”菜单命令，开启“显示主页按钮”开关，在文本框中输入对应的主页网址，单击“保存”

按钮，如图 6-12 所示。这样，任何时候只需要单击功能栏的主页图标按钮，就可以显示主页信息了。

图 6-12　设置在功能栏显示主页按钮

## 6.3.4　设置地址栏搜索方式

在 Microsoft Edge 浏览器地址栏中可以输入访问的网址，也可以输入要搜索的关键词或内容进行搜索，默认的搜索引擎为必应，另外也提供百度搜索引擎方式，可以根据需要进行修改。

在“设置”菜单中，单击“查看高级设置”按钮，可进入“高级设置”菜单，在“地址栏搜索方式”区域下，单击“更改”按钮，如图 6-13 所示。在选择列表中选择“百度”，并单击“设为默认值”按钮即可，如图 6-14 所示。

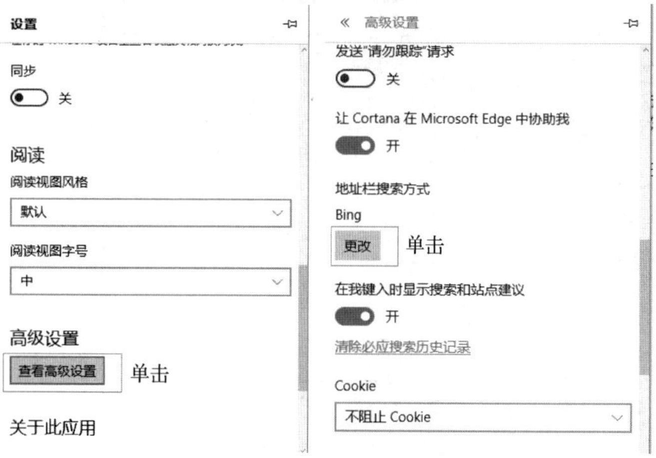


图 6-13　更改地址栏搜索方式

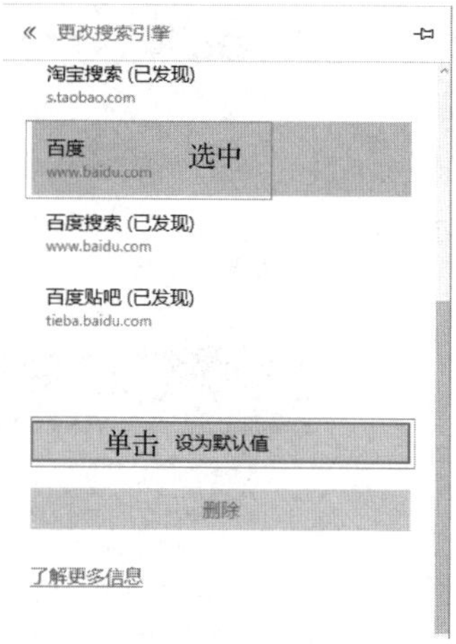


图 6-14　选择“百度”为默认搜索引擎

设置完成后，在地址栏中输入关键词，如“清华大学”，按“Enter”键，即可显示搜索的结果，如图 6-15 所示。

图 6-15 验证搜索引擎

## 6.3.5 无干扰阅读

阅读视图是一种特殊的查看方式，开启阅读视图模式后，浏览器可以自动识别和屏蔽与网页无关的内容干扰，如广告等，可以使阅读更加方便、专注。

开启阅读视图模式很简单，只要网页符合阅读视图模式，单击 Microsoft Edge 浏览器地址栏旁边的“阅读视图”按钮，其便可显示为可选状态，如图 6-16 所示，否则为不可选状态。单击“阅读视图”按钮，即可开启阅读视图模式。

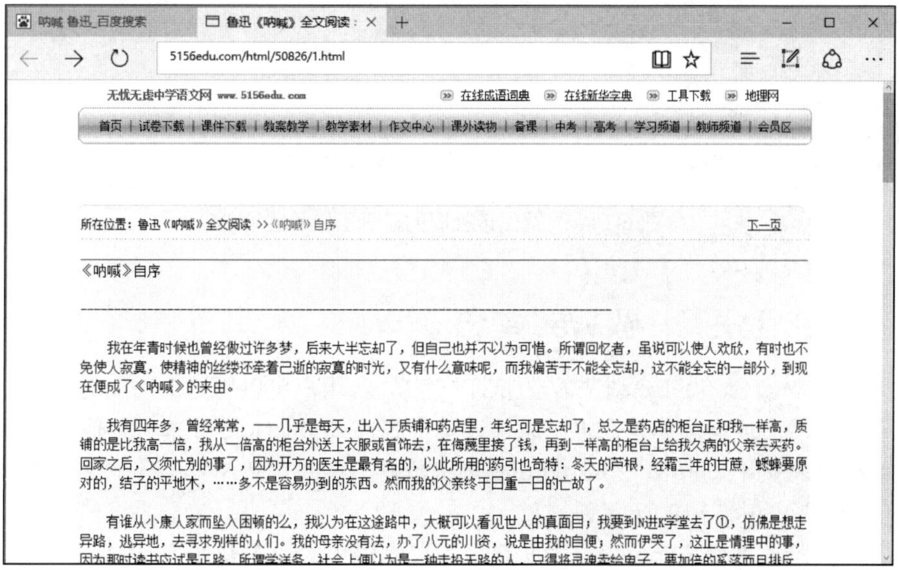


图 6-16 “阅读视图”按钮可选状态

启用阅读视图模式后，浏览器会给用户提供一个最佳的排版视图，将多页内容合并到同一页，此时“阅读视图”按钮变为蓝色可选状态，整个页面非常干净，就像读书一样，如图 6-17 所示。再次单击该按钮，则退出阅读视图模式。

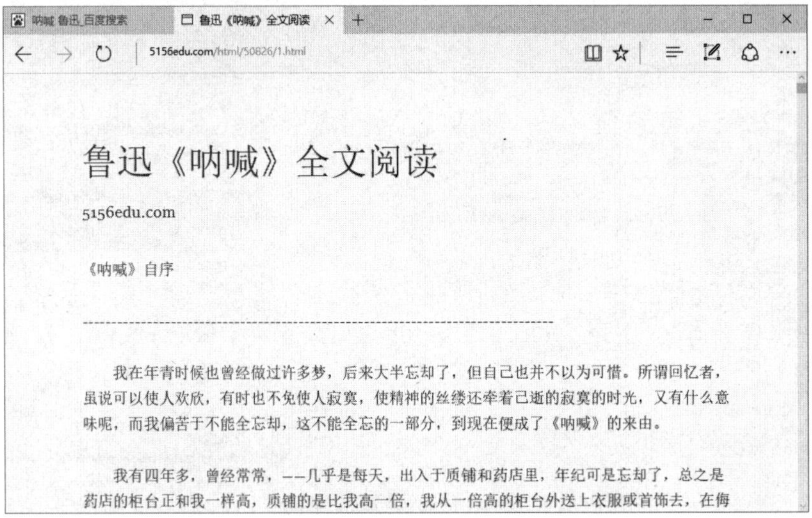


图 6-17　阅读视图模式

另外，用户还可以在“设置”菜单中设置阅读视图的显示风格和字号，如图 6-18 所示。

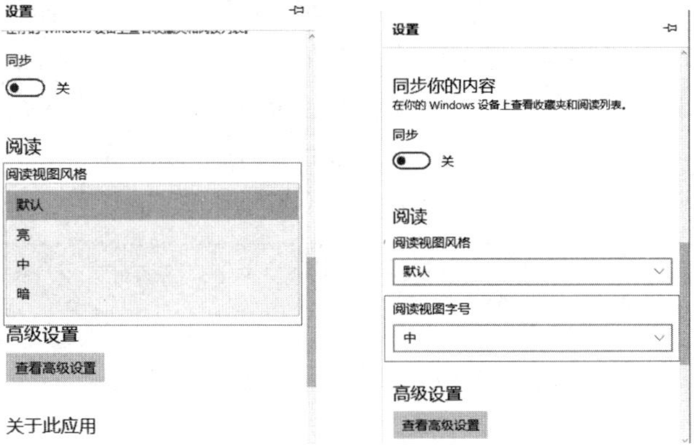


图 6-18　设置阅读视图的显示风格和字号

## 6.3.6　在 Web 上书写，做 Web 笔记

Web 笔记是 Microsoft Edge 浏览器自带的一个功能，用户可以用这个功能对网页进行标注，可将其保存至收藏夹或阅读列表，也可以通过电子邮件或 OneNote 分享给其他用户查看。

在要编辑的网页中单击 Microsoft Edge 浏览器右上角的“做 Web 笔记”按钮，即可启动 Web 笔记模式，如图 6-19 所示。

网页上方及标签都变成紫色，这时网页就可以编辑了，如图 6-20 所示。

我们可以在网页上书写内容，将其保存为自己的 Web 笔记；也可以通过功能栏中的“笔”“荧光笔”“橡皮擦”“添加备注”“剪切”等功能按钮来修改笔记风格和内容。当单击“保存”

按钮后，弹出如图 6-21 所示界面，在“名称”下的文本框中输入笔记名称，就可以将自己做的 Web 笔记保存到 OneNote、收藏夹或者阅读列表中了。以后单击浏览器右上角的“中心图标”按钮，选择对应的保存位置，便可以看到自己保存的笔记内容。

图 6-19　启动 Web 笔记模式

图 6-20　Web 笔记模式网页

下面通过“猴子吃香蕉”的迷宫游戏来学习使用 Web 笔记。单击“添加备注”按钮，在猴子的图片旁边添加文字“猴子吃香蕉”，单击“荧光笔”按钮，涂鸦迷宫入口和出口，单击“笔”按钮标注迷宫路线，如图 6-22 所示。单击“共享”按钮，可以将笔记以电子邮件或者 OneNote 的形式分享给朋友；单击“退出”按钮，则退出笔记模式。

图 6-21　Web 笔记保存

图 6-22　Web 笔记体验

## 6.3.7　保护个人隐私

Microsoft Edge 浏览器支持无痕迹浏览，即 InPrivate 浏览，使用这个功能，用户在浏览完网页关闭 InPrivate 标签页后，会删除浏览的数据，不留任何痕迹。具体操作如下：单击“更多”按钮···，在打开的菜单列表中选择“新 InPrivate 窗口”命令，便可使用 InPrivate 浏览。打开一个新的浏览窗口，如图 6-23 所示，在该窗口中进行的任何浏览操作或记录都会在窗口关闭后，被删除干净。

也可以在“设置”界面中单击“选择要清除的内容”，如图 6-24 所示，在“清除浏览数据”界面中勾选要清除的内容后，单击“清除”按钮来保护个人隐私。

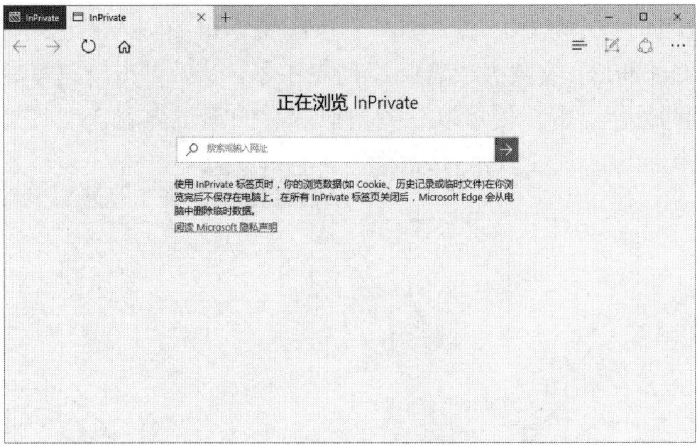


图 6-23　无痕浏览模式

图 6-24　清除浏览数据

# 6.4　使用 Internet Explorer 11 浏览器

## 项目要求

萧小薇同学已经对 Microsoft Edge 浏览器使用得得心应手了，她在农业银行开通了网上银行，兴致勃勃地回家准备登录网银的时候，却发现 Microsoft Edge 浏览器不能登录网页，提示需要使用 Internet Explorer 浏览器。

本项目要求会在 Windows 10 中打开和使用 Internet Explorer 11 浏览器。

## 相关知识

虽然 Microsoft Edge 浏览器功能强大并有很强的兼容性，但是为了兼容旧版网页，Internet Explorer 11 浏览器也被集成于 Windows 10 中。

## 项目实施

在使用 Microsoft Edge 浏览器访问网上银行时，会出现“此网站需要 Internet Explorer”的提示，如图 6-25 所示。

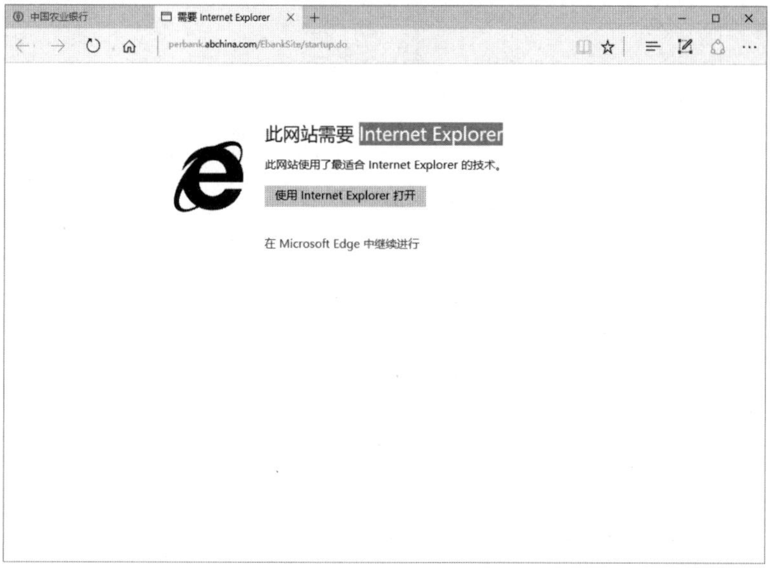


图 6-25 提示需要使用 Internet Explorer

此时用户单击“使用 Internet Explorer 打开”链接，就可以打开 Internet Explorer 浏览器，如图 6-26 所示。然后就可以登录网上银行进行操作了。

图 6-26 打开 Internet Explorer 11 浏览器

如果单击“在 Microsoft Edge 中继续进行”链接，也可以浏览网页，但可能会因为兼容性问题影响正常使用。另外，用户可以在 Microsoft Edge 浏览器中单击“更多”按钮 ··· ，在打开的菜单列表中选择“使用 Internet Explorer 打开”命令，打开 Internet Explorer 浏览器，如图 6-27 所示。

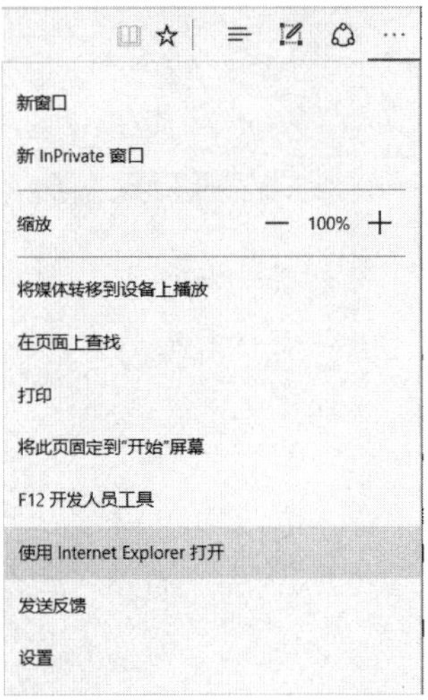


图 6-27　在 Eicroft Edge 中设置使用 Internet Explorer 打开

也可以按“Windows”键，打开“开始”菜单，在“所有应用”中单击“Windows 附件”，再单击“Internet Explorer”选项，打开 Internet Explorer 浏览器。

Internet Explorer 11 的使用和之前版本的 Internet Explorer 浏览器大致相同，这里不再讲述。

## 6.5　收发电子邮件

### 项目要求

萧小薇同学在工作中经常需要使用电子邮件进行信息交流和传递。她一直使用网页收发电子邮件，想收发电子邮件的时候就登录到自己的电子邮箱账号进行处理。后来同事告诉她，使用 Outlook 软件可以管理多个邮箱账号，并且收到新电子邮件后会及时提醒，收发电子邮件更方便。

本项目要求了解电子邮件，会使用网页收发电子邮件，会使用 Outlook 软件收发电子邮件。

### 相关知识

电子邮件是一种利用计算机网络传送电子信件的方式。利用计算机网络收发电子邮件，可以不受时间和地域的限制，快速地实现信息传输。

电子邮件具有以下几个特点。

① 可同时向多个收件人发送同一消息。

② 可以将文字、图片及声音等多种类型的对象集成在电子邮件中，比手写信件更加生动美观。

③ 不需要通信双方的真实身份，只要有一个电子邮件地址，就可以随时随地进行信息传输。

④ 可以发送信息给 Internet 以外的用户，如手机用户等。

如同邮局信箱一样，电子邮件用户需要有一个电子邮件邮箱（即收件的电子邮件地址），该电子邮件邮箱实际上是在计算机网络中建立一块专门的存储空间，以便接收邮件。电子邮件地址具有特定的格式，由被字符@分隔开的两部分组成：

用户名@邮件服务器域名或 IP 地址

其中，用户名是申请电子邮件时设定的账户名称，由字母、下画线等字符组成；邮件服务器域名或 IP 地址则是在申请电子邮箱时由 ISP 提供的。例如，hjuanjuan123@yahoo.com.cn 中，“hjuanjuan123”为用户名，@可读为“at”，“yahoo.com.cn”为邮件服务器。从电子邮件服务器可以看出，该用户是在“雅虎中国”上注册的。值得说明的是，一般电子邮件并没有保存在用户自己的主机上，而是保存在所注册的电子邮件服务器上。如图 6-28 所示为电子邮件收发原理。

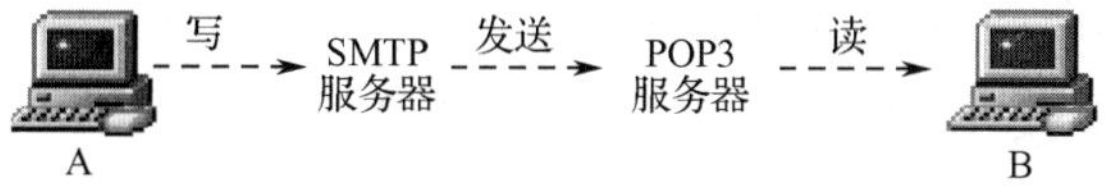


图 6-28　电子邮件收发原理

图 6-28 中，用户 A 通过主机将电子邮件写入 SMTP 服务器。SMTP 服务器负责保存用户的电子邮件，并根据简单邮件传输协议（Simple Mail Transfer Protocol，SMTP）发送邮件，而接收邮件的 POP3 服务器，根据邮局协议（Post Office Protocol，POP3 是该协议的第 3 版）接收邮件。当用户 B 要读取电子邮件时，可以直接在 POP3 服务器中获取电子邮件，并可将电子邮件保存到主机上。

**项目实施**

## 6.5.1 申请电子邮箱

### 1. 电子邮箱的选择

在注册电子邮箱之前，我们需要明白使用电子邮箱的目的是什么，用户可以根据自己不同的需要有针对性地选择电子邮箱。如果是经常和国外的客户联系，建议使用国外的电子邮箱，如 Gmail、MSN mail、Yahoo mail 等；如果想当作网络硬盘使用，经常存放一些图片资料等，那么就选择存储量大的电子邮箱，如 Gmail、Yahoo mail、网易 163mail、126mail、qqmail 等。

### 2. 在网易网页中申请一个免费电子邮箱

在浏览器中输入电子邮箱的网址“mail.163.com”，按“Enter”键打开“网易邮箱”网站首页，如图 6-29 所示。

单击按钮去注册便可以打开注册页面，如图 6-30 所示。

根据提示输入邮件地址、密码、手机号码、验证码、短信验证码等信息，如图 6-31 所示。单击按钮立即注册，将看到注册的结果，如图 6-32 所示，表示电子邮箱注册成功。

图 6-29 “网易邮箱”网站首页

图 6-30 电子邮箱注册页面

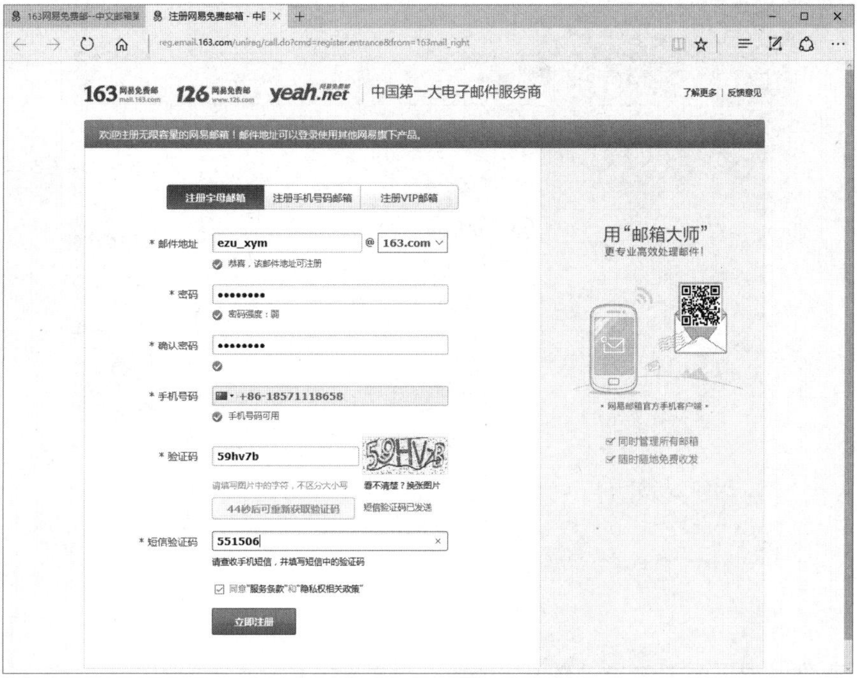


图 6-31　输入电子邮箱注册信息

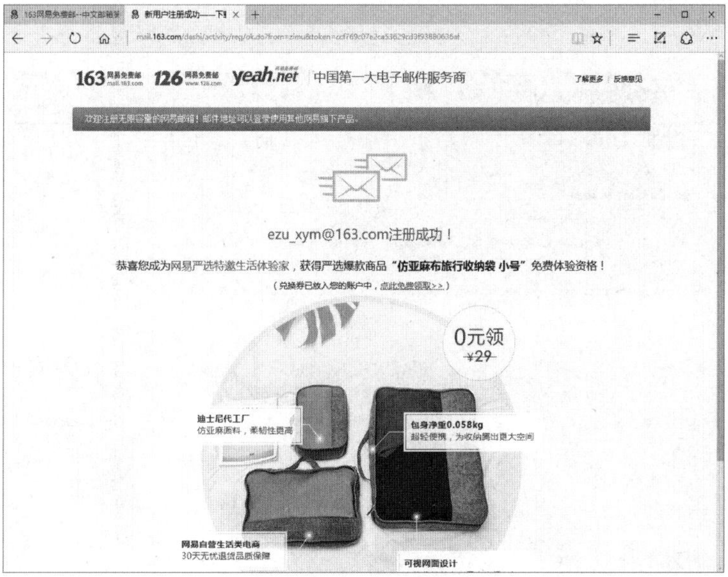


图 6-32　电子邮箱注册成功

## 6.5.2　使用浏览器方式收发电子邮件

### 1. 书写并发送电子邮件

下面以网易邮箱提供的以@163.com 为后缀的电子邮箱为例，介绍如何书写电子邮件。用刚才申请的电子邮箱账号登录，如图 6-33 所示。

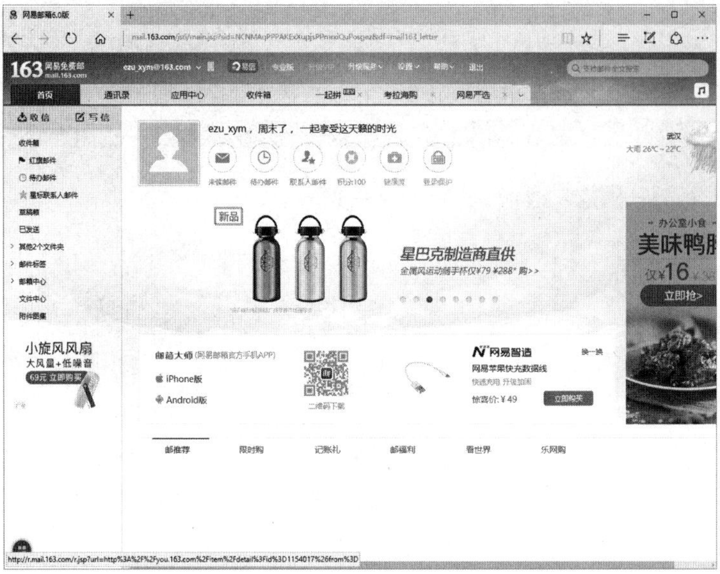


图 6-33　登录电子邮箱

在电子邮件管理页面中单击“写信”按钮，在“收件人”文本框中输入收件人的电子邮箱地址，在“主题”文本框中输入电子邮件的主题文字，在“内容”组合框中输入电子邮件的内容，在 签名 处可以设置及选择自己的签名，如图 6-34 所示。

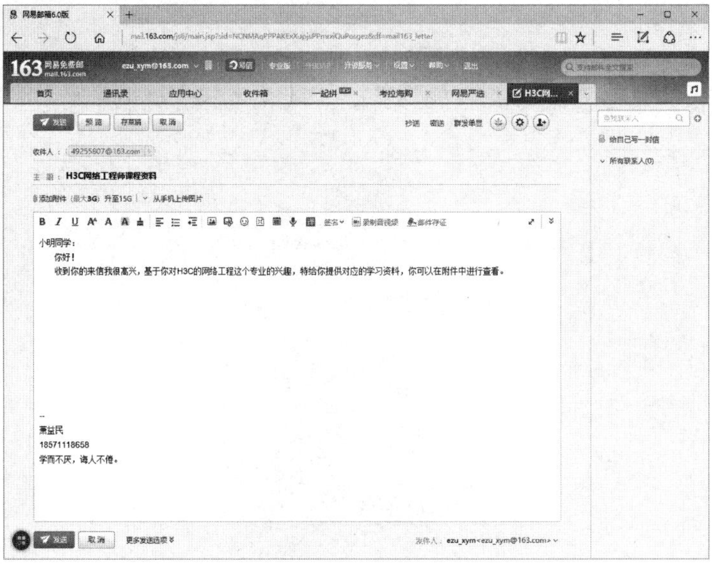


图 6-34　书写电子邮件

发送附件的方法：单击“主题”文本框下方的按钮 添加附件，弹出“选择要上载的文件”对话框，选择要上传的文件，如果需要选择多个文件，可以按住“Ctrl”键，再单击文件进行选择，如图 6-35 所示。

单击“打开”按钮确定上传，附件上传完毕，单击 发送 按钮发送邮件，发送成功后会有如图 6-36 所示提示。

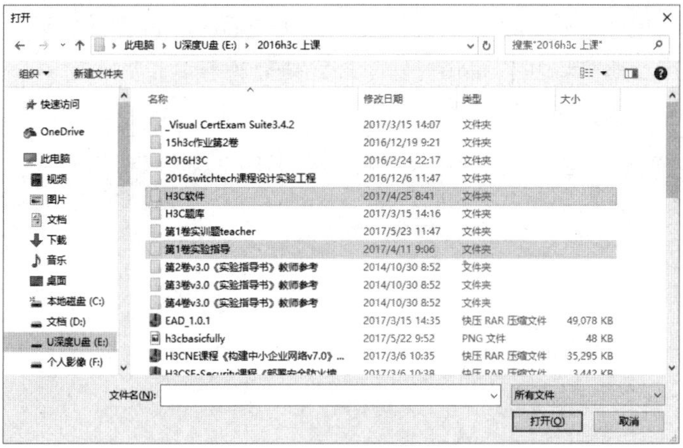


图 6-35　选择上传附件

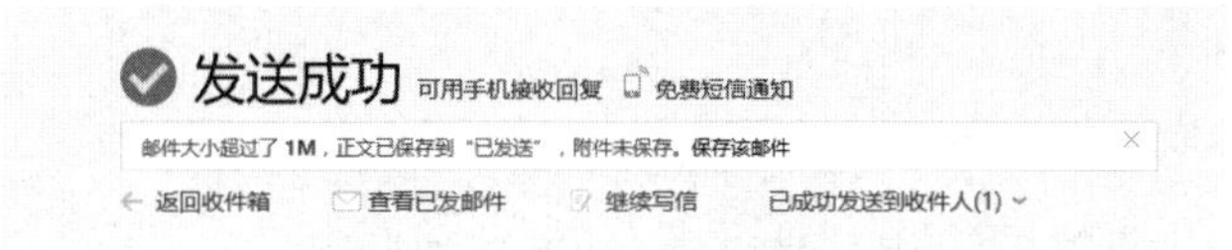


图 6-36　发送成功提示

## 2. 接收邮件

登录电子邮箱之后，在电子邮箱管理页面即可接收并查看电子邮件。单击"收信"按钮，电子邮箱会自动接收最近发送过来的电子邮件，并打开收件箱。在右侧的收件箱中可查看电子邮箱中所有的电子邮件（也可以通过单击左侧"收件箱"标签打开收件箱。"收件箱"标签中显示了信件的数量），如图 6-37 所示。

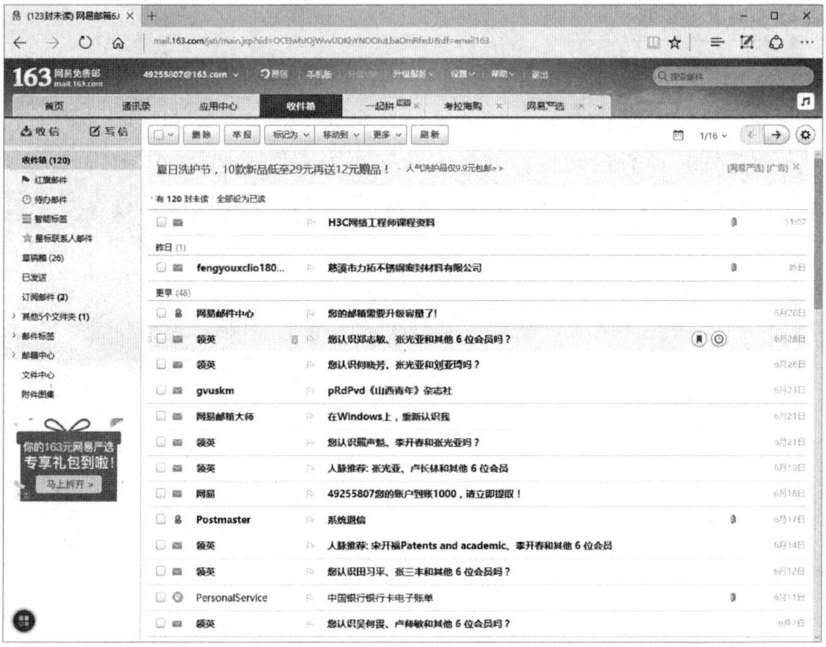


图 6-37　收件箱界面

单击需要查看的电子邮件，在打开的页面中即可查看电子邮件的内容，如图 6-38 所示。如果需要立即回复电子邮件，可以单击 回复 按钮进行操作。

图 6-38　查看电子邮件详细内容

# 6.6　信息安全技术

## 6.6.1　基本定义与类型

### 1. 基本定义

对于信息安全，国际标准化委员会的定义是“为数据处理系统建立和采用的技术、管理上的安全保护，为的是保护计算机硬件、软件、数据不因偶然或恶意的原因而遭到破坏、更改、泄露”。美国国防部国家计算机安全中心的定义是“要讨论计算机安全首先必须讨论对安全需求的陈述”。

一般来说，安全的系统会利用一些专门的安全特性来控制对信息的访问，只有经过适当授权的人，或者以这些人的名义进行的进程可以读、写、创建和删除这些信息。中国公安部计算机管理监察司的定义是“计算机安全是指计算机资产安全，即计算机信息系统资源和信息资源不受自然和人为有害因素的威胁与危害”。

随着计算机硬件的发展，计算机中存储的程序和数据量越来越大，如何保障存储在计算机中的数据不被丢失，是任何计算机应用部门都要首先考虑的问题，计算机的硬件、软件生产厂家也在努力研究和不断解决这个问题。

### 2. 数据安全

造成计算机中存储数据丢失的原因主要是病毒侵袭、人为窃取、计算机电磁辐射、计算机存储器硬件损坏等。

（1）病毒侵袭

到目前为止，已发现的计算机病毒有近万种。恶性病毒可使整个计算机软件系统崩溃、数据全毁，这样的病毒也有上百种。计算机病毒是附在计算机软件中的隐蔽的小程序，它会破坏正常的程序和数据文件。防止病毒侵袭主要是加强行政管理，杜绝启动外来的软件并定期对系统进行检测，也可以在计算机中插入防病毒卡或使用清杀病毒软件清除已发现的病毒。

（2）人为窃取

人为窃取是指盗用者以合法身份进入计算机系统，私自提取计算机中的数据或进行修改转移、复制等。防范的措施一是增设软件系统安全机制，使盗窃者不能以合法身份进入系统，如增加合法用户的识别标志，增加口令，给用户规定不同的权限，使其不能自由访问不该访问的数据区等。二是对数据进行加密处理，即使盗窃者进入系统，没有密钥也无法读懂数据。密钥可以是软代码，也可以是硬代码，要随时更换。加密的数据对数据传输和计算机辐射都有安全保障。三是在计算机内设置操作日志，把对重要数据的读、写、修改进行自动记录，这个日志是一个黑匣子，只能极少数有特权的人才能打开，可用来发现盗窃者。

（3）计算机电磁辐射

由于计算机硬件本身就是向空间辐射的强大脉冲源，和一个小电台差不多，频率在几十千赫到上百兆赫。盗窃者可以接收计算机辐射出来的电磁波，进行复原，以获取计算机中的数据。为此，计算机制造厂家增加了防辐射的措施，从芯片、电磁器件到线路板、电源、软盘、硬盘、显示器及连接线，全面屏蔽起来，以防止电磁辐射。更进一步，可将机房或整栋办公大楼都屏蔽起来。没有条件建屏蔽机房时，可以用干扰器发出干扰信号，使接收者无法正常接收有用信号。

（4）计算机存储器硬件损坏

计算机存储数据读不出来也是常见的事。防止这类事故的发生有几种办法，一是将有用数据定期复制保存，一旦机器有故障，可在修复后把有用数据复制回去。二是在计算机中做热备份，使用双硬盘，同时将数据存在两个硬盘上；在安全性要求高的特殊场合还可以使用双主机，万一一台主机出现问题，另外一台主机照样运行。现在的技术对双主机双硬盘都有带电插拔保障，即在计算机正常运行时，可以插拔任何有问题的部件，进行更换和修理，可保证计算机连续运行。

**3. 硬件安全**

计算机硬件是指计算机所用的芯片、板卡及输入/输出设备等，CPU、内存条、南桥、北桥、BIOS 等都属于芯片，显卡、网卡、声卡、控制卡等属于板卡，键盘、显示器、打印机、扫描仪等属于输入/输出设备。这些芯片和硬件设备也会对系统安全构成威胁。

比如 CPU，它是对计算机性能安全的最大威胁。计算机 CPU 内部集成有运行系统的指令集，这些指令代码都是保密的，我们并不知道它的安全性如何。据有关资料透露，国外针对中国所用的 CPU 可能集成有陷阱指令、病毒指令，并设有激活办法和无线接收指令机构。他们可以利用无线代码激活 CPU 内部指令，造成计算机内部信息外泄、计算机系统灾难性崩溃。如果这是真的，那我们的计算机系统在战争时期就有可能被全面攻击。

还有显示器、键盘、打印机，它们的电磁辐射会把计算机信号扩散到几百米甚至 1000m 以外的地方。情报人员可以利用专用接收设备接收这些电磁信号，然后还原，从而实时监视计算机上的所有操作，并窃取相关信息。

在一些板卡如显卡甚至声卡的指令集里，都可以集成带病毒程序，这些程序以一定的方式激活后，同样会造成计算机系统被遥控或系统崩溃。

还有一些芯片，比如在使用现代化武器的战争中，一个国家可能是通过给敌对国提供武器的武器制造商，将带有自毁程序的芯片植入敌国的武器装备系统内，也可以将装有木马或逻辑炸弹的程序预先植入敌方计算机系统中。需要时，只需激活预置的自毁程序或病毒、逻辑炸弹，就可使敌方武器失效、自毁或失去攻击力，或使敌国计算机系统瘫痪。

据英国《新科学报》报道，在海湾战争爆发前，美国情报部门获悉伊拉克从法国购买了一种用于防空系统的新型计算机打印机，正准备通过约旦首都安曼偷偷运到伊拉克首都巴格达。美国在安曼的特工人员立即行动，偷偷把一套带有病毒的同类芯片换装到了这种计算机打印机内，从而顺利地通过计算机打印机将病毒植入伊拉克军事指挥中心的主机。据称，该芯片是美国马里兰州米德堡国家安全局设计的，其中的病毒名为“Afgl”。当美国领导的多国部队空袭伊拉克发动“沙漠风暴”时，美军就用无线遥控装置激活了隐藏的病毒，致使伊拉克的防空系统陷入瘫痪。美国的官员们曾说：“我们的努力没有白费，我们的计算机程序达到了预期目的。”

硬件泄密甚至涉及电源。电源泄密的原理是通过市电电线把计算机产生的电磁信号沿电线传出去，特工人员利用特殊设备从电源线上就可以把信号截取下来予以还原。

硬件泄密也涉及输入/输出设备，如扫描仪，将得到的信息通过电源线泄露出去。

我们也不要以为硬件设备没有生命、不可控，所以就安全。其实，计算机里的每个部件都是可控的，所以叫作可编程控制芯片，如果掌握了控制芯片的程序，也就控制了计算机芯片。只要能控制，那么它就是不安全的。因此，使用计算机时首先要注意做好计算机硬件的安全防护。

## 6.6.2 攻击手段

### 1. 窃听

计算机向周围空间辐射的电磁波可以被截获，破译以后能将信息复现。国外有人在距离计算机 1000m 以外演示过，中国公安部门和其他单位也做过类似的演示，所用设备是稍加改进的普通电视机。

搭线窃听是另一种窃取计算机信息的手段，特别是对于跨国计算机网络，很难控制和检查国境外是否有搭线窃听。美欧银行均遇到过搭线并改变电子汇兑目的地址的主动式窃听，经向国际刑警组织申请协查，才在第三国查出了窃听设备。

### 2. 越权存取

战争期间，敌对国家既担心本国计算机中的机密数据被他人越权存取，又千方百计地窃取别国计算机中的机密。“冷战”结束后，各情报机关不仅继续收集他国政治、军事情报，而且将重点转移到经济情报上。

在金融电子领域用计算机犯罪更容易、更隐蔽。犯罪金额变为原来的 10 倍，只不过在键盘上多敲一个“0”。

### 3. 黑客

采取非法手段躲过计算机网络的安全控制而得以进入计算机网络的人称为黑客。尽管对黑客的定义有许多种，褒贬不一，但黑客的破坏性是客观存在的。黑客干扰计算机网络，并且破坏数据，甚至有些黑客的“奋斗目标”是渗入政府或军事机构计算机窃取其信息。有的黑客公开宣称全世界没有一台联网的计算机是他不能渗入的，美国五角大楼的计算机专家曾模仿黑客攻击了自己的计算机系统 1.2 万次，有 88%攻击成功。

**4. 计算机病毒**

（1）病毒的定义

计算机病毒在《中华人民共和国计算机信息系统安全保护条例》中的定义是："计算机病毒是指编制或者在计算机程序中插入的破坏计算机功能或者破坏数据，影响计算机使用并且能够自我复制的一组计算机指令或者程序代码。"

计算机病毒的传染和发作都可以编制成条件方式，像定时炸弹那样，有极强的隐蔽性和突发性。随着计算机技术和网络技术的发展，计算机病毒注定成为计算机应用领域中的一种顽症。因此，应该通过加强对计算机病毒的认识，及早发现并及时清除计算机病毒。

（2）计算机病毒的检测与防治

为了防止计算机病毒的入侵和破坏而造成不可挽回的损失，平时应做好计算机病毒的预防工作。一旦发现有病毒入侵，应立即进行清除。

计算机病毒的预防，是指通过建立合理的计算机病毒预防体系和制度，及时发现计算机病毒入侵，并采取有效的手段阻止计算机病毒的传播和破坏，恢复受影响的计算机系统和数据。通常通过安装防火墙软件来预防病毒。

（3）计算机病毒的诊断与清除

不同的计算机病毒虽然都按各自的病毒机制运行，但是病毒发作以后表现出的症状是可察觉的。可以从它们的症状中找出本质特点作为诊断依据。借助病毒诊断工具进行查毒是最常用的方法。

在检测出感染了病毒以后，就要使用杀毒软件清除病毒，用户只需按照提示来操作即可完成，简单方便。常用的杀毒软件有 360 杀毒软件、瑞星杀毒软件、金山毒霸、诺顿防毒软件和江民杀毒软件等。

这些杀毒软件一般都具有实时监控功能，能够监控所有打开的磁盘文件、从网络上下载的文件及收发的电子邮件等，一旦检测到计算机病毒，就立即发出警报。对于压缩文件无须解压缩即可查杀病毒，对于已经驻留在内存中的病毒也可以清除。由于病毒的防治技术总是滞后于病毒的制作技术，所以并不是所有的病毒都能得以清除。如果杀毒软件暂时还不能清除该病毒，就会将病毒先隔离起来，以后升级病毒库时将提醒用户是否继续清除该病毒。

**5. 有害信息**

所谓有害信息主要是指计算机信息系统及其存储介质中存在、出现的，以计算机程序、图像、文字、声音等多种形式表示的，含有恶意攻击党和政府、破坏民族团结等危害国家安全内容的信息；含有宣扬封建迷信、淫秽色情、凶杀、教唆犯罪等危害社会治安秩序内容的信息。目前，这类有害信息的来源基本上都是境外，主要有两种形式，一是通过计算机国际互联网络（Internet）进入国内，二是以计算机游戏、教学、工具等各种软件及多媒体产品（如 DVD）等形式流入国内。由于目前计算机软件市场盗版盛行，许多含有有害信息的软件就混杂在众多的盗版软件中。

### 6.6.3 互联网带来新的安全问题

目前，信息化的浪潮席卷全球，世界正经历着以计算机网络技术为核心的信息革命，信息网络将成为社会的神经系统，它将改变人类传统的生产、生活方式。

今天的计算机网络不仅是局域网，而且还跨过城市、国家和地区，实现了网络扩充与异型网互联，形成了广域网，使计算机网络深入科研、文化、经济与国防的各个领域，推动了社会的发展。但是，这种发展也带来了一些负面影响，网络的开放性增加了网络安全的脆弱性和复杂性，信息资源的共享和分布处理增加了网络受攻击的可能性。如目前正如日中天的Internet，网络延伸到全球五大洲的各个角落，网络覆盖的范围和密度还在不断地增大，已难以分清它所连接的各种网络的界限，难以预料信息传输的路径，更增加了网络安全控制和管理的难度。就网络结构因素而言，Internet 包含了星形、总线型和环形 3 种基本拓扑结构，而且众多子网异构纷呈，子网向下又连着子网。结构的开放性带来了复杂化，这给网络安全带来很多无法避免的问题，为了实现异构网络的开放性，不可避免地要牺牲一些网络安全性。如 Internet 遍布世界各地，所连接的各种站点的地理位置错综复杂、点多面广，通信线路质量难以保证，可能对传输的信息数据造成失真或丢失，也给专门搭线窃听的间谍和黑客以大量的可乘之机。随着全球信息化的迅猛发展，国家的信息安全和信息主权已成为越来越突出的重大战略问题，关系到国家的稳定与发展。

互联网相关的安全从整体上可分为两大部分：计算机网络安全和商务交易安全。

**1. 计算机网络安全的内容**

（1）未进行操作系统相关安全配置

不论采用什么操作系统，在默认安装的条件下都会存在一些安全问题，只有专门针对操作系统安全性进行相关的严格安全配置，才能达到一定的安全程度。千万不要以为操作系统默认安装后，再配上很强的密码系统就安全了。网络软件的漏洞和“后门”是进行网络攻击的首选目标。

（2）未进行 CGI 程序代码审计

如果是通用的 CGI 问题，防范起来还稍微容易一些，但是对于网站或软件供应商专门开发的一些 CGI 程序，很多都存在严重的 CGI 问题。对于电子商务站点来说，会出现恶意攻击者冒用他人账号进行网上购物等严重后果。

（3）拒绝服务（Denial of Service，DoS）/分布式拒绝服务（Distribution Denial of Service，DDoS）攻击

随着电子商务的兴起，对网站的实时性要求越来越高，DoS 或 DDoS 对网站的威胁越来越大。以网络瘫痪为目标的袭击效果比任何传统的恐怖主义和战争方式都来得更强烈，破坏性更大，造成危害的速度更快，范围也更广，而袭击者本身的风险却非常小，甚至可以在袭击开始前就已经消失得无影无踪，使对方没有实施报复打击的可能。

（4）安全产品使用不当

虽然不少网站采用了一些网络安全设备，但由于安全产品本身的问题或使用问题，这些产品并没有起到应有的作用。很多安全厂商的产品对配置人员的技术背景要求很高，超出了对普通网管人员的技术要求，就算是厂家最初给用户做了正确的安装、配置，一旦系统改动，需要改动相关安全产品的设置时，很容易产生许多安全问题。

（5）缺少严格的网络安全管理制度

网络安全最重要的还是思想上要高度重视，网站或局域网内部的安全需要用完备的安全制度来保障。建立和实施严密的计算机网络安全制度与策略是真正实现网络安全的基础。

**2. 计算机商务交易安全的内容**

（1）窃取信息

由于未采用加密措施，数据信息在网络上以明文形式传送，入侵者在数据包经过的网关或路由器上可以截获传送的信息。通过多次窃取和分析，可以找到信息的规律和格式，进而得到传输信息的内容，造成网上传输信息泄密。

（2）篡改信息

当入侵者掌握了信息的格式和规律后，通过各种技术手段和方法，将网络上传送的信息数据在中途予以修改，然后再发往目的地。这种方法并不新鲜，在路由器或网关上都可以实施此类操作。

（3）假冒

由于掌握了数据的格式，并可以篡改通过的信息，因此攻击者可以冒充合法用户发送虚假的信息或者主动获取信息，而远端用户通常很难分辨。

（4）恶意破坏

由于攻击者可以接入网络，故可能对网络中的信息进行修改，掌握网上的重要信息，甚至可以潜入网络内部，其后果是非常严重的。

# 附录A 理论知识题

附录 A 的重点主要包括：信息及其在计算机内部的表示形式，计算机硬件的组成与工作原理，计算机软件的基础知识，Windows 操作系统平台的使用方法，计算机网络的基础知识，信息安全等。

## A.1 单选题

1．现代人类社会生存和发展的三大基本资源是物质、能源和_____。

A．信息　B．计算机　C．软件　D．媒体

2．现代信息技术中的 3C，是指计算机技术、控制技术和_____。

A．多媒体技术　B．通信技术　C．光电技术　D．人工智能技术

3．世界上第一台电子计算机诞生在_____。

A．中国　B．美国　C．日本　D．德国

4．世界上首次提出存储程序计算机体系结构的是_____。

A．艾伦·图灵　B．冯·诺依曼　C．比尔·盖茨　D．肖特

5．基于冯·诺依曼思想而设计的计算机硬件系统包括五大组成部分，分别是_____。

A．控制器、运算器、存储器、输入设备、输出设备

B．主机、存储器、显示器、输入设备、输出设备

C．主机、输入设备、输出设备、硬盘、鼠标

D．控制器、运算器、输入设备、输出设备、乘法器

6．中央处理器的简称是_____。

A．APU　B．GPU　C．CPU　D．TPU

7．组成 CPU 的主要部件是_____。

A．运算器和控制器　B．运算器和存储器

C．控制器和寄存器　D．运算器和寄存器

8．用来控制、指挥和协调计算机各部件工作的是_____。

A．运算器　B．鼠标　C．控制器　D．存储器

9. CPU 中的控制器的主要功能是_____。
   A. 分析指令并产生控制信号　　B. 进行逻辑运算
   C. 控制运算的速度　　D. 进行算术运算

10. 运算器的功能是_____。
   A. 只能进行逻辑运算　　B. 对数据进行算术运算或逻辑运算
   C. 只能进行算术运算　　D. 做初等函数的计算

11. CPU 的主要技术性能指标有_____。
   A. 字长、主频和运算速度　　B. 可靠性和精度
   C. 耗电量和效率　　D. 冷却效率

12. 决定个人计算机性能的最主要的因素是_____。
   A. 计算机的价格　　B. 计算机的 CPU
   C. 计算机的内存　　D. 计算机的硬盘

13. 影响一台计算机性能的关键部件是_____。
   A. CD-ROM　　B. 硬盘　　C. CPU　　D. 显示器

14. 在微型计算机中，最核心、最关键的部件是_____。
   A. 主板　　B. CPU　　C. 内存　　D. 显卡

15. 计算机主要技术指标通常是指_____。
   A. 所配备系统软件的版本
   B. CPU 的时钟频率、运算速度、字长和存储容量
   C. 扫描仪的分辨率、打印机的配置
   D. 硬盘容量的大小

16. 字长是 CPU 的主要技术性能指标之一，它表示的是_____。
   A. CPU 的计算结果的有效数字长度　　B. CPU 一次能处理二进制数据的位数
   C. CPU 能表示的最大的有效数字位数　　D. CPU 能表示的十进制整数的位数

17. “16 位微型计算机”中的 16 指的是_____。
   A. 微机型号　　B. 机器字长　　C. 内存容量　　D. 存储单位

18. 微机的销售广告中，“i7 3.0G/16G/2T”中的 3.0G 是表示_____。
   A. CPU 与内存间的数据交换速率是 3.0Gbps
   B. CPU 为 i7 的 3.0 代
   C. CPU 的时钟主频为 3.0GHz
   D. CPU 的运算速度为 3.0GIPS

19. 微机的销售广告中，“i7 3.0G/16G/2T”中的 2T 是表示_____。
   A. 硬盘容量　　B. 内存容量
   C. CPU 的时钟主频为 2THz　　D. CPU 的运算速度为 2TIPS

20. 微型计算机处理器使用的元器件是_____。
   A. 超大规模集成电路　　B. 电子管
   C. 小规模集成电路　　D. 晶体管

21. 组成一个计算机硬件系统的两大部分是_____。
   A. 系统软件和应用软件　　B. 硬件系统和软件系统
   C. 主机和外部设备　　D. 输入和输出设备

22. 计算机硬件系统主要包括：中央处理器、存储器和_____。
A. 显示器、键盘　　B. 打印机、键盘
C. 显示器、鼠标　　D. 输入/输出设备
23. 计算机的硬件主要包括：中央处理器、存储器、输出设备和_____。
A. 键盘　　B. 鼠标　　C. 输入设备　　D. 显示器
24. 在微机中，I/O 设备是指_____。
A. 控制设备　　B. 输入/输出设备　　C. 输入设备　　D. 输出设备
25. 下列设备组中，完全属于计算机输出设备的一组是_____。
A. 喷墨打印机、显示器、键盘　　B. 激光打印机、键盘、鼠标
C. 键盘、鼠标、扫描仪　　D. 打印机、绘图仪、显示器
26. 下列设备中，属于输出设备的是_____。
A. 键盘　　B. 显示器　　C. 鼠标　　D. 只读光盘
27. 具有扫描功能的打印机是一种_____。
A. 输出设备　　B. 输入设备
C. 既是输入设备也是输出设备　　D. 以上都不对
28. 以下_____设备既可以作为输入设备又可以作为输出设备。
A. 硬盘　　B. 鼠标　　C. 键盘　　D. 显示器
29. 任何程序要被 CPU 执行，都必须先加载到_____。
A. 外存　　B. 内存　　C. 固态硬盘　　D. 机械硬盘
30. 计算机存储系统中的 Cache 是指_____。
A. 辅存　　B. 主存
C. 外存　　D. 高速缓冲存储器
31. 配置 Cache 是为了解决_____。
A. 内存与外存之间速度不匹配的问题　　B. CPU 与外存之间速度不匹配的问题
C. CPU 与内存之间速度不匹配的问题　　D. 主机与外部设备之间速度不匹配的问题
32. 如果要编辑硬盘上的文件，数据首先要加载到_____。
A. 缓存　　B. CPU　　C. 硬盘　　D. 内存
33. 下列各存储器中，存取速度最快的一种是_____。
A. 硬盘　　B. 内存　　C. Cache　　D. U 盘
34. 以下存储器中读取数据最快的是_____。
A. 光盘　　B. 硬盘　　C. 内存　　D. 缓存
35. 以下关于随机存取存储器的叙述中，正确的是_____。
A. RAM 分静态 RAM（SRAM）和动态 RAM（DRAM）两大类
B. SRAM 的集成度比 DRAM 高
C. DRAM 的存取速度比 SRAM 快
D. DRAM 中存储的数据无须“刷新”
36. 不属于存储设备的是_____。
A. 无线鼠标　　B. 移动硬盘　　C. U 盘　　D. 固态硬盘
37. 下列描述中，正确的是_____。
A. 光盘驱动器不是外部设备

B．摄像头属于输入设备，而投影仪属于输出设备
C．U 盘既可以用作外存，也可以用作内存
D．硬盘是辅助存储器，不属于外部设备
38．下列叙述中，错误的是_____。
A．硬盘的存取速度显著高于内存
B．硬盘属于外部存储器
C．硬盘驱动器既可作为输入设备又可作为输出设备
D．硬盘与 CPU 之间不能直接交换数据
39．以下关于 U 盘的描述中，错误的是_____。
A．U 盘有基本型、增强型和加密型三种
B．U 盘的特点是重量轻、体积小
C．U 盘多固定在机箱内，不便携带
D．断电后，U 盘还能保持存储的数据
40．假设某台计算机的内存储器容量为 128MB，硬盘容量为 10GB，硬盘容量是内存容量的_____。
A．40 倍　　B．60 倍　　C．80 倍　　D．100 倍
41．假设某台计算机的内存储器容量为 512MB，硬盘容量为 40GB，硬盘容量是内存容量的_____。
A．240 倍　　B．160 倍　　C．80 倍　　D．120 倍
42．若用户正在计算机上编辑某个文件，这时突然停电，则数据会丢失的是_____。
A．ROM 中的文件　　B．机械硬盘中的文件
C．内存中的文件　　D．固态硬盘中的文件
43．_____是主板中最重要的部件，是主板的灵魂，决定了主板所能够支持的功能。
A．电源　　B．总线　　C．芯片组　　D．扩展槽
44．液晶显示器的主要技术指标不包括_____。
A．显示分辨率　　B．显示速度
C．亮度和对比度　　D．存储容量
45．显示器的主要技术指标之一是_____。
A．分辨率　　B．亮度　　C．色彩　　D．对比度
46．下列选项中，不属于显示器主要技术指标的是_____。
A．分辨率　　B．重量　　C．像素的点距　　D．显示器的尺寸
47．显示器是目前最普遍使用的_____。
A．控制设备　　B．输入设备　　C．存储设备　　D．输出设备
48．决定显示器分辨率的指标是_____。
A．点距　　B．亮度　　C．尺寸大小　　D．对比度
49．显示器的参数 1024×768，它表示_____。
A．显示器分辨率　　B．显示器颜色指标
C．显示器屏幕大小　　D．显示每个字符的列数和行数
50．以下_____的打印质量最好。
A．点阵打印机　　B．激光打印机

C．针式打印机　　D．喷墨打印机

51．计算机的系统总线是计算机各部件间传递信息的公共通道，它分为_____。

A．数据总线和控制总线　　B．地址总线和数据总线

C．数据总线、控制总线和地址总线　　D．地址总线和控制总线

52．决定 CPU 可直接寻址内存空间大小的是_____。

A．数据总线的宽度　　B．地址总线的位数

C．控制总线的位数　　D．外部总线的带宽

53．计算机的三类总线中，不包括_____。

A．数据总线　　B．地址总线　　C．控制总线　　D．传输总线

54．微型计算机采用总线结构连接 CPU、内存储器和外部设备，总线包括_____。

A．地址总线、逻辑总线和信号总线　　B．数据总线、地址总线和控制总线

C．数据总线、传输总线和通信总线　　D．控制总线、地址总线和运算总线

55．在计算机系统中，被誉为“高速公路”的部件是_____。

A．CPU　　B．主机　　C．总线　　D．外设

56．用 16×16 点阵来表示汉字的字形，存储一个汉字的字形需用_____字节。

A．16×1　　B．16×2　　C．16×3　　D．16×4

57．某计算机的内存是 16MB，则它的容量为_____字节。

A．16×1024×1024　　B．16×1000×1000

C．16×1024　　D．16×1000

58．已知 3 个字符为 b、Y 和 6，按它们的 ASCII 码值升序排序，结果是_____。

A．6，b，Y　　B．b，6，Y　　C．Y，b，6　　D．6，Y，b

59．图像分辨率是指_____。

A．屏幕上能够显示的像素数目　　B．用厘米表示图像的实际尺寸大小

C．图像所包含的颜色数　　D．用像素表示数字化图像的实际大小

60．图像的色彩模型是用数值方法指定颜色的一套规则和定义，常用的色彩模型有 CMYK 模型和_____。

A．PSD 模型　　B．RGB 模型　　C．PAL 模型　　D．GIF 模型

61．若一幅图像的分辨率是 3840×2160，计算机屏幕分辨率为 1920×1080，要全屏显示整幅图像，则该图像的显示比例为_____。

A．1　　B．0.5　　C．0.8　　D．0.6

62．下列技术中，不属于多媒体需要解决的关键技术的是_____。

A．音频、视频信息的获取、回放技术

B．多媒体数据的压缩编码和解码技术

C．音频、视频数据的同步实时处理技术

D．图文信息的混合排版技术

63．视频信息的最小单位是_____。

A．比率　　B．赫兹（Hz）　　C．位（bit）　　D．帧

64．多媒体信息不包括_____。

A．声卡、光盘　　B．文字、图像

C．音频、视频　　D．动画、影像

65. 针对媒体，国际电报电话咨询委员会对它做了若干分类，在多媒体计算机系统中，摄像机和显示器属于_____。

A. 感觉媒体 B. 表现媒体 C. 传输媒体 D. 存储媒体

66. 多媒体技术中，自然界的各种声音被定义为_____。

A. 感觉媒体 B. 表示媒体 C. 表现媒体 D. 存储媒体

67. 下列数字视频中，_____质量最好。

A. 240×180 分辨率、24 位真彩色、15 帧/秒的帧率

B. 320×240 分辨率、32 位真彩色、25 帧/秒的帧率

C. 320×240 分辨率、32 位真彩色、30 帧/秒的帧率

D. 320×240 分辨率、16 位真彩色、15 帧/秒的帧率

68. 声音是一种波，它的两个基本参数为_____。

A. 振幅、频率 B. 音色、音高

C. 噪声、音质 D. 采样率、采样位数

69. 在对声音信号进行数字化处理时，每隔一个固定的时间间隔对波形区域的振幅进行一次取值，这被称为_____。

A. 量化 B. 采样 C. 音频压缩 D. 音乐合成

70. 在数字音频信息获取与处理的过程中，下述顺序_____是正确的。

A. A/D 变换，采样，压缩，存储，解压缩，D/A 变换

B. 采样，压缩，A/D 变换，存储，解压缩，D/A 变换

C. 采样，A/D 变换，压缩，存储，解压缩，D/A 变换

D. 采样，D/A 变换，压缩，存储，解压缩，A/D 变换

71. 按照一定的数据模型组织的，长期存储在计算机内，可为多个用户共享的数据的集合是_____。

A. 数据库系统 B. 数据库

C. 关系数据库 D. 数据库管理系统

72. 数据库系统的数据模型有 3 种，其中不包括_____。

A. 网状模型 B. 层次模型 C. 线性模型 D. 关系模型

73. 用二维表结构表示实体与实体间联系的数据模型称为_____。

A. 网状模型 B. 层次模型 C. 关系模型 D. 面向对象模型

74. Access 所属的数据库类型是_____。

A. 层次数据库 B. 网状数据库

C. 关系数据库 D. 分布式数据库

75. 下列不属于数据库管理系统的是_____。

A. SQL Server B. Java C. MySQL D. Access

76. 英文缩写 DBMS 是指_____。

A. 数据库系统 B. 数据库管理系统

C. 数据库管理员 D. 数据库

77. 数据库管理系统的英文缩写是_____。

A. DBB B. DBS C. DBMS D. DBSS

78. DB、DBS、DBMS 三者之间的关系是_____。

A. DBS 包括 DB 和 DBMS　　B. DBMS 包括 DB 和 DBS
C. DB 包括 DBS 和 DBMS　　D. DBS 就是 DB，也就是 DBMS

79. 数据库、数据库系统和数据库管理系统之间的关系是_____。
A. 数据库系统包括数据库和数据库管理系统
B. 数据库管理系统包括数据库系统和数据库
C. 数据库包括数据库系统和数据库管理系统
D. 三者等价

80. 计算机的存储器中，组成 1 字节的二进制位个数是_____。
A. 32　B. 16　C. 8　D. 4

81. 以下关于“bit”的说法中正确的是_____。
A. 数据最小单位，即二进制数的 1 位
B. 基本存储单位，对应 8 位二进制位
C. 基本运算单位，对应 8 位二进制位
D. 基本运算单位，二进制位数不固定

82. 下列不是度量存储器容量的单位是_____。
A. KB　B. MB　C. GHz　D. GB

83. 在计算机中，1MB 等于_____。
A. 1000×1000Bytes　B. 1024KB
C. 1024B　D. 1000B

84. TB 是度量存储器容量大小的单位之一，1TB 等于_____。
A. 1024GB　B. 1024MB　C. 1024PB　D. 1024KB

85. 一台微型计算机的硬盘容量为 1TB，指的是_____。
A. 1024G 位　B. 1024G 字节　C. 1024G 字　D. 1TB 汉字

86. 字长为 7 位的无符号二进制整数能表示的十进制整数的数值范围是_____。
A. 0～128　B. 0～255　C. 0～127　D. 1～127

87. 数据在计算机内部传送、处理和存储时，采用的数制是_____。
A. 十六进制　B. 八进制　C. 十进制　D. 二进制

88. 已知 3 个用不同数制表示的整数 A=00111101B，B=3CH，C=64D，则能成立的比较关系是_____。
A. A<B<C　B. B<C<A　C. B<A<C　D. C<B<A

89. 二进制数 10 1101.11 对应的八进制数为_____。
A. 61.6　B. 61.3　C. 55.3　D. 55.6

90. 十进制数 101 转换成二进制数是_____。
A. 0110 1011　B. 0110 0011　C. 0110 0101　D. 0110 1010

91. 用 8 位二进制数能表示的最大的无符号整数等于十进制整数_____。
A. 255　B. 256　C. 128　D. 127

92. 两个二进制数进行算术加运算，10 0001+111=_____。
A. 10 1110　B. 10 1000　C. 10 1010　D. 10 0101

93. 十进制数 100 对应的二进制数、八进制数和十六进制数分别是_____。
A. 110 0100B、144O 和 64H　B. 110 0110B、142O 和 62H

C．101 1100B、144O 和 66H　　　　D．110 0100B、142O 和 60H

94．下列各数中，比二进制数 0001 0101 小的数是_____。

A．0001 1010B　　B．11H　　C．35D　　D．A0H

95．二进制数 1001001 转换成十进制数是_____。

A．71　　B．72　　C．73　　D．75

96．将十六进制数 586 转换成 16 位的二进制数，应该是_____。

A．0000 0101 1000 0110　　B．0110 1000 0101 0000

C．0101 1000 0110 0000　　D．0000 0110 1000 0101

97．现在的计算机中存储整型数据使用最广泛的表示方法是_____。

A．符号加绝对值　　B．二进制反码

C．二进制补码　　D．无符号整型

98．任意一个实数在计算机内部都可以用“指数”和“尾数”来表示。这种用指数和尾数来表示实数的方法叫作_____。

A．定点表示法　　B．不定点表示法

C．尾数表示法　　D．浮点表示法

99．从大量不完全的、有噪声的、模糊的、随机的实际应用数据中，提取隐含在其中的潜在有用的信息和知识的过程称为_____。

A．决策支持　　B．数据融合　　C．数据分析　　D．数据挖掘

100．数据挖掘的目的在于_____。

A．从已知的大量数据中统计出详细的数据

B．从已知的大量数据中发现潜在的规则

C．对大量数据进行归类整理

D．对大量数据进行汇总统计

101．数据挖掘分为_____数据挖掘和预测型数据挖掘。

A．列举型　　B．交换型　　C．描述型　　D．重点型

102．无法在一定时间范围内用常规软件工具进行捕捉、管理和处理的数据集合称为_____。

A．非结构化数据　　B．数据库

C．异常数据　　D．大数据

103．大数据时代，数据使用的关键是_____。

A．数据收集　　B．数据存储　　C．数据可视化　　D．数据再利用

104．大数据应用需依托的新技术有_____。

A．大规模存储与计算　　B．数据分析处理

C．智能化　　D．以上 3 个选项都是

105．以下_____不需要运用云计算技术。

A．播放本地电脑音频　　B．在线实时翻译

C．搜索引擎　　D．在线文档协同编辑

106．在著作《计算机器与智能》中首次提出“机器也能思维”，被誉为“人工智能之父”的是_____。

A．约翰・冯・诺依曼　　B．约翰・麦卡锡

C．艾伦・麦席森・图灵　　D．亚瑟・塞缪尔

107．虚拟现实的关键技术不包括_____。

A．动态环境建模技术　　B．实时三维图形生成技术

C．传感器技术　　D．数据库技术

108．_____不是 VR 技术的显示设备。

A．移动端头显设备　　B．一体式头显设备

C．外接式头显设备　　D．VR 数据手套

109．_____是增强现实的缩写。

A．VR　　B．AR　　C．TR　　D．MR

110．射频识别技术属于物联网产业链的_____环节。

A．标识　　B．感知　　C．处理　　D．信息传送

111．_____不是物联网的相关技术。

A．射频识别 RFID 技术　　B．传感技术

C．多媒体技术　　D．云计算技术

112．按照机器介入程度，无人驾驶系统可分为_____。

A．无自动驾驶、部分自动驾驶和完全自动驾驶

B．无自动驾驶、部分自动驾驶、有条件自动驾驶和完全自动驾驶

C．无自动驾驶、驾驶辅助、部分自动驾驶、有条件自动驾驶和完全自动驾驶

D．有条件自动驾驶和完全自动驾驶

113．科学思维包括理论思维、实验思维和_____。

A．形象思维　　B．开放思维　　C．逻辑思维　　D．计算思维

114．人类应具备的三大思维能力是指_____。

A．抽象思维、逻辑思维和形象思维　　B．实验思维、理论思维和计算思维

C．逆向思维、演绎思维和发散思维　　D．计算思维、理论思维和辩证思维

115．计算思维是_____。

A．计算机的思维　　B．面向计算机科学的思维

C．编写程序过程的思维　　D．人的思维

116．计算思维最根本的内容即其本质是_____。

A．自动化　　B．抽象和自动化

C．程序化　　D．抽象

117．一个完整的计算机系统应该包括_____。

A．主机、键盘和显示器　　B．硬件系统和软件系统

C．主机和它的外部设备　　D．系统软件和应用软件

118．计算机软件的确切含义是_____。

A．计算机程序、数据与相应文档的总称

B．系统软件与应用软件的总和

C．操作系统、数据库管理软件与应用软件的总和

D．各类应用软件的总称

119．软件是相对硬件而言的，是指_____。

A．程序　　B．程序及其数据

C．程序及其文档　　D．程序及其数据和文档

120．依据所起的作用不同，软件一般可分为系统软件和_____。
A．应用软件　B．专属软件　C．工具软件　D．自由软件

121．下列各项软件中均属于系统软件的是_____。
A．MIS 和 UNIX　B．WPS 和 UNIX
C．Android 和 Linux　D．MIS 和 WPS

122．下列各软件中，不是系统软件的是_____。
A．操作系统　B．语言处理系统
C．指挥信息系统　D．数据库管理系统

123．计算机系统软件中，最基本、最核心的软件是_____。
A．操作系统　B．数据库管理系统
C．程序语言处理系统　D．系统维护工具

124．下列关于系统软件的说法中，正确的是_____。
A．系统软件与具体应用领域无关
B．系统软件与具体的硬件无关
C．系统软件是在应用软件基础上开发的
D．系统软件就是指操作系统

125．在软件系统中，文字处理软件属于_____。
A．应用软件　B．系统软件
C．数据库软件　D．管理信息系统

126．MIS 是指_____。
A．管理信息系统　B．文字处理软件
C．辅助设计软件　D．工具软件

127．下列关于软件安装和卸载的叙述中，正确的是_____。
A．安装不同于复制，卸载不同于删除
B．安装就是复制，卸载就是删除
C．安装软件就是把软件直接复制到硬盘中
D．卸载软件就是将指定软件删除

128．按计算机应用的分类，办公自动化属于_____。
A．科学计算　B．辅助设计　C．实时控制　D．数据处理

129．在操作系统中，文件管理的主要功能是_____。
A．对移动存储器中的文件进行管理
B．对内存中的文件进行管理
C．对桌面上的文件进行管理
D．对外存中的文件进行管理

130．操作系统是计算机的软件系统中_____。
A．最常用的应用软件　B．最核心的系统软件
C．最通用的专用软件　D．最流行的通用软件

131．下面关于操作系统的叙述中，正确的是_____。
A．操作系统是计算机软件系统中的核心软件
B．操作系统属于应用软件

C．Windows 是 PC 唯一的操作系统

D．操作系统的功能是：启动、打印、显示、文件存取和关机

132．操作系统是系统软件，用于管理_____。

A．程序资源　B．软件资源　C．计算机资源　D．硬件资源

133．操作系统是_____。

A．主机与外设的接口　B．用户与计算机的接口

C．系统软件与应用软件的接口　D．高级语言与汇编语言的接口

134．对于计算机来说，首先必须安装的软件是_____。

A．数据库软件　B．应用软件

C．操作系统　D．办公自动化软件

135．下列选项中，用于嵌入式设备的操作系统是_____。

A．Android　B．Windows 10　C．WPS　D．UNIX

136．Linux 是一种_____。

A．单用户多任务系统　B．多用户单任务系统

C．单用户单任务系统　D．多用户多任务系统

137．Windows 操作系统的文件组织一般采用_____。

A．网络结构　B．环形结构　C．线性结构　D．树形结构

138．以下关于 Windows 快捷方式的说法中正确的是_____。

A．一个快捷方式可指向多个文件　B．一个文件可有多个快捷方式

C．只有文件可以建立快捷方式　D．只有文件夹可以建立快捷方式

139．在 Windows 中，一个文件夹中可以包含_____。

A．文件　B．文件夹

C．快捷方式　D．文件、文件夹和快捷方式

140．Windows 中的“剪贴板”是_____。

A．硬盘中的一块存储区域　B．硬盘中的一个文件

C．高速缓存中的一块存储区域　D．内存中的一块存储区域

141．在 Windows 中，文件扩展名用来区分文件的_____。

A．存放位置　B．类型　C．建立日期　D．大小

142．在 Windows 操作系统环境下，若要将当前活动窗口以图片的形式复制到“剪贴板”中，应按_____键。

A．PrintScreen　B．Alt+PrintScreen

C．Ctrl+PrintScreen　D．Shift+PrintScreen

143．Windows 系统的回收站用于存放_____。

A．剪切的文本或图像　B．损坏的文件碎片

C．被删除的文件或文件夹　D．可重复使用的文件

144．在 Windows 操作系统中，剪切的快捷键是_____。

A．Ctrl+A　B．Ctrl+V　C．Ctrl+X　D．Ctrl+C

145．Windows 操作系统中进行系统设置的工具集是_____，用户可以根据自己的爱好更改显示器、键盘、鼠标、桌面等硬件的设置。

A．开始菜单　B．我的电脑

C．资源管理器　　D．控制面板

146．一个应用程序窗口被最小化后，该应用程序将_____。

A．转入后台执行　　B．暂停执行

C．终止执行　　D．执行而不占用资源

147．如果要打开任务管理器，可以按_____组合键。

A．Ctrl+Shift　　B．Ctrl+Alt+Del

C．Ctrl+Esc　　D．Alt+Tab

148．在 Windows 中，下列字符串中合法的文件名是_____。

A．ad*.jpg　　B．saq/.txt

C．w??u.word　　D．my file.elx

149．下列文件格式中，_____不是图像文件的扩展名。

A．.FLC　　B．.TIF　　C．.BMP　　D．.JPG

150．下列可以支持动画效果的图像格式是_____。

A．GIF　　B．TIFF　　C．JPEG　　D．BMP

151．既可以存储静态图像，又可以存储动画的文件格式为_____。

A．GIF　　B．BMP　　C．PSD　　D．JPG

152．下列_____不是音频文件格式。

A．WAVE　　B．BMP　　C．MPEG　　D．MIDI

153．广泛用在一些视频播放网站上的视频文件格式是_____。

A．MPEG　　B．AVI　　C．MOV　　D．DAT

154．在 Windows 及其应用程序中，“撤销”操作所对应的快捷键一般为_____。

A．Ctrl+A　　B．Ctrl+S　　C．Ctrl+N　　D．Ctrl+Z

155．下列选项中，用于文件压缩与解压缩的应用软件是_____。

A．WinRAR　　B．腾讯 QQ　　C．Access　　D．Outlook

156．下列选项中，不可用于即时通信的软件是_____。

A．腾讯 QQ　　B．微信　　C．钉钉　　D．IE 浏览器

157．计算机病毒是可以造成机器故障的一种计算机_____。

A．芯片　　B．部件　　C．程序　　D．设备

158．_____不属于计算机病毒被制造的目的。

A．破坏用户健康　　B．盗取使用者信息

C．破坏计算机功能　　D．破坏用户数据

159．通过植入_____病毒程序，黑客可以远程控制你的计算机，并进行窃取信息的活动。

A．远程桌面连接　　B．木马

C．蠕虫　　D．小邮差

160．被称为网络上十大危险病毒之一的“QQ 大盗”，属于_____。

A．聊天游戏　　B．文本文件　　C．木马程序　　D．下载工具

161．计算机病毒是一段程序代码，具有如下特点：寄生性、隐蔽性、可触发性和_____。

A．传染性　　B．潜伏性　　C．破坏性　　D．以上都是

162．属于计算机病毒特征的是_____。

A．传染性　　B．实时性　　C．突发性　　D．独立性

163. ______操作不可能传播计算机病毒。
A. 使用 U 盘　B. 使用 QQ 传输文件
C. 使用正版软件　D. 收发 E-mail

164. 以下选项中，不会引起计算机中病毒的是______。
A. 及时更新杀毒软件　B. 随意运行来源不明的程序
C. 随便浏览或登录陌生网站　D. 点击来源不明的邮件及附件

165. 发现计算机可能中病毒后，比较合理的操作是______。
A. 断网后用杀毒软件杀毒　B. 重启计算机，等待自行恢复
C. 关闭计算机　D. 上网聊天

166. 以下不是常用杀毒软件的是______。
A. 360 安全卫士　B. 金山毒霸
C. SQL Server　D. 火绒安全软件

167. 以下关于计算机病毒的说法中，错误的是______。
A. 计算机病毒是一个程序，一段可执行代码
B. 计算机病毒是天然存在的
C. 计算机病毒具有自我复制等生物病毒特征
D. 计算机病毒可通过网络传播

168. 计算机网络安全的最终目标是______。
A. 保密性　B. 完整性　C. 可用性　D. 以上都是

169. 以下______不属于信息安全技术的范围。
A. 信息加密技术　B. 身份认证技术
C. 病毒监测技术　D. 局域网组建技术

170. 下列信息安全控制方法中，不合理的是______。
A. 设置网络防火墙　B. 限制对计算机的物理接触
C. 用户权限设置　D. 数据加密

171. 以下______不是信息安全面临的威胁。
A. 信息泄露　B. 文件传输　C. 假冒攻击　D. 非授权访问

172. 以下不是用于保证网络信息安全的服务功能是______。
A. Windows 防火墙　B. 360 杀毒
C. Chrome　D. 腾讯电脑管家

173. 以下不是信息安全基本属性的是______。
A. 保密性　B. 可用性　C. 可读性　D. 完整性

174. 以下不属于信息安全基本属性的是______。
A. 即时性　B. 可用性　C. 保密性　D. 完整性

175. 要确保信息的保密性，可以采用______技术。
A. 信息加密　B. 防火墙
C. 身份认证　D. 病毒查杀

176. 以下______不是密码技术在保障信息安全中可以达到的目的。
A. 实现数据保密性　B. 防止数据被更改
C. 验证发送者身份　D. 防止病毒入侵

177. 利用恺撒密码进行加密时，约定明文中的所有字母都在字母表上向后循环偏移 3 位，从而得到密文。这里的数字 3 可以理解为_____。

A. 密钥 B. 算法 C. 明文 D. 密文

178. 加密算法按照密钥是否相同可以分为_____。

A. DES 和 RSA B. AES 和 DSA

C. 对称加密和非对称加密 D. 单向加密和双向加密

179. 与非对称加密技术相比，对称加密技术的优点是_____。

A. 加密速度更快 B. 密钥管理更安全

C. 加密程度更复杂 D. 密钥长度更长

180. 数字签名技术是将签名信息用_____进行加密传送给接收者。

A. 发送者的私钥 B. 发送者的公钥

C. 接收者的私钥 D. 接收者的公钥

181. 数字签名技术的使用，确保了信息的_____。

A. 保密性 B. 可控性 C. 可用性 D. 不可否认性

182. 以下_____不是防火墙技术的优点。

A. 防止恶意入侵 B. 消灭恶意攻击源

C. 阻止恶意代码传播 D. 保障内部网络数据安全

183. 下面关于防火墙的说法中，错误的是_____。

A. 防火墙可以杀毒

B. 防火墙对流经它的网络通信进行扫描，能够过滤掉一些攻击

C. 防火墙能将内部网和公用网络（如 Internet）分开

D. 防火墙能监测网络通信

184. 算法指的是_____。

A. 计算机程序 B. 解决问题的计算方法

C. 排序方法 D. 解决问题的有限运算序列

185. 算法是指一系列解决问题的清晰_____。

A. 程序 B. 指令 C. 代码 D. 符号

186. 算法的时间复杂度是指_____。

A. 执行算法程序所需要的时间

B. 算法程序的长度

C. 算法程序中的指令条数

D. 算法执行过程中所需要的基本运算次数

187. 算法的空间复杂度是指_____。

A. 算法程序的长度 B. 算法程序中的指令条数

C. 算法程序所占的存储空间 D. 算法执行过程中所需要的存储空间

188. 算法的 3 种基本控制结构是顺序结构、分支结构和_____。

A. 模块结构 B. 情况结构 C. 流程结构 D. 循环结构

189. 以下关于算法的叙述中，错误的是_____。

A. 算法可以用伪代码、流程图等多种形式来描述

B. 一个正确的算法必须有输入

C．一个正确的算法必须有输出

D．用流程图描述的算法可以用任何一种计算机高级语言编写成程序代码

190．数据结构是指_____。

A．数据元素的组织形式　B．数据类型

C．数据存储结构　D．数据定义

191．数据在计算机存储器内表示时，物理地址与逻辑地址相同并且是连续的，称之为_____。

A．存储结构　B．顺序存储结构

C．逻辑结构　D．链式存储结构

192．数据结构中，树是一种常用的数据结构，树的逻辑结构是_____。

A．一对多　B．一对一　C．二对一　D．多对多

193．以下数据结构中，属于非线性数据结构的是_____。

A．栈　B．线性表　C．队列　D．二叉树

194．堆栈数据的进出原则是_____。

A．先进先出　B．进入不出　C．后进后出　D．先进后出

195．队列中元素的进出原则是_____。

A．先进先出　B．后进先出　C．队空则进　D．队满则出

196．数据结构中，图由_____组成。

A．顶点和边　B．权和边　C．网和边　D．箭头和顶点

197．下列各类计算机程序语言中，不属于高级程序设计语言的是_____。

A．Python 语言　B．C++语言

C．Java 语言　D．汇编语言

198．用高级程序设计语言编写的程序_____。

A．计算机能直接执行　B．具有良好的可读性和可移植性

C．执行效率高　D．依赖于具体机器

199．以下关于编译程序的说法中，正确的是_____。

A．编译程序直接生成可执行文件

B．编译程序直接执行源程序

C．编译程序完成高级语言程序到低级语言程序的等价翻译

D．各种编译程序构造都比较复杂，所以执行效率高

200．高级语言编译程序按分类来看属于_____。

A．操作系统　B．系统软件

C．应用软件　D．数据库管理软件

201．计算机网络是计算机技术和_____相结合的产物。

A．网络技术　B．通信技术

C．人工智能技术　D．管理技术

202．计算机网络最突出的特点是_____。

A．资源共享　B．运算精度高

C．运算速度快　D．内存容量大

203．家庭网络一般选择_____设备进行网络交换通信。

A．交换机　B．集线器　C．路由器　D．电话

204．下列属于计算机网络通信设备的是_____。

A．显卡　B．交换机　C．音箱　D．声卡

205．路由器工作在 OSI 的_____。

A．物理层　B．网络层　C．数据链路层　D．应用层

206．对局域网来说，网络控制的核心是_____。

A．工作站　B．网卡　C．网络服务器　D．网络互连设备

207．在常用的传输媒体中，带宽最宽、信号传输衰减最小、抗干扰能力最强的是_____。

A．双绞线　B．无线信道　C．同轴电缆　D．光纤

208．计算机网络中，所有的计算机都连接到一个中心节点上，一个网络节点需要传输数据，首先传输到中心节点上，然后由中心节点转发到目的节点，这种结构被称为_____。

A．总线结构　B．环形结构　C．星形结构　D．网状结构

209．在学校的机房教室中由计算机及网络设备组成了一个网络，这个网络属于_____。

A．教育网　B．星形网　C．局域网　D．广域网

210．下面_____网络拓扑结构最常用于家庭网络。

A．总线型　B．星形　C．环形　D．树形

211．一座大楼内的一个计算机网络系统，属于_____。

A．PAN　B．LAN　C．MAN　D．WAN

212．有一个网咖，将所有的计算机连接成网络，该网络属于_____。

A．广域网　B．城域网　C．局域网　D．吧网

213．区分局域网和广域网的依据是_____。

A．网络用户　B．传输协议　C．联网设备　D．联网范围

214．从用途来看，计算机网络可以分为专用网和_____。

A．广域网　B．分布式系统　C．公用网　D．互联网

215．计算机网络中，英文缩写 LAN 的中文名是_____。

A．广域网　B．城域网　C．局域网　D．无线网

216．以下不是局域网特点的是_____。

A．局域网有一定的地理范围　B．局域网经常为一个单位所有

C．局域网内通信速度和广域网一致　D．局域网内更方便共享网络资源

217．以下有关无线局域网的描述中，错误的是_____。

A．无线局域网是依靠无线电波进行传输的

B．建筑物无法阻挡无线电波，对无线局域网通信没有影响

C．家用的无线局域网设备常用无线路由器

D．家庭无线局域网最好设置访问密码

218．网络协议的三要素是语法、语义和_____。

A．时间　B．时序　C．保密　D．报头

219．_____不是一个网络协议的组成要素之一。

A．语法　B．语义　C．同步　D．体系结构

220．在 OSI 七层结构模型中，处于数据链路层与传输层之间的是_____。

A．物理层　B．网络层　C．会话层　D．表示层

221．完成路径选择功能是在 OSI 模型的_____。
A．物理层　B．数据链路层　C．网络层　D．运输层

222．互联网 Internet 最早起源于_____。
A．Intranet　B．ARPANET　C．OSI　D．WLAN

223．基于 TCP/IP 协议集的 Internet 体系结构保证了系统的_____。
A．可靠性　B．安全性　C．开放性　D．可用性

224．TCP/IP 协议是_____。
A．远程登录协议　B．传输控制/网际协议
C．文件传输协议　D．邮件协议

225．以下不属于 TCP/IP 参考模型层次的是_____。
A．网络层　B．表示层　C．传输层　D．应用层

226．在 Internet 中，按_____进行寻址。
A．邮件地址　B．IP 地址　C．MAC 地址　D．网线接口地址

227．最新一代因特网 IP 的版本是_____。
A．IPv4　B．IPv5　C．IPv6　D．IPv7

228．IPv4 地址是_____位二进制数。
A．32　B．4　C．24　D．48

229．因特网中的 IP 地址由 4 字节组成，每一字节之间用_____符号分开。
A．、　B．,　C．:　D．.

230．IP 地址包括_____。
A．网络号　B．网络号和主机号
C．网络号和 MAC 地址　D．MAC 地址

231．目前 IP 地址一般分为 A、B、C 三类，其中 C 类地址的主机号占_____个二进制位，因此一个 C 类地址网段内最多只有 250 余台主机。
A．4　B．8　C．16　D．24

232．下列 IP 地址中，_____是 C 类地址。
A．127.19.0.23　B．193.0.25.37
C．225.21.0.11　D．170.23.0.1

233．下列 IP 地址中，_____属于 C 类 IP 地址。
A．192.168.1.1　B．124.3.2.1
C．255.255.255.0　D．1.0.0.1

234．ping _____地址用于检查本机网卡驱动程序是否正常。
A．127.1.0.0　B．127.0.0.1
C．192.168.1.1　D．192.168.0.1

235．Internet 中 URL 的含义是_____。
A．统一资源定位符　B．Internet 协议
C．简单邮件传输协议　D．传输控制协议

236．以下 URL 统一资源定位符中，格式错误的是_____。
A．http://www.163.com　B．https://mail.163.com
C．ftp://ftp.ks.zj.cn　D．http:Hz.zj

237. 在地址栏中显示 http://www.hdu.edu.cn，则所采用的协议是_____。
A. HTTP B. FTP C. WWW D. 电子邮件
238. 以下顶级域名中，代表中国的是_____。
A. CC B. CHINA C. com D. cn
239. 域名中的后缀“.gov”表示机构所属类型为_____。
A. 教育机构 B. 军事机构 C. 商业公司 D. 政府机构
240. 网址“www.hdu.edu.cn”中 cn 表示_____。
A. 英国 B. 美国 C. 日本 D. 中国
241. 以下不是顶级域名的是_____。
A. .cn B. .com C. .net D. .zj
242. 1965 年科学家提出“超文本”的概念，“超文本”的核心是_____。
A. 链接 B. 网络 C. 图像 D. 声音
243. 以下协议中，用于网页传输的协议是_____。
A. HTTP B. URL C. SMTP D. HTML
244. HTTP 是一种_____。
A. 域名 B. 高级语言
C. 服务器名称 D. 超文本传输协议
245. HTTP 协议是_____。
A. 超文本传输协议 B. 文件传输协议
C. 发送邮件协议 D. 远程登录协议
246. 在地址栏中输入“http://djks.edu.cn”，djks.edu.cn 是一个_____。
A. 域名 B. 文件 C. 邮箱 D. 国家
247. 电子邮件地址的一般格式为_____。
A. IP 地址@域名 B. 用户名@域名
C. 用户名 D. 用户名@IP 地址
248. 下列选项中表示电子邮件地址的是_____。
A. djks@163.com B. 192.168.0.1
C. www.djks.edu.cn D. ftp.djks.edu.cn
249. 以下电子邮箱地址中，正确的是_____。
A. student#163.com B. student@163.com
C. student@163 D. 163.com@student
250. 电子邮件是 Internet 应用最广泛的服务项目，通常采用的传输协议是_____。
A. SMTP B. TCP/IP C. CSMA/CD D. IPX/SPX
251. SMTP 是_____协议。
A. 简单邮件传输 B. 文件传输
C. 接收邮件 D. 因特网消息访问
252. 用于电子邮件的协议是_____。
A. IP B. TCP C. SNMP D. SMTP
253. 下列不属于电子邮件协议的是_____。
A. POP3 B. SMTP C. SNMP D. IMAP4

254．发送电子邮件时，如果对方没有开机，那么邮件将_____。
A．丢失 B．退回给发件人
C．开机时重新发送 D．保存在邮件服务器上
255．在 Internet 中，用于文件传输的协议是_____。
A．HTML B．POP C．SMTP D．FTP
256．以下关于网站与网页的说法中，错误的是_____。
A．网站经常是由多个网页组成的
B．网页就是网站，网站也就是网页
C．网站中的网页通常存在跳转关系
D．通过浏览器访问网站，浏览的是网页
257．网页文件实际上是一种_____。
A．声音文件 B．图形文件
C．图像文件 D．文本文件
258．目前网页中最常用的两种图像文件格式为 GIF 和_____。
A．BMP B．TIF C．PSD D．JPG
259．以下不是常用搜索引擎的是_____。
A．百度 B．谷歌 C．优酷 D．搜狗
260．浏览器中收藏夹的作用是_____。
A．收藏文件 B．收藏文本 C．收藏网址 D．收藏图片

## A.2 多选题

1．信息技术是有关信息的_____等技术。
A．获取 B．存储
C．传递 D．处理
E．应用
2．多媒体数据压缩技术，一般分为_____。
A．有损压缩 B．快速压缩 C．无损压缩 D．不可逆压缩
3．算法的 3 种基本结构是_____。
A．顺序结构 B．分支结构
C．循环结构 D．上下结构
E．左右结构
4．图像信息的数字化，一般需要_____。
A．采样 B．量化
C．加密 D．编码
E．编译
5．常见的数据库类型有_____。
A．层次型 B．阶梯型
C．网状型 D．独立型

E．关系型

6．下列叙述中正确的是_____。

A．任何二进制整数都可以完整地用十进制整数来表示

B．任何十进制小数都可以完整地用二进制小数来表示

C．任何二进制小数都可以完整地用十进制小数来表示

D．任何十六进制整数都可以完整地用十进制整数来表示

7．下列选项中，可能是八进制数据的是_____。

A．129　　B．107

C．0012　　D．678

8．浮点数由_____两部分组成。

A．阶码　　B．原码

C．尾数　　D．补码

9．下列有关汉字内码的说法中，正确的是_____。

A．内码一定无重码　　B．内码就是区位码

C．使用内码便于打印　　D．内码每字节的最高位为 1

10．下列各种表示中，_____是存储器容量单位。

A．KB　　B．MB

C．GB　　D．MHz

11．下列用于度量存储器容量的单位是_____。

A．KB　　B．MB

C．GHz　　D．GB

E．MIPS

12．下列选项中，属于微型计算机主机部件的是_____。

A．主板　　B．CPU

C．硬盘　　D．内存

E．U 盘

13．下列选项中，属于 CPU 组成部件的是_____。

A．控制器　　B．寄存器组

C．ROM 存储器　　D．运算器

E．USB

14．下列选项中，属于 CPU 性能指标的是_____。

A．耗电量　　B．字长

C．效率　　D．主频

E．内存容量

15．CPU 中，运算器的主要功能是_____。

A．进行算术运算　　B．分析指令

C．进行逻辑运算　　D．取指令

16．计算机的 3 类总线中，包括_____。

A．数据总线　　B．地址总线

C．控制总线　　D．传输总线

17．外存与内存相比，其主要特点有_____。

A．存取速度快　　B．能长期保存信息

C．能存储大量信息　　D．单位容量的价格更便宜

18．下列选项中，属于外存储器的是_____。

A．硬盘存储器　　B．ROM

C．RAM　　D．U 盘

E．高速缓冲存储器

19．下列设备中，属于输入设备的是_____。

A．键盘　　B．显示器

C．鼠标　　D．音箱

E．投影仪

20．下列设备中，属于计算机输出设备的是_____。

A．打印机　　B．绘图仪

C．显示器　　D．键盘

E．鼠标

21．下列设备中，属于输出设备的有_____。

A．显示器　　B．打印机

C．鼠标　　D．键盘

E．投影仪

22．计算机软件包含_____。

A．程序　　B．输入数据

C．输出数据　　D．相关文档

E．编译器

23．下列选项中，属于操作系统功能的是_____。

A．文件管理　　B．存储管理

C．设备管理　　D．数据库管理

24．下列软件中，属于操作系统的是_____。

A．Windows　　B．Office

C．Linux　　D．Android

E．MySQL

25．在 Windows 环境下，用“A?1”能找到的文件有_____。

A．A21.TXT　　B．A671.DOC

C．AE1.BAK　　D．AG123.PRG

26．下列文件格式中，属于音频文件格式的是_____。

A．*.dat 文件　　B．*.wav 文件

C．*.mid 文件　　D．*.wma 文件

27．以下扩展名对应类型的文件中可能存在病毒的是_____。

A．EXE　　B．DOCX

C．TXT　　D．BMP

28．下列软件中，属于系统软件的是_____。

A．C++编译程序　　B．Excel
C．学籍管理系统　　D．财务管理系统
E．Linux

29．下列选项中，属于系统软件的是_____。
A．数据库管理系统 MySQL　　B．UNIX
C．Java 程序集成开发环境　　D．Photoshop
E．腾讯 QQ

30．下列选项中，属于系统软件的有_____。
A．文字处理软件　　B．Linux
C．UNIX　　D．学籍管理系统
E．Windows

31．下列选项中，属于应用软件的是_____。
A．微信　　B．Photoshop
C．UNIX　　D．WPS
E．支付宝

32．下列软件中，属于应用软件的是_____。
A．Windows　　B．PowerPoint
C．UNIX　　D．Linux
E．MIS（管理信息系统）

33．下列各组软件中，属于应用软件的是_____。
A．视频播放系统　　B．数据库管理系统
C．导弹飞行控制系统　　D．语言处理程序
E．航天信息系统

34．计算机网络功能中的资源共享主要包括_____。
A．硬件资源共享　　B．软件资源共享
C．数据资源共享　　D．用户资源共享

35．下列选项中，属于计算机局域网拓扑结构的是_____。
A．全连接型　　B．总线型
C．星形　　D．树形
E．分散型

36．按地理区域划分，计算机网络可分为_____。
A．城域网　　B．局域网
C．广域网　　D．无线网
E．以太网

37．下列关于计算机网络的叙述中，正确的是_____。
A．网络中的计算机在共同遵循通信协议的基础上相互通信
B．只有相同类型的计算机互相连接起来，才能构成计算机网络
C．计算机网络可实现资源共享
D．计算机网络可实现数据传输

38．在 Internet 中，URL（统一资源定位符）组成部分包括_____。

A．协议　　B．路径及文件名
C．网络名　　D．域名

39．下列选项中，属于互联网基本服务的是_____。
A．WWW　　B．FTP
C．E-mail　　D．GPS
E．B2B

40．一个 IP 地址由 3 个部分组成，它们是_____。
A．类别　　B．网络号
C．主机号　　D．域名

41．下列 IP 地址中正确的是_____。
A．192.168.1.1　　B．255.255.8.257
C．186.3.2.278　　D．112.3.5.6
E．100.4.5.6

42．下列有关电子邮件的说法中，正确的是_____。
A．没有主题的邮件无法发送
B．电子邮件是 Internet 提供的一项基本服务
C．只要有 E-mail 地址，别人就可以给你发送电子邮件
D．电子邮件可发送的信息只有文字和图像

43．下列选项中，属于物联网应用的是_____。
A．智能化识别　　B．在线监测
C．定位追溯　　D．即时通信
E．智能家居

44．下列选项中，属于区块链特点的是_____。
A．去中心化　　B．去信任化
C．可追溯　　D．集体维护
E．不可篡改

45．大数据的典型应用有_____。
A．管理信息系统　　B．疾病疫情预测
C．股票市场预测　　D．电子商务网站
E．交通行为预测

## A.3　判断题

1．计算思维最根本的内容，即其本质是抽象和自动化。（　　）
2．计算思维实际上就是人类求解问题的思维方法。（　　）
3．数据思维是应用数据科学的原理、方法、技术解决现实场景中问题的思维逻辑。（　　）
4．信息技术就是指计算机技术。（　　）
5．计算机主要应用于科学计算、信息处理、过程控制、辅助系统、通信等领域。（　　）
6．第二代计算机的主要元件是电子管。（　　）

7. CPU 的主频指的是 CPU 的运行速度。 ( )

8. 字长为 32 位表示这台计算机的 CPU 一次能处理 32 位二进制数。 ( )

9. 计算机的字长并不一定是字节的整数倍。 ( )

10. 高速缓冲存储器是用于 CPU 与内存之间进行数据交换的缓冲，其特点是访问速度快，但容量小。 ( )

11. 在 DIY 装机时，主板 CPU 插槽要与 CPU 引脚数一致。 ( )

12. 主板的作用相当于人的大脑，控制着整台微机的运行。 ( )

13. 显卡是计算机的基本部件之一，主要负责信息显示。 ( )

14. 分辨率是显示器的一个重要指标，它表示显示器屏幕上像素的数量。 ( )

15. 显示器的分辨率为 1920×1080，表示该屏幕水平方向每行有 1080 个点，垂直方向每列有 1920 个点。 ( )

16. 内存储器容量的大小是衡量计算机性能的指标之一。 ( )

17. 硬盘属于外部存储器。 ( )

18. 移动硬盘或 U 盘连接计算机所使用的接口通常是并行接口。 ( )

19. 内存较外存而言存取速度快，但容量一般比外存小，价格相对较昂贵。 ( )

20. 键盘、鼠标、打印机都属于输入设备。 ( )

21. 喷墨打印机使用的耗材是硒鼓。 ( )

22. 组成一个计算机系统的两大部分是硬件系统和软件系统。 ( )

23. 微型计算机硬件系统中最核心、最关键的部件是输入/输出设备。 ( )

24. 根据传递信息的种类不同，系统总线可分为地址总线、控制总线和数据总线。( )

25. 数据总线用于单向传输 CPU 与内存或 I/O 之间的数据。 ( )

26. 软件不会像硬件一样老化磨损，因而不需要维护。 ( )

27. 软件一般对硬件环境有着一定程度的依赖性，不同的硬件环境需要不同的软件。( )

28. 支持应用软件的开发和运行是系统软件的重要功能之一。 ( )

29. 软件也需要维护，软件维护主要是修复程序中被破坏的指令。 ( )

30. Windows 控制面板是一个应用程序，主要用于查看并操作基本的系统设置和控制。 ( )

31. 微机上广泛使用的 Windows 是多任务操作系统。 ( )

32. Windows 是单任务操作系统。 ( )

33. 在 Windows 中，cyz*.jpg 是合法文件名。 ( )

34. 在 Windows 中，通过“资源管理器”可以对系统资源进行管理。 ( )

35. Windows 是 PC 唯一的操作系统。 ( )

36. Windows 中，当用户为应用程序创建快捷方式时，就是将应用程序增加一个备份。 ( )

37. 一个文档可对应多个快捷方式图标。 ( )

38. 文件系统为用户提供了一个简单、统一的访问文件的方法。 ( )

39. 两个同名的文件可以存放在同一个文件夹中。 ( )

40. PowerPoint 是应用软件。 ( )

41. Linux 是一个开源的操作系统，其源码可以免费获得。 ( )

42. 以太网是当今现有局域网采用的最通用的通信协议标准。 ( )

43．在计算机网络术语中，LAN 的中文含义是局域网。（　　）
44．分布在一座大楼中的网络可称为一个局域网。（　　）
45．网络通信可以不遵循任何协议。（　　）
46．资源子网由主计算机系统、终端、终端控制器、联网外设、各种软件资源及数据资源组成。（　　）
47．计算机网络拓扑定义了网络资源在逻辑上或物理上的连接方式。（　　）
48．相对于有线局域网，可移动性是无线局域网的优势之一。（　　）
49．信息共享是计算机网络的重要功能之一。（　　）
50．Internet 起源于美国的 ARPANET。（　　）
51．Internet 是全球性的、最具影响力的计算机互联网络，它使用的通信协议标准是 TCP/IP 协议。（　　）
52．通过 IP、域名 DNS，每一台主机在 Internet 上都被赋予了不同的地址。（　　）
53．和电话号码一样，IP 地址是由 Internet 网络中心统一分配的。（　　）
54．普通的家庭上网使用的是 A 类 IP 地址。（　　）
55．网页文件的扩展名是“.html”或“.htm”，还有“.asp”“.php”等。（　　）
56．使用电子邮件应该有一个电子邮件地址，它的格式是固定的，其中必不可少的字符是@。（　　）
57．当他人发来电子邮件时，计算机必须处于开机状态，否则邮件就会丢失。（　　）
58．电子邮件中所包含的信息只能是文字。（　　）
59．常用的电子邮件协议有 SMTP、POP3、IMAP，其中 POP3 是接收邮件服务协议。（　　）
60．Internet 中的 SMTP 是用于文件传输的协议。（　　）
61．顶级域名“.gov”表示非营利机构。（　　）
62．顶级域名既可能表示国家或地区，也可能表示机构。（　　）
63．物联网的英文名称是“The Internet of Things”，它只能实现物与物之间的通信。（　　）
64．当前物联网的核心是互联网，物联网是比互联网更为庞大的网。（　　）
65．一个汉字的区位码就是它的国标码。（　　）
66．一个字符的标准 ASCII 码的长度是 7bits。（　　）
67．基本 ASCII 码包含 128 个不同的字符。（　　）
68．外码是用于将汉字输入计算机而设计的汉字编码。（　　）
69．八位二进制数可以表示最多 256 种状态。（　　）
70．十进制数 59 转换成无符号二进制整数是 011 1101。（　　）
71．十进制数 245 转换成八进制数表示为 363。（　　）
72．十进制数 11，在十六进制数中仍表示为 11。（　　）
73．负数求补的规则：对原码，符号位保持不变，其余各位变反。（　　）
74．正数的原码、反码、补码表示都相同。（　　）
75．同一负整数分别用原码、反码和补码表示时，其编码不一定相同。（　　）
76．实数在计算机中一般采用浮点表示法。（　　）
77．实数的浮点表示由指数和尾数（含符号位）两部分组成。（　　）

78．计算机中用来表示存储空间大小的基本容量单位是字节。（ ）

79．字节是指计算机中一小组相邻的二进制数码，通常 8 位作为 1 字节。（ ）

80．MB 是计算机的存储器容量单位，1MB=1000B。（ ）

81．多媒体技术是指通过计算机对图像、动画、声音等多种媒体信息进行综合处理和管理，使用户可以通过多种感官与计算机进行实时信息交互的技术。（ ）

82．多媒体数据之所以能被压缩，是因为数据本身存在冗余。（ ）

83．多媒体技术促进了通信、娱乐和计算机的融合。（ ）

84．表现媒体是指将感觉媒体输入计算机中或通过计算机展示感觉媒体所使用的物理设备。（ ）

85．声音中的频率反映声音的音调，而振幅则反映声音的强弱。（ ）

86．数字视频就是对数字视频信号进行数字化后的产物。（ ）

87．对音频数字化来说，在相同条件下，量化级数越高则占的空间越小。（ ）

88．JPEG 是无损压缩，不降低图像的质量。（ ）

89．图像数据压缩的主要目的是减少存储空间。（ ）

90．数字化的图像不会失真。（ ）

91．动态图像压缩编码分为帧内压缩和帧间压缩两部分。（ ）

92．算法的 5 个重要特征是确定性、可行性、输入、输出、有穷性/有限性。（ ）

93．一个正确的算法可以有零个或者多个输入，必须有一个或者多个输出。（ ）

94．算法的有穷性是指算法必须能在执行有限个步骤之后终止。（ ）

95．算法复杂度主要包括时间复杂度和空间复杂度。（ ）

96．时间复杂度是衡量算法性能的唯一标准。（ ）

97．描述算法只能用流程图。（ ）

98．如果数据是有序的，可以采用二分查找算法以获得更高的效率。（ ）

99．数据结构的 4 种常见逻辑结构有集合、线性结构、树形结构、图形结构。（ ）

100．数据结构与算法的关系：数据结构是高层，算法是底层；数据结构为算法提供服务。（ ）

101．栈中元素进出的原则为先进先出。（ ）

102．栈和队列的存储，既可以采用顺序存储结构，又可以采用链式存储结构。（ ）

103．队列、链表、堆栈和树都是线性数据结构。（ ）

104．队列是一个非线性结构。（ ）

105．链表是一种采用链式存储结构存储的线性表。（ ）

106．采用折半查找法对有序表进行查找，总比采用顺序查找法要快。（ ）

107．数据库系统的构成不仅有软件和硬件，还包括各类人员。（ ）

108．一个数据库中只能包含一个数据表。（ ）

109．Access 是由微软公司发布的关系数据库管理系统。（ ）

110．数据库就是数据表，数据表也就是数据库。（ ）

111．数据库系统就是 DBMS。（ ）

112．在数据库的设计过程中规范化是必不可少的。（ ）

113．随着物联网及人工智能时代的到来，数据库技术正在向与 AI 结合、融合 OLTP 和 OLAP 技术等方向发展。（ ）

114．云计算一般把计算资源放到 Internet 上。（　）

115．云计算通常提供基础设施即服务（IaaS）、平台即服务（PaaS）、软件即服务（SaaS）三类服务。（　）

116．大数据五大基本特点包括容量、种类、速度、可变性、真实性。（　）

117．大数据处理流程主要包括数据收集、数据预处理、数据存储、数据处理与分析等环节。（　）

118．对于大数据而言，最基本、最重要的要求是减少错误、保证质量，因此大数据收集的信息量要非常精确。（　）

119．大数据处理关键技术一般包括：大数据采集、大数据预处理、大数据存储及管理、大数据分析及挖掘、大数据展现和应用。（　）

120．数据挖掘的目标不在于数据采集策略，而在于对已经存在的数据进行模式的发掘。（　）

121．数据挖掘的经典案例“啤酒和尿不湿实验”，最主要是应用了关联规则数据挖掘方法。（　）

122．实现人工智能目前较主流的方法是机器学习和深度学习，其中机器学习是深度学习的子类。（　）

123．自然语言处理，即实现用自然语言与计算机进行通信，是人工智能领域的一个重要方向。（　）

124．人工智能最后会演变为机器代替人类。（　）

125．使用计算机能播放音乐，也能观看视频，这是利用了计算机的人工智能技术。（　）

126．人工智能是相对独立的学科，和大数据技术没有什么关联。（　）

127．Baidu AI 是专注于技术研发的通用人工智能企业。（　）

128．虚拟现实技术通过计算机仿真系统生成一种模拟环境，使用户沉浸到该环境中，但是只能模拟听觉和视觉效果。（　）

129．典型的虚拟现实系统主要由计算机软、硬件系统（包括 VR 软件和 VR 环境数据库）和 VR 输入、输出设备等组成。（　）

130．增强现实展现了完全虚拟的场景，让人拥有很强的沉浸感。（　）

131．区块链起源于比特币。（　）

132．区块链技术是一种特殊的分布式数据库，属于一种去中心化的记录技术，它就是比特币。（　）

133．计算机病毒是一段可自我复制的指令或程序代码。（　）

134．计算机中了病毒后，操作系统必然会被破坏而发生死机。（　）

135．计算机病毒就像自然界中的病毒一样，也会在一定条件下自我灭亡。（　）

136．防范计算机病毒，只要安装了杀毒软件，就万无一失了。（　）

137．信息安全是国家安全的需要，是组织持续发展的需要，是保护个人隐私与财产的需要。（　）

138．信息安全是指信息网络中的硬件、软件受到保护，使其不被破坏和更改。（　）

139．信息安全主要保证信息的保密性，但不能保证信息行为人否认自己的行为。（　）

140．加密技术是保障信息安全的基本技术。（　）

141．数据加密是指把明文通过某种算法变成密文，数据解密则是指把密文恢复为明文。（ ）

142．数字签名可以保护数据在传输时不被窃取。（ ）

143．数字签名同手写签名一样，容易被模仿和伪造。（ ）

144．防火墙是一种重要的网络防御系统，能够抵挡来自网络的所有攻击，保证计算机的安全。（ ）

145．防火墙一般是用来防病毒的。（ ）

# 附录B 理论知识题参考答案

A.1 单选题

| | | | | | | | | | |
|---|---|---|---|---|---|---|---|---|---|
| 1.A | 2.B | 3.B | 4.B | 5.A | 6.C | 7.A | 8.C | 9.A | 10.B |
| 11.A | 12.B | 13.C | 14.B | 15.B | 16.B | 17.B | 18.C | 19.A | 20.A |
| 21.C | 22.D | 23.C | 24.B | 25.D | 26.B | 27.C | 28.A | 29.B | 30.D |
| 31.B | 32.D | 33.C | 34.D | 35.A | 36.A | 37.B | 38.A | 39.C | 40.C |
| 41.C | 42.C | 43.C | 44.D | 45.A | 46.B | 47.D | 48.A | 49.A | 50.B |
| 51.C | 52.B | 53.D | 54.B | 55.C | 56.B | 57.A | 58.D | 59.D | 60.B |
| 61.B | 62.D | 63.D | 64.A | 65.B | 66.A | 67.C | 68.A | 69.B | 70.C |
| 71.B | 72.C | 73.C | 74.C | 75.B | 76.B | 77.C | 78.A | 79.A | 80.C |
| 81.A | 82.C | 83.B | 84.A | 85.B | 86.C | 87.D | 88.C | 89.D | 90.C |
| 91.A | 92.B | 93.A | 94.B | 95.C | 96.A | 97.C | 98.D | 99.D | 100.B |
| 101.C | 102.D | 103.D | 104.D | 105.A | 106.C | 107.D | 108.D | 109.B | 110.A |
| 111.C | 112.C | 113.D | 114.B | 115.B | 116.B | 117.B | 118.A | 119.D | 120.A |
| 121.C | 122.C | 123.A | 124.A | 125.A | 126.A | 127.A | 128.D | 129.D | 130.B |
| 131.A | 132.C | 133.B | 134.C | 135.A | 136.D | 137.D | 138.B | 139.D | 140.D |
| 141.B | 142.B | 143.C | 144.C | 145.D | 146.A | 147.B | 148.D | 149.A | 150.A |
| 151.A | 152.B | 153.A | 154.D | 155.A | 156.D | 157.C | 158.A | 159.B | 160.C |
| 161.D | 162.A | 163.C | 164.A | 165.A | 166.C | 167.B | 168.D | 169.D | 170.B |
| 171.B | 172.C | 173.C | 174.A | 175.A | 176.D | 177.A | 178.C | 179.A | 180.A |
| 181.D | 182.B | 183.A | 184.D | 185.B | 186.D | 187.D | 188.D | 189.B | 190.A |
| 191.B | 192.A | 193.D | 194.D | 195.A | 196.A | 197.D | 198.B | 199.C | 200.B |
| 201.B | 202.A | 203.C | 204.B | 205.B | 206.C | 207.D | 208.C | 209.C | 210.B |

| | | | | | | | | | |
|---|---|---|---|---|---|---|---|---|---|
| 211.B | 212.C | 213.D | 214.C | 215.C | 216.C | 217.B | 218.B | 219.D | 220.B |
| 221.C | 222.B | 223.C | 224.B | 225.B | 226.B | 227.C | 228.A | 229.D | 230.B |
| 231.B | 232.B | 233.A | 234.B | 235.A | 236.D | 237.A | 238.D | 239.D | 240.D |
| 241.D | 242.A | 243.A | 244.D | 245.A | 246.A | 247.B | 248.A | 249.B | 250.A |
| 251.A | 252.D | 253.C | 254.D | 255.D | 256.B | 257.D | 258.D | 259.C | 260.C |

### A.2 多选题

| | | | | | | | |
|---|---|---|---|---|---|---|---|
| 1.ABCDE | 2.AC | 3.ABC | 4.ABD | 5.ACE | 6.ACD | 7.BC | 8.AC |
| 9.AD | 10.ABC | 11.ABD | 12.ABD | 13.AD | 14.BD | 15.AC | 16.ABC |
| 17.BCD | 18.AD | 19.AC | 20.ABC | 21.ABE | 22.AD | 23.ABC | 24.ACD |
| 25.ACD | 26.BCD | 27.AB | 28.AE | 29.ABC | 30.BCE | 31.ABDE | 32.BE |
| 33.ACE | 34.ABC | 35.BCD | 36.ABC | 37.ACD | 38.ABD | 39.ABC | 40.ABC |
| 41.ADE | 42.BC | 43.ABCE | 44.ABCDE | 45.ABCDE | | | |

### A.3 判断题

| | | | | | | | | | |
|---|---|---|---|---|---|---|---|---|---|
| 1. √ | 2. √ | 3. √ | 4.× | 5. √ | 6.× | 7. √ | 8. √ | 9.× | 10. √ |
| 11. √ | 12.× | 13. √ | 14. √ | 15.× | 16. √ | 17. √ | 18.× | 19. √ | 20.× |
| 21.× | 22. √ | 23.× | 24. √ | 25.× | 26.× | 27. √ | 28. √ | 29.× | 30. √ |
| 31. √ | 32.× | 33.× | 34. √ | 35.× | 36.× | 37. √ | 38. √ | 39.× | 40. √ |
| 41. √ | 42. √ | 43. √ | 44. √ | 45.× | 46. √ | 47. √ | 48. √ | 49. √ | 50. √ |
| 51. √ | 52.× | 53. √ | 54.× | 55. √ | 56. √ | 57.× | 58.× | 59. √ | 60.× |
| 61.× | 62. √ | 63.× | 64. √ | 65.× | 66. √ | 67. √ | 68. √ | 69. √ | 70.× |
| 71.× | 72.× | 73.× | 74. √ | 75. √ | 76. √ | 77. √ | 78. √ | 79. √ | 80.× |
| 81. √ | 82. √ | 83. √ | 84. √ | 85. √ | 86.× | 87.× | 88.× | 89. √ | 90.× |
| 91. √ | 92. √ | 93. √ | 94. √ | 95. √ | 96.× | 97.× | 98. √ | 99. √ | 100.× |
| 101.× | 102. √ | 103.× | 104.× | 105. √ | 106.× | 107. √ | 108.× | 109. √ | 110.× |
| 111.× | 112. √ | 113. √ | 114. √ | 115. √ | 116. √ | 117. √ | 118.× | 119. √ | 120. √ |
| 121. √ | 122.× | 123. √ | 124.× | 125.× | 126.× | 127. √ | 128.× | 129. √ | 130.× |
| 131. √ | 132.× | 133. √ | 134.× | 135.× | 136.× | 137. √ | 138.× | 139.× | 140. √ |
| 141. √ | 142.× | 143.× | 144.× | 145.× | | | | | |

# 附录C 浙江省高校计算机一级《计算机应用基础》考试大纲（2019版）

**一、考试目标**

测试考生理解计算机学科的基本知识和方法，掌握基本的计算机应用能力，计算思维、数据思维能力和信息素养，注重考核计算机新技术，使考生能跟上信息科技的飞速发展，适应社会的需求。

**二、基本要求**

1．了解计算机科学领域的知识和发展趋势，并了解计算机新技术领域的知识。

2．理解系统、软件、算法、数据和通信的基本概念及相互关系。

3．掌握利用计算思维、数据思维和计算工具分析及解决问题的方法。

4．掌握办公软件、移动应用，具有利用计算机处理日常事务的能力。

5．了解计算机相关法律法规、信息安全知识和计算机专业人员的道德规范。

**三、考试内容**

1．信息技术的发展历程、现代信息技术的基本内容和发展趋势及计算机新技术。

2．计算机硬件系统的组成及各部分的功能。

3．计算机软件系统、操作系统与应用软件的相关概念。

4．计算思维、数据思维及它们与计算机的关系。

5．算法和数据结构的相关概念及常见的几种典型算法。

6．数据信息表示、数据存储及处理。

7．数据库的基本概念及应用、数据挖掘及大数据技术。

8．多媒体技术的基本概念和多媒体处理技术。

9．计算机网络的发展、功能及分类。

10．互联网的原理、概念及应用。

11．网络信息安全的概念及防御。

12．互联网+、云计算、物联网、区块链等新技术的基本概念及应用。

13．虚拟现实与增强现实的基本概念和应用领域。

14．人工智能的发展、研究方法及应用领域。

15. 计算机和法律，软件版权和自由软件，国产软件知识，计算机专业人员的道德规范。

16. 文字信息处理（MS Office 和 WPS 二选一）。熟练掌握应用文字信息处理技术处理专业领域的问题及日常事务处理，主要包括以下内容。

（1）基本操作：新建、打开、保存、保护、打印（预览）文档。

（2）基本编辑操作：插入、删除、修改、替换、移动、复制，字体格式化，段落格式化，页面格式化。

（3）文本编辑操作：分节、分栏、项目符号与编号、页眉和页脚、边框和底纹、页码的插入、时间与日期的插入。

（4）表格操作：表格的创建和修饰、表格的编辑、数据的排序。

（5）图文混排：图片、文本框、艺术字、图形等的插入与删除，环绕方式和层次、组合等设置，水印设置，超链接设置。

17. 表格信息处理（MS Office 和 WPS 二选一）。熟练掌握应用表格信息处理技术处理财务、管理、统计等各领域的问题，主要包括以下内容。

（1）工作簿、工作表基本操作：新建工作簿、工作表和工作表的复制、删除、重命名，单元格的基本操作，常用函数和公式的使用。

（2）窗口操作：排列窗口、拆分窗口、冻结窗口等。

（3）图表操作：利用有效数据、建立图表、编辑图表等。

（4）数据的格式化、设置数据的有效性。

（5）数据排序、筛选、分类汇总、分级显示。

18. 演示文稿设计（MS Office 和 WPS 二选一）。熟练掌握应用演示文稿设计处理汇报、宣传、推介、咨询等领域的问题，主要包括以下内容。

（1）演示文稿的创建和保存，演示文稿文字或幻灯片的插入、修改、删除、选定、移动、复制、查找、替换、隐藏，幻灯片次序更改、项目的升/降级。

（2）文本、段落的格式化，主题的使用，幻灯片母版的修改，幻灯片版式、项目符号的设置，编号的设置，背景的设置，配色的设置。

（3）图文处理：在幻灯片中使用文本框、图形、图表、表格、图片、艺术字、SmartArt 图形等，添加特殊效果，当前演示文稿中超链接的创建与编辑。

（4）建立自定义放映、设置排练计时、设置放映方式。

19. 移动应用。熟练掌握新闻、通信、电商、财务、检索、知识服务等各种常用移动 App 的使用。

# 参 考 文 献

[1] 黄林国. 用微课学计算机应用基础（Windows 10+Office 2019）. 北京：电子工业出版社，2020.

[2] 俞立峰. 信息技术基础（Windows 10+Office 2019）. 北京：电子工业出版社，2020.

[3] 靳广斌. 现代办公自动化项目教程（Windows 10+Office 2019）. 北京：中国人民大学出版社，2020.

[4] 黄林国. 大学计算机一级考试应试指导（微课版）. 北京：清华大学出版社，2018.

# 反侵权盗版声明



举报电话：（010）88254396；（010）88258888
传　　真：（010）88254397
E-mail：　dbqq@phei.com.cn
通信地址：北京市海淀区万寿路 173 信箱
　　　　　电子工业出版社总编办公室
邮　　编：100036